STEHENDE ZEIT

Die Tagebücher Georg Heyms

Von Sebastian Susteck (Konstanz)

1. Die Namen der Frauen

Die Bilanz des Lebens, die Georg Heym im Jahr 1911 nur wenige Monate vor seinem Tod zieht, begegnet als Liste von Personen und Personennamen. Genannt werden die Eltern sowie zahlreiche Freunde und Bekannte, unter denen auch Ernst Balcke ist, der mit Heym am Morgen des 16. Januar 1912 zum Schlittschuhlaufen aufbrechen wird. Erwähnung finden zudem die Freundinnen „Nelly P…, Hedy W…, Hilde K…, Lily F…, Mary P…, Leni F…",[1]) und es ist ihre Nennung, die Leser von Heyms Aufzeichnungen am wenigsten überraschen wird.

Genau sieben Jahre lang, nämlich vom 20. Dezember 1904 bis zum 20. Dezember 1911, dienen Heyms Tagebücher nicht zuletzt *einem* Zweck, nämlich dem, erotische Begegnungen festzuschreiben und Begegnungen schriftlich zu erotisieren. „Und nun will ich auch ein Tagebuch anfangen", beginnt der allererste Eintrag, dem ein möglicher Grund für diesen Entschluss Gedanken an „Hedwig Z…, die ich morgen wiedersehen soll" (6), sind. Bereits an derselben Stelle heißt es: „Neben Hedwig liebe ich noch Maria D… und auch sonst noch einige" (7). Am 26. August 1911 schreibt Heym: „Ich erlebe jetzt täglich nicht nur einen, nein ich erlebe 3, 4, 5 Romane. Ich halte mich von Männern fern und verkehre nur noch mit Frauen. […] Hilde K. Grete E. Lotti D. alles liebt mich" (158). Immer wieder wird bilanziert: „Mich den Plumpen besticht sosehr die Grazie der Erna R… Ähnlich wie

---

[1]) Georg Heym, Tagebücher, in: Ders.: Dichtungen und Schriften. Gesamtausgabe, hrsg. von Karl Ludwig Schneider, Bd. 3: Tagebücher, Träume, Briefe. Hamburg und München 1960, S. 5–176, hier: S. 173. Im Folgenden wird nach dieser Ausgabe im laufenden Text zitiert. – Es nimmt der Lektüre der Tagebücher in ihrer Überlieferung durch die Gesamtausgabe von Heyms Werken etwas von ihrer Authentizität und Aussagekraft, dass der Herausgeber Karl Ludwig Schneider die Nachnamen genannter weiblicher Personen 1960 abkürzen musste. Die durch jeweils drei Punkte hinter dem Anfangsbuchstaben des Nachnamens gekennzeichneten Abkürzungen sind nicht mit Heyms eigenen, jeweils nur durch einen Punkt markierten Abkürzungen zu verwechseln. Vgl. Schneiders ›Anmerkungen zur Textgestaltung‹ in: ebenda, S. 290–292, hier: S. 290.

SPRACHKUNST, Jg. XXXVIII/2007, 1. Halbband, 1–14

Ella Sch..." (90). Und: „Und wie mit einem Schlage sind plötzlich auch alle andern fort, bei denen ich mich hätte trösten können, die Hilde, die Lotti W..., die Lotti D. [...]. Aber bei der Hilde hätte ich mich vielleicht getröstet [...]. Und die W... hätte ich sogar vielleicht geliebt" (163). Insgesamt sind es über vierzig verschiedene Frauen, die einmal, mehrfach und gelegentlich in obsessiver Wiederholung genannt werden. Ihre genaue Zahl ist freilich nicht leicht zu ermitteln. Die Tagebücher nennen oft nur Vornamen und sind zudem mit Abkürzungen durchsetzt. Emma ist nicht Emmi (vgl. 12f., 33), aber Hedi ist Hedy oder Lily Lilly.

2. Das Fehlen der Narration

Wer Heyms Bilanzierung erotischer „Beutezüge"[2]) analytisch einordnen möchte, kann sie als einen Beitrag zu einer europäischen Tagebuchtradition klassifizieren, die erotische Buchführung betreibt[3]) und die durch „Bekenntnis[se] zur Sexualität"[4]) ausgezeichnet ist. Weder sind Heyms Einlassungen jedoch allein als Teil dieser Tradition interessant noch verdienen sie nur ‚an sich' Aufmerksamkeit. Vielmehr sind sie Träger wie Symptom einer eigenwilligen Poetik, die sich in Heyms Tagebüchern entwickelt und die die Lektüre dieser Tagebücher zu einem ebenso monotonen wie in seiner Monotonie faszinierenden Unternehmen macht. Was sich an Heyms Beschäftigung mit Frauen und Frauennamen ablesen lässt, sind strukturelle Eigenheiten, die in den Tagebüchern wieder und wieder vorkommen und die letztlich von verhandelten Gegenständen unabhängig sind. Die Weise von Heyms Auseinandersetzung mit seinen Bekanntschaften ist auffällig, aber sie ist nicht nur und nicht einmal primär deswegen auffällig, weil sie sich auf *Bekanntschaften* bezieht, sondern weil sie Merkmale verrät, die in den Tagebüchern auch in weiteren Kontexten existieren. Zugleich bildet die Auseinandersetzung mit Bekanntschaften jedoch die klarste Konstante der Tagebücher und wird somit zu einem zentralen Träger jener Struktureigenschaften, die sich exemplarisch an ihr gewinnen lassen und um die es im Folgenden zuvörderst gehen soll.

Auffällig ist die Tatsache, dass es Heym nur eingeschränkt um Beziehungen zu Frauen *in ihrer Ereignishaftigkeit* zu tun ist. Wo von Geschehnissen und Erlebnissen überhaupt die Rede ist, werden sie mehr angedeutet als beschrieben. Man mag hierin einen Hinweis auf den imaginären Charakter von vielen der Heym'schen Ausführungen sehen und zu dem Schluss kommen, seine Tagebücher seien primär ein Instrument zum „Einfangen flüchtiger Träume"[5]) gewesen. Die Tagebücher

---

[2]) Peter Schünemann, Georg Heym, München 1986, S. 26.

[3]) Vgl. Manfred Schneider, Liebe und Betrug. Die Sprachen des Verlangens, Wien 1992, S. 352–358; – Ders., Leporellos Amt. Das Sekretariat der Sekrete, in: Bernhard Siegert und Joseph Vogl (Hrsgg.), Europa. Kultur der Sekretäre, Zürich und Berlin 2003, S. 147–162.

[4]) Akane Nishioka, Die Suche nach dem *wirklichen* Menschen. Zur Dekonstruktion des neuzeitlichen Subjekts in der Dichtung Georg Heyms, Würzburg 2006, S. 153.

[5]) Peter Boerner, Tagebuch, Stuttgart 1969, S. 21.

zeugen demnach nicht von Ereignissen, weil es Ereignisse nicht gegeben hat. Es wäre eine eigene Analyse nötig, um im Detail festzustellen, inwiefern dies zutrifft. Viel spricht nicht dafür.[6]) Bevor man sich jedoch über die Frage Gedanken macht, *weshalb* sich die Tagebücher nicht primär mit Ereignissen befassen, darf das Faktum *als solches* notiert werden. Wichtiger als der Bericht von Erlebnissen mit Frauen ist Heym grundsätzlich die Erwähnung von Frauen, die Auflistung ihrer Namen und das Abwägen von Möglichkeiten, die sich mit ihnen verbinden. An Frauen werden in den Tagebüchern Hoffnungen, Enttäuschungen und Schmerzen geknüpft, und doch dementieren Heyms Tagebücher immer aufs Neue ihr individuelles Gewicht.

Heym, schreibt 1922 Erwin Loewenson, Freund und Kamerad im *Neuen Club*, „war durchschüttert von knabenhaften Liebesgluten, die sich gegenseitig traumschnell ablösten, und deren wahlloses Durcheinander-Auftauchen, deren vergebliche Unerledigtheit er bis zuletzt nicht überwunden hat.“[7]) Was wie eine Lebensbeschreibung klingt, dürfte freilich nicht zuletzt textuell inspiriert sein. Generell muss eine Lektüre der Äußerungen von Heyms Freunden und Bekannten nach seinem Tod den Gedanken nahelegen, dass sie oft nicht allein auf Erinnerungen, sondern auch Leseerfahrungen beruhen, und zwar auch auf Erfahrungen mit den Tagebüchern.[8]) Nimmt man Loewensons Aussage weniger als Grundlage einer Lebens- denn einer Textbeschreibung, verweist sie auf das in den Tagebüchern auffällige gehetzte, kaum je den Eindruck einer sich ausbildenden Kontinuität zulassende Nach- und Nebeneinander von Frauennennungen und diesbezüglicher Andeutungen und Skizzen. Selbst dort, wo bestimmte Frauen wieder und wieder erwähnt werden, entsteht das Bild von mehrfachen, im Nichts verhallenden Anrufungen sowie von Beziehungen, die eigentümlich herkunfts- und entwicklungslos sind. Es ist, als erschüfen die einzelnen Namensnennungen immer aufs Neue Inseln, von denen auszugehen sich anbieten würde, und die doch kaum verlassen zu werden vermögen. Damit zusammenhängend fällt ins Auge, dass die Tagebücher zur Wiederholung des immer Ähnlichen und oft sogar Gleichen tendieren. Sie folgen weniger einer Logik von Ereignissen und speziell Ereignis*folgen* und damit einer Logik der *Narration* als einer Logik der Momentaufnahme und des seriell montierten Fragments.

---

[6]) Dass die auffällige Abwesenheit von Ereignissen in den Tagebüchern nicht schlicht aus einer Ereignisarmut des Lebens geschlossen werden könne, erkennt bereits Erwin Loewenson, Georg Heym oder Vom Geist des Schicksals [1922], Hamburg und München 1962, z. B. S. 55.

[7]) Erwin Loewenson, Persönliches von Georg Heym. Wiederabdruck in: Georg Heym, Dichtungen und Schriften. Gesamtausgabe, hrsg. von Karl Ludwig Schneider, Bd. 6: Georg Heym. Dokumente zu seinem Leben und Werk, München 1968, S. 43–48, hier: S. 47.

[8]) Vgl. die Verweise bei Loewenson, Persönliches (zit. Anm. 7), S. 45 und 47f., vor allem aber Ders., Heym (zit. Anm. 6), einen Text, der auf die Tagebücher extensiv Bezug nimmt, und zwar insbesondere bei der Beschreibung von Heyms Leben in Kapitel II. – Vgl. auch Friedrich Schulze-Maizier, Begegnung mit Georg Heym, in: Georg Heym, Dichtungen und Schriften, Bd. 6 (zit. Anm. 7), S. 13–34, hier: S. 19f., 23 und 26.

3. Narrative Episoden

Allerdings finden sich auch bei Heym narrative Episoden, wie schon früh in der Auseinandersetzung mit der Beziehung zu ‚Nelli', die sich zwischen März und Juni 1905 als Reihe zusammenhängender und notierter Ereignisse entwickelt und die – obwohl Nelli in den Tagebüchern auch später weiter vorkommt –[9]) mit einer Notiz am 3. Juli endet. Der Eindruck einer relativen narrativen Geschlossenheit ergibt sich dabei u. a. aus der temporären Fokussierung der Tagebucheinträge auf *eine* Person bzw. auf die eigene Beziehung zu dieser Person. Es ist eine Fokussierung, die dazu führt, dass die berichteten Geschehnisse Zusammenhang gewinnen. Entsprechend verfällt der Eindruck narrativer Ordnung mit der erneuten Öffnung des Tagebuchs auf „Toni", „Goldelse", „Emma" und „Stenzi" und mit dem Satz: „Ich will in den großen Ferien wieder sehen, daß ich Emmy gewinne" (31). Darüber hinaus berichtet der Text über eine kurze Strecke Ereignisse, die einen zeitlich entfalteten Zusammenhang besitzen, wobei er nachgerade Schemata der Erzählliteratur zu übernehmen scheint. Es gibt die Vorausdeutung auf Kommendes und kommende Konflikte, es existieren Widerstände, die den eigenen Plänen entgegentreten, und es erfolgt die Suche nach einer Entscheidung. Ein Nebenbuhler tritt auf, es gibt einen Höhepunkt und einen Abfall der Handlung. „Nelli, ich habe nach dir solche Sehnsucht" (16). „Sonnabend Karte von Nelli, ich solle kommen. Sofort ohne Rücksicht gefahren" (17). „In 14 Tagen darf ich sie vielleicht wiedersehen und zu den großen Ferien" (18). „Sonnabend möchte ich Nelli zur Entscheidung zwingen" (20). „Sonnabend und Sonntag war ich in Berlin und sah Nelli" (20). „Sie fährt morgen nach Rewahl. Ich schrieb ihr, ich käme auch, trotzdem es sehr ungewiß ist, ob mein Vater es erlaubt" (21). „Mein Vater untersagte mir die Fahrt, es kommt zum Bruch" (23). Und dann doch: „Ich war also zu Pfingsten in Rewahl. Nelli holte mich vom Bahnhof ab und alle meine Träume schienen erfüllt" (24).[10])

---

[9]) Was einen ebenso elegischen wie ernüchterten Rückblick einschließt, der drei Jahre später erfolgt. „Traf gestern Nelli P...," heißt es am 5. April 1908, „von der das Tagebuch vor drei Jahren soviel erzählte. Wir saßen einander gegenüber wie zwei alte Freunde und frischten die Erinnerung an jene Tage wieder auf, wie wir zusammen im Theater waren, wie wir im Grunewald auf der Wiese lagen, wie ich in Reval war, wie sie mir nach Neu Ruppin das kleine Drama über das Weißbierglas sandte" (105).

[10]) Man kann auf der Suche nach narrativen Strukturen auch auf weitere Stellen verweisen, wie die noch mehr Raum einnehmende Beziehung zu Hedi W. im Jahr 1908/09, in deren Darstellung ein Zug ins bewusst Literarische existiert, der sich auch dadurch ausdrückt, dass Heym den gesamten Aufzeichnungen nachträglich den Titel „Jahr der Liebe" (107) gibt. Gerade die literarische Stilisierung schwächt hier den Eindruck der Narration jedoch ab, weil die Ereignishaftigkeit der Beziehung von einem Zug zur lyrisch anmutenden Skizze zurückgedrängt wird, welche sich stets in wenigen Sätzen ausdrückt. Entsprechend lautet der eröffnende Eintrag vom 27. April 1908: „In einer Kirche, aus der die Orgel klang, die Schellen und der Gesang. Ich trat ein und fand Liebe. Dann auf einem Kirchhof. Glücklich unter Toten" (107). Und der nächste Eintrag vermerkt: „Gang zweier Menschen durch den Frühling. Lerchen auf kahlen Äckern, Veilchen unter Schlehdorn. Drei, die sie mir gab, bewahre ich als Heiligtum. / Unter einem alten Heiligenbild ein langer Kuß" (107).

Dass man narrative Episoden in Heyms Tagebüchern erkennen kann, vermag indes nicht darüber hinwegtäuschen, dass die Episoden Episoden sind, die den Blick nicht beherrschen. Grundsätzlich ist die Logik der Tagebücher nicht die Logik der Erzählung, sondern die Logik der Serie. In Heyms Tagebüchern kehrt in ständig variierter Gestalt und doch mit beständiger Monotonie wieder, was bereits war. Wenn es eine konstitutive Eigenschaft der Gattung ist, „daß das Tagebuch sich nach vorne hin öffnet und dadurch sozusagen von Schub zu Schub weiter wächst“[11]), führt die „Offenheit zur Zukunft hin“[12]) in Heyms Fall nicht dazu, dass der Horizont sich tatsächlich öffnen und der Weg in eine neue Weite führen würde. Vor dem zurückweichenden Horizont bleibt die Landschaft unverändert, bis sich der Eindruck herausbildet, der Horizont selbst bewege sich nicht, sondern stehe erstarrt.

4. Lebens-Poetik

Man kann in Heyms Tagebüchern realisiert sehen, was als ‚Poetik des Tagebuchs‘ allgemein beschrieben worden ist. „Das Tagebuch als Niederschrift von Datum zu Datum, Station zu Station, Punkt zu Punkt [...]“, notiert Ralph-Rainer Wuthenow, „unterliegt dem Prinzip der mehr oder minder einfachen Reihung: es gestattet kein Zusammenfassen aus späterer Einsicht und nachgewachsenem Verständnis heraus [...].“[13]) „Es gibt keine Fabel“, meint auch Gustav René Hocke, „keinen kausal konstruierten Handlungsablauf und keine prädisponierte logische Einheit...“[14]) Allerdings gewinnen solche Formulierungen zu wenig Trennschärfe, um der Eigenart der Heym'schen Aufzeichnungen gerecht zu werden. Die Worte Wuthenows und Hockes sollen tatsächlich nicht unterschiedliche Tagebücher voneinander absetzen, sondern die Gattung des Tagebuchs von weiteren Textgattungen wie der Autobiographie zu unterscheiden helfen. Sie verlieren an Aussagekraft, wo es darum geht, die unterschiedliche Weise zu erfassen, in der einzelne Tagebücher u. a. narrative Strukturen ausbilden oder auf solche Ausbildungen verzichten, und jedenfalls darum, der spezifischen strukturellen Gestalt von Heyms Aufzeichnungen zu folgen.

Möchte man die Signifikanz dieser Struktur herausarbeiten, kann man die These formulieren, Heyms Tagebücher erzeugten systematisch, was die Literaturwissenschaft ihnen als Botschaft entnommen hat, nämlich die Last eines immergleichen, entwicklungslosen Lebens. Es gilt nicht nur, dass die Tagebücher dieses Leben *beklagen*, wenn es in ihnen heißt: „Ein Tag ist wie der andere und sie laufen alle ohne unseren Willen ihren Weg“ (34; vgl. auch 31). „Mein Unglück ruht vielmehr zur Zeit in der ganzen Ereignißlosigkeit des Lebens“ (135). Und: „Mein Gehirn rennt immer im Kreise herum wie ein Gefangener, der an die Kerkertür haut. Ich brauche

---

11) Ralph-Rainer Wuthenow, Europäische Tagebücher. Eigenart – Formen – Entwicklung, Darmstadt 1990, S. 13.

12) Ebenda, S. 13.

13) Ebenda, S. 2.

14) Gustav René Hocke, Das europäische Tagebuch, Wiesbaden 1963, S. 21.

Erschütterungen, Stürme, Qualen" (157). Es gilt auch nicht nur, dass sie die eigene Klage durch ihre Form *belegen*. Es gilt, dass die Tagebücher durch ihre Form etwas erst *erschaffen*, nämlich exakt den Eindruck eines Stillstands der Zeit und der Wiederkehr des Immergleichen. „Ich schreibe immer dasselbe eigentlich" (30), notiert Heym und markiert damit in aller Deutlichkeit die textuelle Verfasstheit der an den Tagebüchern ablesbaren Erstarrung.

Zu behaupten, die Tagebücher *erschüfen* Erstarrung und Monotonie, bedeutet freilich, unmittelbar einsichtige Lesarten der Tagebücher zu invertieren und die Prioritäten zu verschieben, die bei Tagebuchanalysen gewöhnlich gesetzt werden. Es geht nicht primär darum, den Text auf das Leben zu öffnen, was im Falle Heyms nur heißen kann: die Stasis des Textes als eine Reflexion der Stasis des Lebens zu deuten. Vielmehr geht es zunächst um den Text selbst und darum, was beim Lesen als Stasis des Lebens wahrgenommen wird, als eine *Folge* des Textes zu bestimmen, der das Leben – intentional oder nicht intentional – allererst als statisch inszeniert. Der Blick richtet sich nicht zuerst auf eine Substanz ‚hinter' den Tagebucheinträgen, sondern auf diese Einträge und ihre Organisation selbst. Selbstverständlich kann auch unter den Auspizien einer Literaturwissenschaft, die sich in den letzten Jahrzehnten immer wieder darum bemüht hat, ‚die Welt' und ‚das Erlebnis' aus ihren Analysen auszuschließen, nicht geleugnet werden, dass Heyms Tagebücher sich plausibel als Dokumente einer spezifischen historischen Situation, einer einzigartigen Biographie und insbesondere einer individuellen psychischen Realität deuten lassen. Die Tagebücher Heyms *sind* Ausdruck dessen, was Psychologen als lang zerdehnte Adoleszenzkrise und Soziologen und Historiker als Krise des Bürgertums am Ende des ‚langen 19. Jahrhunderts' zu entziffern vermögen. Einer um die Psychologie literarischen Schaffens und sozialgeschichtlich um die gesellschaftlichen Bedingungen der Genese von Texten bemühten Literaturwissenschaft bieten sie entsprechendes Studienmaterial. Eine poetologische Analyse hat dennoch ihre Berechtigung, denn allein sie hebt hervor, was in psychologischen oder soziologischen Lektüren abgeblendet bleibt, nämlich die textuellen Mechanismen, die auch abseits expliziter Äußerungen jene Effekte erzeugen, die gewöhnlich sogleich als Symptome des Lebens gedeutet werden. Keine der skizzierten Lesarten kann rundheraus privilegiert werden. Sprachliche Darstellung, psychische Entwicklung und gesellschaftliche Realität stehen in einem kaum nach Ursache und Wirkung entschlüsselbaren wechselseitigen Maskierungsverhältnis, in dem sie sich hintereinander verbergen und ineinander verschachteln und das nur mühsam und andeutungsweise in je *eine* Richtung ausgefaltet werden kann.

Mit der Privilegierung einer poetologischen Perspektive wird insbesondere die Ableitung der Tagebücher aus psychischen Prozessen suspendiert. Allzu leicht lassen sich ihre Einträge als „Verzweiflungsventile einer gestauten Vitalität"[15]) deuten und damit als Sekundäreffekte psychischer Parameter bestimmen. Ähnlich kann in

[15]) Heinz Puknus, Rebellion und Resignation. Zu Georg Heym, in: Akzente 24 (1977), S. 561–568, hier: S. 562.

ihnen zu rasch ein Schlüssel zur kreativen Potenz Heyms gesehen werden. Denn obwohl unbestreitbar ist, dass die Tagebücher „zum größten Teil [...] keinen direkten Bezug zum literarischen Schaffen Heyms aufweisen"[16]) – und zwar systematisch wie zeitlich –, kann der Dichter in ihnen dennoch gesucht und gefunden werden. Die Tagebücher erscheinen demnach als Ausdruck psychischen Leidens, von dem dichterisch Entlastung gesucht und gefunden wurde. Die gleich bleibend ausweglose Situation zwischen „hölzernen [...] Pauker[n]" (10) 1905, dem „verlauste[n] preußische[n] Staat" (144) und „Juristendreck" (145) 1910 und dem eigenen „schweinernen Vater" (171) 1911 wird zumal ab 1910 in lyrische Energie übersetzt. Dass Heyms Tagebücher wenig direkte Überschneidungen mit seinem literarischen Werk zu haben scheinen, ist einer solchen Lesart günstig, weil es die Tagebücher gerade durch ihre Leerstellen für ein Verständnis des Dichters nutzbar zu machen erlaubt. Die Poesie erscheint als Gegenwelt und Kompensation des Ungenügens des Lebens. Dieses Leben aber ist in Heyms umfangreicher Tagebuchproduktion textuell gespeichert und kontrastiert mit dem lyrischen Gegenbild.[17])

5. Grundlinien der Tagebücher

Zwischen 1904 und 1911 verfasst Heym insgesamt fünf Tagebücher sowie eine Reihe verstreuter Tagebuchaufzeichnungen. Das erste Tagebuch umspannt in seinen chronologischen Einträgen die Zeit vom 20. Dezember 1904 bis zum 2. Mai 1907 und ist in der Gesamtausgabe von Heyms Schriften gut achtzig Seiten lang. Das zweite Tagebuch reicht auf rund fünfundvierzig Seiten vom 23. Mai 1907 bis zum 5. Mai 1910. Die zwei folgenden Tagebücher sind wesentlich schmaler und doch überaus umfangreich, wenn man die kürzeren Zeiträume bedenkt, auf die sie sich beziehen. Knapp zwanzig Seiten verhandeln die Zeit vom 17. Juni bis zum 7. Dezember 1910, knapp fünfzehn Seiten den Zeitraum vom 1. September bis zum 10. November 1911. Heyms fünftes Tagebuch enthält schließlich nur einen

---

16) Karl Ludwig Schneider, Georg Heym, in: Benno von Wiese (Hrsg.), Deutsche Dichter der Moderne. Ihr Leben und Werk. Berlin 1965, S. 361–378, hier: S. 361.

17) Die Verschiebung analytischer Prioritäten läuft auch Überlegungen der Tagebuchforschung entgegen, die bereits aus gattungstheoretischen Erwägungen zu einer Betonung des Gehalts oder des ‚Ausgedrückten' gegenüber der Form der Darstellung tendiert. Gerade weil es schwer fällt, eine Gattung Tagebuch klar zu definieren und ihre Grenzen anhand des Textmaterials sicher zu bestimmen, muss eine den Texten vorgängige Realität definitorische Hilfestellung leisten. Die „äußere Form der Darstellung [ist] nicht entscheidend", heißt es so, „[...] wichtiger ist die Form, in der Erfahrungen gemacht werden, die dann ihrerseits auf die innere Darstellungsform zurückwirken. In diesem Sinne hat die Erlebnisform gewiß den Vorrang gegenüber der äußeren, also der Erscheinungsform – auch Briefe können tagebuchartig erscheinen." (Wuthenow, Tagebücher, zit. Anm. 11, S. 12) Die Tagebuchforschung sucht „‚echte' Tagebücher [...], nicht literarisch geformte oder nur fingierte" (Hocke, Tagebuch, zit. Anm. 14, S. 16), wobei diese Suche durchaus nachvollziehbar und im Rahmen der Tagebuchforschung sinnvoll motiviert ist, jedoch nicht zu verdecken vermag, dass sie dazu verleiten kann, die Formdimension der Texte zu vernachlässigen, die hier betont werden soll.

einzigen ‚chronologischen' Eintrag vom 10. Dezember 1911. Die Tagebücher sind dabei mit wechselnder Konsequenz und Sorgfalt gestaltet. Auffällig ist vor allem in Heyms zweitem Tagebuch eine Tendenz zur Skizze, nämlich zu kurzen Einträgen, die aus wenigen oder gar vereinzelten Sätzen bestehen.

Mögen die Tagebücher auch einen Zeitraum von sieben Jahren umspannen und mag die Sorgfalt ihrer Führung Schwankungen unterliegen, bleiben sie ansonsten erstaunlich konstant. Ihr konstituierendes Textprinzip ist – *erstens* – das Prinzip der Repetition. Sie entstehen aus der Addition weniger, mit großer Ausdauer entworfener Textstränge, die sich thematisch bestimmen und unterscheiden lassen. Dazu gehört die erwähnte Abarbeitung an der immer neuen Benennung von Frauen und der beständigen Vorstellung und Bilanzierung aktueller oder vergangener Begegnungen mit und Beziehungen zu Frauen. Sie ist so dominant, dass sie in plausibler Weise zum Zentrum einer Analyse der Tagebücher gemacht worden ist.[18]) Dazu gehört jedoch auch ein bildungsbürgerlicher Diskurs um Fragen dichterischer Produktivität und dichterischen Selbstverständnisses, der im Wesentlichen vulgarisierte Topoi einer klassizistisch-idealistischen Ästhetik ausschreibt, die sich im späten 18. Jahrhundert bilden und im 19. Jahrhundert in einem langen Prozess der Absenkung durch die bürgerliche Kultur diffundieren. Ergänzt werden diese Topoi durch neue Impulse einer zumal mit dem Namen Nietzsches verknüpfbaren avantgardistischen Kunstphilosophie, die Heym 1910 zu dem Ausruf führt: „Wahrscheinlich giebt es überhaupt keinen allgemeinen Maßstab außer dem aesthetischen" (176).[19])

Zu den Textsträngen der Tagebücher gehört darüber hinaus die Auseinandersetzung mit dem, was man als ‚Repressionsmächte' der bürgerlichen Gesellschaft bezeichnen kann, wobei hierzu die eigenen Eltern ebenso wie die Schule, die Universität und der Staat als Arbeitgeber zählen. Eng damit verbunden, aber nicht notwendig deckungsgleich, finden sich Passagen, die vor allem Weltekel und -schmerz demonstrieren, sowie elegische Todes- und Selbstmordphantasien. „Das muss unsagbar schön sein, Hand in Hand mit der Geliebten die Sonne sinken zu sehn und zu fühlen, wie mit dem letzten Strahl auch unser Leben sanft entschwindet" (16), heißt es bereits am 23. April 1905. Und am 18. Oktober 1906 schreibt Heym: „Jedenfalls soll der Tod ein wundervolles Fest werden" (72). Auffällig sind schließlich auch wiederholte Natur- und Landschaftsbeschwörungen, die teils von großer Konventionalität sind, vereinzelt aber auch lyrische Qualität anzunehmen scheinen. „Ich habe eben mir mein Gedicht vorgelesen in einer goldwolkigen

[18]) Vgl. Hocke, Tagebuch (zit. Anm. 14), S. 121–125. – Bereits Loewenson, Heym (zit. Anm. 6), S. 57, sieht hier das „Hauptthema" der Tagebücher.

[19]) Ein Satz, der freilich sofort wieder zurückgenommen wird, denn weiter heißt es: „Und auch dieser [Maßstab] ist nicht vollständig, da er den Menschen immer als ganzes zu sehen gewohnt ist. […] Erst wenn man sagt, alles, was geschieht muß geschehen; Jede Handlung ist absolut notwendig, eine Verantwortung gibt es nicht, und auch die vor dem Forum der Aestetik ist eine Ungerechtigkeit und eine atavistische Voraussetzung, wird man eine gewisse Ruhe der Auffassung erreicht haben –" (176).

Landschaft, in der selbst die Bäume wie aus einem grün patinierten edlen Metall schienen“ (148).

Es sind jedoch nicht nur die sorgfältig entwickelten und über viele Jahre variierten Textstränge, die bemerkenswert sind, sondern – *zweitens* – auch die Leerstellen, die Heyms Tagebücher in auffälliger Weise prägen. Was an den Tagebüchern auffällt, ist vor allem eine weitgehende Aussparung konkreten täglichen Geschehens. Selbstverständlich lässt sich mithilfe der Datumsangaben die jeweilige Situation des Schreibers rekonstruieren, und selbstverständlich geben die Tagebücher teils durchaus klare Hinweise auf diese Situation. Sorgfältig notiert werden u. a. mehrere Geburtstage (vgl. 37, 73, 99). Dass Heyms Aufzeichnungen von „unschätzbarem Quellenwert“ seien und „gerade über die Schulzeit ein genaues Bild“[20]) vermittelten, mag zutreffen, doch wird enttäuscht werden, wer anhand der Tagebücher Heyms Biographie rekonstruieren wollte. In vielen Fällen erklären Angaben der Tagebücher Ereignisse des Lebens zunächst nicht. Allenfalls erklären diese Ereignisse Angaben der Tagebücher. Die repetitive Struktur der Tagebücher und ihr weitgehender Verzicht auf die Darstellung von Tagesgeschehen hängen dabei zusammen. Was die Tagebücher ‚syntaktisch‘ inszenieren, profitiert geradezu von einer Schwächung ihrer referentiellen Dimension. Unabhängig von der Frage, ob die Ereignisarmut der Tagebücher einer Ereignisarmut des Lebens entspricht, ist sie Voraussetzung für den erzeugten Eindruck des Stillstands und der Bewegungslosigkeit. Dass fast die Hälfte der Tagebuchaufzeichnungen in Heyms Schulzeit in Neuruppin vom April 1905 bis zum März 1907 – die Zeit der „Verbannung“ (15) – fallen,[21]) mag den Gedanken nahe legen, die Schulroutinen hätten sich in Routinen des Schreibens ausgedrückt, und doch lässt sich dies kaum belegen, denn der Tagebuchtext greift vielfach gerade *nicht* ins Leben hinaus. Immerhin erklärt Heym an einer Stelle, dass die Aufzeichnungen der Tagebücher einen Schnitt im Nichts platzierten und Markierungen in einem eigentlich markierungslosen Immergleichen setzten. „Was soll man schreiben! [...] Ich schreibe auch nur wieder, um irgend einen Merkstein aus diesen trüben langweiligen Tagen zu haben“ (34). Das Schreiben wird selbst zum Ereignis in ereignisloser Zeit und scheint damit auf ein ihm Äußeres zu verweisen, das dennoch nicht zu fassen ist.

Damit ist bereits etwas angedeutet, was für Heyms Tagebücher bezeichnend ist, nämlich die Tatsache, dass es sich eigentlich nicht um *Tage*bücher im Vollsinne des Wortes handelt. Zeiteinheiten haben in ihnen nur einen eingeschränkten Wert, und zwar nicht nur deshalb, weil Heym nicht jeden Tag einen Eintrag anfertigte. Seine Tagebücher kennen vielmehr die Zeit nur in einem sehr eingeschränkten Sinne. In ihnen konstituiert sich weniger ein Zeitstrahl als ein Raum. Zwar sind die Tagebücher nicht völlig entwicklungslos. Es gibt Konjunkturen von Themen und Problemen und von Namen und Begriffen, und es gibt Entwicklungen von Gedanken,

---

[20]) Hermann Korte, Georg Heym, Stuttgart 1982, S. 16.

[21]) Vgl. ebenda, S. 16.

Einschätzungen und Haltungen.[22]) So deutet sich die Entwicklung einer Sexualität an, die von einer Liebe wie zwischen Bruder und Schwester 1904 (vgl. 6) zum Glück führt, das 1905 daraus entsteht, die Hand um eine Taille zu legen (vgl. 13), zu heißen Küssen schreitet (vgl. 14) und 1910 ernüchtert über „E. K.“, die Heym „widerlich“ ist, notiert: „Jetzt werde ich sie benutzen“ (149). Später, nämlich bereits unter dem Eindruck der Psychoanalyse, folgt gar die Selbstdiagnose der „Sexualverdrängung“ (154). Goethe wird in den Tagebüchern vom geliebten Dichter (vgl. 8) und Beispiel des Nietzsche'schen „Übermenschen“ (44) zum „Weimarer Höfling und Kunstbonzen im Nebenberuf“ (148), „Schwein Göthe“ (170) und ‚Kompromissler‘ (vgl. 175). Heym diagnostiziert auch selbst Entwicklungen. So schreibt er am 17. November 1910: „Wie ich vielleicht 17 Jahr [!] alt war, hoffte ich auf das Glück, auf etwas fernes, wesenloses, eine Chimäre. Jetzt bin ich 23, ich habe gelernt, mit den Dingen zu rechnen, und auf ihrer Blöße und Torheit zu stehen und allem eine neue Schönheit abzugewinnen“ (150). Überhaupt mag 1910 das Reflexionsniveau in den Tagebüchern deutlich steigen.[23]) Der vorherrschende Eindruck ist jedoch der der Zeit- und Ereignislosigkeit, einer sich über sieben Jahre hinziehenden Stasis, die die Tagebücher zum Ort verschiebbarer Versatzstücke macht.

6. Formeln der Schönheit

Die Monotonie und repetitive Struktur wird indes nicht nur durch die geringe Erlebnishaltigkeit der Heym'schen Tagebücher und durch ihre geringe Referentialität auf das tägliche Leben begünstigt. Sie erlebt vielmehr eine Begünstigung auch dadurch, dass Heym – *drittens* – jenes Refugium in eigenwilliger Weise ausfüllt, das solche Tagebücher gewöhnlich auszeichnet, die Tagesereignissen gegenüber weitgehend blind bleiben. So wie eine Ereignisdimension in den Tagebüchern weitgehend schwach konturiert und damit auch wenig individualisiert scheint, erscheinen auch notierte Überlegungen als nahezu schablonenförmig und jedenfalls wenig individuell. Die Tagebücher enthalten eine Vielzahl von Reflexionen, doch ist der Begriff der ‚Reflexion‘ mit Bezug auf Heyms Tagebücher doppeldeutig. Was Heym an *Gedanken* notiert, mutet in weiten Passagen lediglich wie eine *Spiegelung* zeitgenössischer Diskurse an, die mit geringfügigen Variationen immer aufs Neue thematisch werden. Besonders auffällig ist dabei das Gewicht eines *ästhetischen* Diskurses, der hundert Jahre zurückweist und der zu Beginn des 20. Jahrhunderts eine Geschichte langer Popularisierung hinter sich hat. Die Tagebücher erweisen ein Traditionsbewusstsein, das nachgerade wie eine Be- und Gefangenheit in der Tradition anmutet

---

[22]) Man kann mithilfe der Tagebücher daher durchaus Perioden des Denkens unterscheiden, wie KORTE, ebenda, S. 17, demonstriert, wenn er etwa notiert: „Heyms Idealismus orientiert sich bis 1907 am Begriff der ‚Schönheit‘“, oder wie GUNTER MARTENS, Vitalismus und Expressionismus. Ein Beitrag zur Genese und Deutung expressionistischer Stilstrukturen und Motive, Stuttgart u. a. 1971, S. 197, vorführt, der von einem „markanten Einschnitt“ im Jahr 1910 spricht, welcher sich „auch in den Tagebucheinträgen“ zeige.

[23]) Vgl. MARTENS, Vitalismus (zit. Anm. 22), bes. S. 197 und 199.

und nicht zuletzt von einer bürgerlichen (Schul-)Bildung kündet, die auch Heym genoss.[24]) Sie schreiben Topoi der ästhetischen Diskussion seit dem 18. Jahrhundert aus, die durch Georg Wilhelm Friedrich Hegel im frühen 19. Jahrhundert gebündelt werden und von hier aus in zahlreichen epigonalen Schriften weiterwirken. Angereichert wird der derart gegebene Diskurs z. T. durch Impulse der Überbietungen wie Umwertungen Nietzsches,[25]) den Heym bereits 1907 neben Hölderlin, Mereschkowski und Grabbe zu einem der „4 Helden meiner Jugend" (86) erklärt und dessen Einfluss sich ab 1910 verstärkt zeigt. In nicht immer konsistenter, aber in ihren Wurzeln leicht rekonstruierbarer Weise buchstabieren Heyms Tagebücher insbesondere jene begrifflichen Ableitungsketten nach, die in der philosophischen Ästhetik seit Hegel systematisiert werden und zu Beginn des 20. Jahrhunderts längst in Schulunterricht und Alltagskultur erstarrt sind. „Ich sage mir, ich bin ein Hellene, ich liebe Helios. Nun muß ich aber auch *gut* sein, damit man mir nicht sagen kann, der Glaube an Helios sei ein Glaube der Schlechten. Und ich versuch's nun, trotzdem ich nicht *schön* bin, es mir also auch meinem ganzen Charakter nach viel schwerer wird" (65, meine Hervorhebung). Vor allem zeigt sich dabei eine in der idealistischen Ästhetik vorbereitete Verknüpfung von ästhetischem und ethischem Urteilsmodus. Mag die 1835 posthum publizierte Ästhetik Hegels in *philosophiegeschichtlich* relevanter Weise „eine letzte ahndungsvolle Herausstellung des klassizistischen Bündnisses von Ethik und Ästhetik"[26]) leisten, bleibt die Vorstellung eines entsprechenden Bündnisses im gesamten 19. Jahrhundert Teil der bürgerlichen Kultur und auch in den Tagebüchern Heyms wirkmächtig.

Dass „die Häßlichen im allgemeinen die Gefühle der tiefsten Liebe nicht" (40) besitzen, scheint Heym gewiss. Dass „Emmi Z... [...] Werner Glimm" liebt, ist ihm verständlich, denn Glimm besitzt „göttliche[] Schönheit. Ich kenne wohl keinen, der so schön ist wie er. Und alle Mädchenherzen fliegen ihm zu" (42). Und später: „Dann war Glimm bei mir. Welch ein Mensch. Man möchte ihn immer auf die Stirn küssen, so schön ist er. Und dann ist er ganz und gar harmonisch. Was er tut und spricht, zeugt alles von dem gleichen harmonischen Wesen. Und die Mädchenherzen fliegen ihm zu" (70). Was Schönheit sei, bestimmt Heym dabei fast musterhaft im Einklang mit einer deutschen idealistischen Tradition. „‚[S]chön'", heißt es am 26.12.1905, „ist natürlich so gefaßt, daß man darunter jene Seelenschönheit verstehen soll, die sich auf dem Antlitz ausprägt" (42). Wer schön sei, sei zugleich „gut, denn er findet leicht jene Liebe, die von selbst gut macht" (42). Mustergültig ist auch die enge Verkopplung von Schönheit und Sittlichkeit, die Heym leistet. „Vielleicht ist Egbert eine sittlich bessere Natur als ich, und darum würdiger Nelli zu besitzen" (25).

---

[24]) Vgl. die in Heym, Dichtungen und Schriften. Bd. 6 (zit. Anm. 7), S. 358–388, versammelten Dokumente aus der Neuruppiner Zeit.

[25]) Vgl. zum Einfluss Nietzsches auf den Expressionismus und speziell auf Heym die Arbeiten von Gunter Martens, grundlegend vor allem: Martens, Vitalismus (zit. Anm. 22). – Vgl. hierzu auch – teilweise kritisch – Korte, Heym (zit. Anm. 20), S. 38f.

[26]) Karl Heinz Bohrer, Die Kritik der Romantik. Der Verdacht der Philosophie gegen die literarische Moderne, Frankfurt/M. 1989, S. 145.

Welches Gewicht die Diskurse einer vulgarisierten Ästhetik in Heyms Tagebüchern haben, zeigt sich nicht zuletzt an Heyms Versuchen, sie auf das eigene Dasein zu beziehen. Dabei werden zwei Dinge offensichtlich. Erstens bedeutet der Versuch, die ästhetischen Formulierungsmuster für die Lebenspraxis fruchtbar zu machen, umgekehrt eine Entleerung des ‚Lebens' in diese Formulierungsmuster hinein. Zugleich erweist sich die Macht vorgefertigter Formulierungen gerade dort, wo solche Formulierungen *irritiert* werden und ihr Funktionieren gestört scheint. Dies aber ist der Fall, wo die eigene Existenz und ästhetische Diskursmuster verkoppelt werden. Wo bei Heym offensichtlich wird, dass das eigene Sein den Konzepten der Ästhetik gegenüber widerständig ist, betont dies gerade das stereotyp Vorgeformte dieser Konzepte gegenüber der konkreten Erfahrung.

Es ist dabei vor allem die eigene Person, die zeigt, welche Probleme die lebensweltliche Bewährung der Ästhetik für Heym erzeugt. Während mit Bezug auf andere ein Verharren in der adorierenden Distanz oder reflektierenden Abstraktion noch unproblematisch möglich scheint, erzeugt die Bezugnahme auf die eigene Person Sprünge und Risse in der Geschlossenheit der diskursiven Adaptionen. Schon 1906 schreibt Heym: „Meine Seele kranket wohl an dem Mißverhältnis zwischen meinem unbefriedigten Schönheitsgefühl und meinem unzulänglichen Leib" (54). „Die Natur ist sehr dumm", heißt es im August 1907: „Warum habe ich einen Sinn, der nach Schönheit dürstet und Krampfadern, daß ich mich selbst verabscheue" (93; vgl. auch 84). Gut anderthalb Jahre später notiert Heym: „Ich zensiere mein Gesicht mit einer 3-4, meinen Oberkörper mit einer 2, meine Beine mit einer 4" (125). Und erneut wenige Monate später heißt es: „Mich halten viele Menschen für schön. Ich mich gewiß nicht" (132). Bereits 1906 entwickelt Heym ein Programm, solchen Problemen zu begegnen, das erneut unmittelbar auf die Ästhetik rückverweist. „Ich suche jetzt mit Gewalt schön zu werden, es ist eigentlich rührend, wie ich mich abmühe, die Liebe zu finden" (76). „Wäre ich schön, so liebte mich Goldelse. Und das ist das zweite, bin ich schöner geworden? Nein. Also war das Jahr soweit verloren. Wie ich jauchzen werde, wenn ich meine Krampfadern los bin, wenn ich anfangen kann, meinen Körper rationell zu trainiren [!]" (63). Es fällt nicht schwer, in diesen Sätzen Anklänge an einen neuen Diskurs um Gymnastik und Sport und überhaupt um systematische Arbeit am eigenen Körper wiederzufinden, der im 19. Jahrhundert in einer Flut von Schriften entsteht. Auffällig ist aber insbesondere, wie die Tagebücher an einer Spannung partizipieren, die den populären ästhetischen Diskurs des 19. Jahrhunderts prägt. Zumal die voluminösen Inhaltsästhetiken in der Nachfolge Hegels – mit dem wohl prominentesten Beispiel der *Ästhetik* Friedrich Theodor Vischers – bemühen sich in ihrer Suche nach Schönheit tatsächlich die Welt zu durchmustern, sind jedoch zugleich der Empirie des ‚realen' Lebens konstitutiv abgewandt. Schon Hegels Profilierung des Kunstschönen durch Abwertung des Naturschönen leistet eine ebenso frühe wie radikale Formulierung eines ästhetischen Axioms, das den bildungsbürgerlichen ästhetischen Diskurs des 19. Jahrhunderts lange im Bann hält und das das Schöne gerade in *Distanz* zur Realität des Lebens platziert. Die Formulierungsmuster der Ästhetik und die Verhandlung der eigenen Krampfadern zusammenzuführen erzeugt eine Dissonanz, die im Diskurs der Ästhetik gerade nicht vorgesehen ist.

Dass sich Brüche in der Gleichförmigkeit der Beobachtungen einstellen, wenn die überkommenen Kategorien der Ästhetik auf die reale Existenz bezogen werden, zeigt sich auch in der Auseinandersetzung mit dem Konzept des Ruhmes, der eher auf vitalistische, in einem mindestens oberflächlichen Sinne von Nietzsche stammende Impulse verweist. Die Tagebücher dokumentieren, was Heym auch in Reden und Briefen ausdrückte,[27]) nämlich eine Tendenz zu „künstlerische[n] Allmachtsphantasien“[28]) und ein unbedingtes Streben nach Anerkennung und Verewigung der eigenen Existenz in dieser Anerkennung. „Ich lebe immer wieder nur noch des Ruhms und der Unsterblichkeit wegen“ (59), heißt es schon 1906. Und: „Ich muß auf viel verzichten, auf Schönheit, so will ich wenigstens den Ruhm“ (62; vgl. auch 73, 75). Vier Jahre später ist die Lust auf Ruhm nicht vergessen, und doch droht sie in exakt jenem Moment zu kollabieren, wo sie Konkretisierung erfährt. Am 7. Juli 1910 schreibt Heym: „Ich las gestern in dem *Neo-Pathetischen Cabaret* einige Gedichte vor, die sehr beklatscht wurden. Aber wenn das der Ruhm ist. – Ich weiß, plötzlich schien es mir als sähen mich aus dem Dunkel des Saals lauter Tiere an und die Ochsen saßen ganz vorn und blökten mich an“ (139). Dauerhaft bleibt dieser Eindruck freilich nicht dominant. Das abstrakte Konzept des Ruhmes schiebt sich erneut vor den individualisierten Erlebnisbericht. Entsprechend heißt es schon am 1. September 1910: „Ich möchte einmal ein Jahr lang von Liebe und Ruhm so berauscht sein, daß ich mich dann irgendwo verkriechen könnte“ (142).

Gegen die Zumutungen der Schönheit lässt sich schließlich ein zweites Großkonzept in Stellung bringen, nämlich das des Genies. „Warum stellt man sich ein Genie gewöhnlich klein, u. irgendwie mißgestaltet vor“, fragt Heym (154). Und er erläutert: „Daß geniale Veranlagung irgendwo und irgendwie mit Krankheit concurriert, beweist mir meine Familie. Ich selbst, der ich an Sprachfehlern und, wer weiß was noch an nervösen Hemmungen kranke. Meine Schwester, die Epileptikerin ist, mein Vater, der an einer Art religiösem Wahnsinn und Versündigungswahn leidet“ (140).

7. Stehende Zeit

Das lyrische Werk Heyms ist als Zeugnis geometrischer Sensibilität gelesen und als Werk entziffert worden, das einem ‚geometrischen Programm‘ verpflichtet ist.[29]) Die Dichtung Heyms gewinnt ihre Kraft nicht nur aus einem expressionistischen

---

27) So erinnert Loewenson ein Gespräch, in dem Heym erklärte: „‚[...] Die Hauptsache is, daß ich Ruhm ernte.‘ – ‚Was wollen Sie denn bloß mit so furchtbar viel Ruhm?‘ – ‚Das will ich ihnen offen sagen: das brauch ich nur wegen viel Frauenliebe ...‘“ (Loewenson, Persönliches (zit. Anm. 7), S. 46; – ähnlich in: Ders., Heym (zit. Anm. 6), S. 12). – Vgl. auch Schulze-Maizier, Begegnung (zit. Anm. 8), S. 18.

28) Wuthenow, Tagebücher (zit. Anm. 11), S. 86.

29) Vgl. für ein besonders klares Beispiel Edmund Stegmaier, Kreis und Vertikale als strukturtragende Elemente in der Dichtung Georg Heyms, in: DVjS 47 (1973), S. 456–466.

Themenarsenal und aus einer gewagten Metaphorik, sondern auch aus einer Sensibilität für Formen und für Blick- und Bewegungsrichtungen, die sich zu Formen verdichten. Wer die Tagebücher Heyms in ihrer Gesamtheit liest, kann sich dem Eindruck nicht entziehen, auch hier in ein Formexperiment hineingezogen zu werden. Anders als die lyrischen Texte Heyms werden die Tagebücher kaum als ein solches Experiment geplant gewesen sein, wie ihrer Struktur überhaupt mit Fragen nach den Intentionen Heyms kaum beizukommen sein wird.

Dabei sind es – wie skizziert – mehrere Eigenheiten der Tagebücher, die dazu beitragen, dass ihre Lektüre eine Erfahrung der Form anstößt. Eine geringe Ereignishaltigkeit und die immer wieder nur äußerst knappe und skizzenhafte Darstellung von Erlebnissen gehört ebenso dazu wie die Tendenz zur mitunter fast zwanghaft wirkenden Wiederholung und die Formelhaftigkeit von Heym'schen Überlegungen. Betrachtet man die Tagebücher in ihrer Gesamtheit und bezieht man sie versuchsweise auf Heyms Lyrik, kann man vor solchem Hintergrund die Frage aufwerfen, ob die Tagebücher diese Lyrik nicht in einer spezifischen Weise an Radikalität überbieten. Denn während Heyms Gedichte in ihrer von der Literaturwissenschaft immer wieder aufgeschlüsselten Bildlichkeit erstarrte Formen vorführen und Monotonie und Gleichförmigkeit *darstellen*,[30]) gilt für die Tagebücher, dass sie monoton *sind*. Die Langeweile ist in ihnen nicht in letztlich selbst interessanter Weise *dargeboten*, sondern sie *ist* allererst.

Zumal die geringe ‚Welthaltigkeit' von Heyms Tagebüchern ist mit Begriffen belegt worden, die diese Bücher als „rauschhaft[]"[31]) ausweisen. Hier soll demgegenüber jedoch behauptet werden, dass die irreale Leichtigkeit des Rausches Heyms Aufzeichnungen gerade fehlt. Dass die Welt in ihnen eigentümlich abwesend scheint, macht sie nicht leicht, sondern schwer. Resultat ist ein dunkler, nur mühsam zu durchdringender und unter Schwierigkeiten als Ganzes zu lesender Text. Sein herausragendes Merkmal aber ist, und dies ist bei einem Tagebuch unzweifelhaft bemerkenswert, die Eliminierung der Zeit. Über sieben Jahre hinweg zeigen Heyms Tagebücher einen Raum des Immergleichen. Das Nacheinander verliert den Anschein des Zeitlichen und verwandelt sich in ein eigentümlich diffuses, auf einem Ort verharrendes Nebeneinander. In einer kryptischen Bemerkung[32]) vom 21. Juli 1910 mag Heym genau dies gesehen und zur Grundlage der eigenen Bedeutung erhoben haben. „Ich glaube," heißt es hier, „daß meine Größe darin liegt, daß ich erkannt habe, es gibt wenig Nacheinander. Das meiste liegt in einer Ebene. Es ist alles ein Nebeneinander" (140). Man kann darin eine Beschreibung der Poetik von Heyms Tagebüchern erkennen.

---

[30]) Vgl. für eine Aufschlüsselung entsprechender Motive etwa Martens, Vitalismus (zit. Anm. 22), S. 204–238.

[31]) Hocke, Tagebuch (zit. Anm. 14), S. 121. Dass die Tagebücher „spannend wie ein Roman" seien, meint Loewenson, Heym (zit. Anm. 69), S. 57 – ein Urteil, bei dem man wohl die persönliche Nähe bedenken muss, die Heym und ihn verband.

[32]) Die auch Loewenson, Heym (zit. Anm. 6), nicht übersieht: „Was er [Heym] damit sagen will, ist nicht sicher" (S. 73f.).

EIN HEINE-SUBTEXT IN FRANZ WERFELS ›DER TOD DES KLEINBÜRGERS‹

Von Sarah Fraiman-Morris (Universität Bar Ilan)

In Franz Werfels Erzählung ›Der Tod des Kleinbürgers‹ (1926) findet sich eine ungewöhnliche Szene, die bis jetzt von der Kritik nicht zufrieden stellend interpretiert worden ist. Die uralte Mutter einer jüdischen Nebenfigur erscheint am Krankenbett ihres getauften Sohnes und zitiert in groteskem Ton ein Heine-Gedicht. Von den Kritikern, welche sich speziell mit dieser Erzählung befassten,[1]) erwähnen nur Tober[2]) und Colin[3]) diese Szene, wissen jedoch kaum etwas mit ihr anzufangen. Colin macht die Szene richtig im Kontext von jüdischer Identität fest, liest jedoch den Text so oberflächlich, dass sie ihn völlig missversteht. In Friedrich Charles Ellerts Dissertation ›The Problem of the Jews in Werfel's Prose Works‹ wird die Szene nicht erwähnt, und auch mein Vergleich der Erzählung mit Tolstojs ›Der Tod des Iwan Illjitch‹ (2004) geht nicht auf sie ein.[4])

Die Mehrzahl von Werfels Texten ist in ernstem Ton gehalten. Nur ab und zu – so in den Erzählungen ›Eine blassblaue Frauenschrift‹ (1940) ›Das Trauerhaus‹ (1927), ›Der Tod des Kleinbürgers‹ (1926) und zeitweise auch im Drama ›Spiegelmensch‹ (1920) – wird er von einem ironisch-satirischen verdrängt. Dahinter verbirgt sich meist eine Selbstironisierung Werfels.[5]) Ich möchte im Folgenden zeigen, dass sich in dieser Szene komplexe und ambivalente Gefühle Werfels seinem Judentum gegenüber manifestieren, ähnlich denen Heines, dessen Schriften

[1]) Amy Colin, Werfels Metapsychologie des Geheimnisses, in: Unser Fahrplan geht von Stern zu Stern. Zu Franz Werfels Stellung und Werk, hrsg. von Joseph Strelka und Robert Weigel, Bern, N. Y., Wien 1992; – Martin Dolch, Vom „Kleinbürger" zum „Übermenschen". Zur Interpretation von Franz Werfels ›Der Tod des Kleinbürgers‹, in: Literatur in Wissenschaft und Unterricht V (1972), S. 127–143; – Karl Tober, Franz Werfel: Der Tod des Kleinbürgers, in: Der Deutschunterricht 17 (1965), S. 66–84.

[2]) Tober, Franz Werfel (zit. Anm. 1), S. 81.

[3]) Colin, Werfels Metapsychologie des Geheimnisses (zit. Anm. 1), S. 32.

[4]) Friedrich Charles Ellert, The Problem of the Jew in Werfel's Prose Works, Phil. Diss., Stanford 1956; – Sarah Fraiman-Morris, Franz Werfels ›Der Tod des Kleinbürgers‹ als Variation von Tolstojs ›Der Tod des Ivan Illjitsch‹, in: Sprachkunst 35 (2004), 2. Halbband, S. 225–238.

[5]) Dies., Assimilation, Verrat und versuchte Wiedergutmachung. Zum Identitätsprozess bei Franz Werfel, Stefan Zweig und Joseph Roth, in: Seminar 34,3 (2003), S. 209; – Dies., Franz Werfels ›Der Tod des Kleinbürgers‹ als Variation‹ (zit. Anm. 4), S. 232 und 237f.

SPRACHKUNST, Jg. XXXVIII/2007, 1. Halbband, 15–26

Werfel bestimmt kannte, wie das Zitieren des Heine-Gedichtes nahelegt.[6]) Werfel sah offenbar in Heine, trotz bedeutender Unterschiede in Persönlichkeit und Lebensumständen beider Dichter, einen Parallelfall bezüglich seiner Stellung zwischen Judentum und Christentum.

Heine steht am Beginn, Werfel am Ende der Emanzipationsphase des deutschen Judentums. Trotz dieses Unterschiedes zeigt ihre historische Situation erstaunliche Parallelen. Heine wuchs im Rheinland in einer für seine Zeit relativ toleranten Atmosphäre auf. „Heines Familie gehörte zu der Minderheit deutscher Juden, die durch das revolutionäre und danach durch das napoleonische Frankreich in den Genuss der bürgerlichen Gleichstellung gekommen sind."[7]) Heines Situation zu Beginn des Neunzehnten Jahrhunderts ist somit vergleichbar derjenigen Werfels im ersten Drittel des zwanzigsten Jahrhunderts. Beide erlebten eine fast vollständige Gleichberechtigung der Juden, welche dann langsam rückgängig gemacht wurde.[8]) Nach dem Wiener Kongress (1815) nahm der Antisemitismus spürbar zu, und Heine litt darunter[9]); ebenso litt später Werfel unter dem zunehmenden Antisemitismus nach dem Ersten Weltkrieg. 1819 ging die *Hep-Hep* Bewegung durch Deutschland[10]). Sie inspirierte Heine zu seiner ersten Tragödie, ›Almansor‹ (1820). Der Ausschluss der Juden von akademischen Lehrämtern (1822) resultierte in einer Reihe von Übertritten zum Christentum, unter anderem (neben Eduard Gans, Moses Moser und Leopold Zunz) dem Heines im Juni 1825.

Auch Werfel erlebte einen anwachsenden Antisemitismus in den zwanziger und dreißiger Jahren, dem aber nicht mehr durch die Taufe ausgewichen werden konnte. Im Gegensatz zu Heine war Werfel ein religiöser Mensch.[11]) Er fühlte sich vom Christentum – genauer: vom Katholizismus – angezogen[12]), verwarf aber die Taufe, da sie für ihn einem Verrat an dem zunehmend unter antisemitischem Druck stehenden Judentum gleichgekommen wäre.[13]) Heine und Werfel empfanden eine

---

[6]) Siehe PETER STEFAN JUNGK, Franz Viktor Werfel. Eine Lebensgeschichte, Frankfurt/M. 1987, S. 31. Werfel erwähnt in einem Essay (ursprünglich eine Rundfunkrede) über ›Das Gedicht und seine Gegner‹ Klopstock, Goethe, Hölderlin, Novalis, Lenau und Mörike, Heine jedoch nicht, vermutlich, weil er in ihm noch vor dem Lyriker den engagierten Schriftsteller, wie er sich selbst sah, schätzte. FRANZ WERFEL, Zwischen Oben und Unten. Prosa, Tagebücher, Aphorismen, literarische Nachträge, hrsg. von ADOLPH D. KLARMANN, München und Wien 1975, S. 534ff. – Im Folgenden zit. unter der Sigle OU.

[7]) HARTMUT KIRCHER, Heinrich Heine und das Judentum, Bonn 1973, S. 97; – siehe auch MANFRED WINDFUHR, Heinrich Heine. Revolution und Reflexion, Stuttgart 1976, S. 7.

[8]) Zur historischen Situation zu Beginn des 19. Jh.s siehe KIRCHNER, S. 23–37; – JEFFREY SAMMONS, Heinrich Heine. A Modern Biography, Princeton 1979, S. 30ff.

[9]) KIRCHER, Heinrich Heine (zit. Anm. 7), S. 101 und 106.

[10]) Ebenda, S. 115; – GERHARD HÖHN, Heine-Handbuch. Zeit, Person, Werk, Stuttgart 1997, S. 34.

[11]) WERFEL, Theologumena (OU, 110); – DERS., Interview über den Gottesglauben (OU, 605–611); – ANITA NIKICS, Das Religiöse in Franz Werfels früher Prosa, in: Numinoses und Heiliges in der österreichischen Literatur, hrsg. von KARL-HEINZ AUCKENTHALER, Bern u. a. 1995, S. 151 und 162ff.

[12]) JUNGK, Franz Viktor Werfel (zit. Anm. 6), S. 68.

[13]) OU, 155; – SARAH FRAIMAN-MORRIS, Verdrängung und Bekenntnis. Zu Franz Werfels jüdischer Identität, in: Germanisch-Romanische Monatsschrift 53,3 (2003), S. 348.

enge Verbundenheit mit dem jüdischen Volk im Sinn einer Schicksalsgemeinschaft. Werfels Vorliebe für den Katholizismus widersprach dieser Verbundenheit ebenso wie Heines aus praktischen Gründen vollzogene Taufe. Heines anti-religiöse Haltung, die ihm auch die Taufe zu einem „gleichgültigen Akt" machte[14]), ließ ihn zwar – nach einer Phase intensiver Auseinandersetzung mit seinem jüdischen Erbe zwischen 1822 und 1825, sichtbar in ›Der Rabbi von Bacherach‹ – bis 1848 vom Judentum einen gewissen Abstand nehmen. Seine innere Verbundenheit mit dem jüdischen Volk manifestiert sich jedoch auch in dieser Phase:[15]) immer wieder bringt er jüdische Figuren oder Probleme zur Sprache. Er geißelt den Antisemitismus, karikiert jüdische Renegaten, beschreibt satirisch-liebevoll jüdische Tradition – so im neunten Kapitel der ›Bäder von Lucca‹ (1829) den Sabbat feiernden Moses Lump: „er sitzt vergnügt in seiner Religion und seinem grünen Schlafrock wie Diogenes in seiner Tonne."[16]) Heine findet immer wieder positive Worte für das jüdische Volk, so im vierten Teil des ›Börne‹-Buches (1840): „In der That, die Juden sind aus jenem Teige, woraus man Götter knetet [...]. Die Juden sind das Volk des Geistes."[17])

Jeffrey Sammons hat mit Recht auf Heines Tendenz hingewiesen, sich zu fiktionalisieren[18]). Da Heines Texte außerdem oft ironisiernden Charakter haben, ist es schwierig, zu eindeutigen Urteilen über ihn zu gelangen. Paradox erscheint sicher seine Ambivalenz in den Jahren 1820 bis 1825, als er sich intensiv mit jüdischer Geschichte und Tradition beschäftigte und dabei gleichzeitig die Taufe erwog. Sein ›Almansor‹ (1822) ist eine Auseinandersetzung mit dem Renegatentum, auch mit dem jüdischen Heines, und der maurische Protagonist ein deutliches Spiegelbild Heines[19]).

Das Thema des Renegatentums beschäftigte Heine auch in seinem nächsten Werk, dem Roman ›Der Rabbi von Bacherach‹, an dem er 1824 zu arbeiten begann. Heine beabsichtigte, das Gedicht ›Almansor‹ (1825) in den Roman einzufügen[20]). Es thematisiert die (erst gegen Ende des Gedichts einsetzende) Reue des Mauren Almansor über seine Taufe. Heine zeigt hier die Problematik eines solchen Schrittes: Was auf der bewussten Ebene als Sieg erscheint, erweist sich im Unbewussten als Niederlage.[21]) Aber Heine fügte das Gedicht nicht in den Roman ein, sondern veröffentlichte es erst 1827 im ›Buch der Lieder‹. Das Thema des Renegatentums blieb dennoch im Subtext des ›Rabbi‹-Romans bestehen, in der Figur des Rabbi Abraham, des Vertreters der jüdischen Tradition, der seine von einem Pogrom

[14]) Kircher, Heinrich Heine (zit. Anm. 7), S. 118 und 122.

[15]) "His Jewishness remained a significant fraction of his cultural consciousness and poetic imagination." Sammons, Heinrich Heine (zit. Anm. 8), S. 110.

[16]) Heinrich Heine, Werke und Briefe. Bd. 3, hrsg. von Hans Kaufmann, Berlin 1961, S. 313.

[17]) Ebenda, Bd. 6, S. 202.

[18]) Sammons, Heinrich Heine (zit. Anm. 8), S. 4–8.

[19]) Kircher, Heinrich Heine (zit. Anm. 7), S. 192.

[20]) Ebenda, S. 207.

[21]) "[...] what had been lightly accepted in walking life is felt as nightmarish humiliation in the subconscious mind, or the soul, that speaks in our dreams." Siegbert S. Prawer, Heine's Jewish Comedy, Oxford 1983, S. 85.

bedrohte Gemeinde heimlich verlässt. Prawer weist darauf hin, dass Heines Entwürfe zum ›Rabbi von Bacherach‹ das Problem des Renegatentums betonen, und schreibt: „The poet was clearly weighing the implications of his own baptism“, und „Indeed, the rabbi's abandonment of his congregation makes him a renegade too, although in a different sense [...]“[22]). Hessing stellt fest, dass Heine diesen literarischen Text aus der weiblichen Perspektive der schönen Sarah erzählt anstatt aus der üblichen männlichen, und interpretiert dies richtig als bewusste Distanznahme Heines von seinem Protagonisten, mit dem ihn die problematische Flucht aus der jüdischen Gemeinschaft verbindet.[23]) In der Figur des Rabbi Abraham verbirgt sich eine vielleicht unbewusste Selbstkritik Heines. Selbstkritik verbirgt sich ebenfalls im 1825 geschriebenen und den getauften Eduard Gans kritisierenden Gedicht ›An einen Abtrünnigen‹.[24])

Auch in der ›Harzreise‹, verfasst 1824 und publiziert zwischen 1826 und 1827, taucht das Thema der Taufe auf. Heine beschreibt das Besteigen des Ilsensteins, eines ungeheuren Granitfelsen, auf dessen Spitze ein großes eisernes Kreuz steht, wo nach der Sage das Schloss der Prinzessin Ilse gestanden habe und wo, so berichtet er, ihn ein Schwindel erfasste:

> [...] und ich sicher, vom Schwindel erfaßt, in den Abgrund gestürzt wäre, wenn ich mich nicht in meiner Seelennot ans eiserne Kreuz festgeklammert hätte. Dass ich in so mißlicher Stellung dieses Letztere getan habe, wird mir gewiß niemand verdenken.[25])

Heine bezieht sich hier auf seine im Sommer 1825 erfolgte Taufe, die in ihm ein permanent schlechtes Gewissen hinterließ. Heine wusste, dass sich die Romantik „längst der Reaktion verschrieben, sie wird dem Juden nichts Gutes bringen, und diese Drohung setzt er nun in Szene – er zeichnet ein groteskes Bild von der Angst, vor der das eiserne Kreuz, eine Flucht in das Christentum, als letzte Rettung erscheint“[26]). Bei der ersten Publikation dieses Textes in der Zeitschrift ›Der Gesellschafter‹ (1826) lautete der letzte Satz dieser Stelle noch (anders als oben zitiert): „und bis jetzt habe ich es nicht bereut“; für die Buchfassung änderte Heine dies[27]). Viele Äußerungen Heines nach seiner Taufe dokumentieren seine negativen Gefühle dem Christentum gegenüber und sein Bereuen dieses Schrittes, der ihm nichts brachte.[28])

---

[22]) Ebenda, S. 95.

[23]) Jakob Hessing, Der Traum und der Tod. Heinrich Heines Poetik des Scheiterns, Göttingen 2005, S. 233ff.

[24]) Heine hatte sich vor Gans taufen lassen. Prawer, Heine's Jewish Comedy (zit. Anm. 21), S. 14 und 16. – Zur jüdischen Selbstkritik, siehe Salcia Landmann, Der jüdische Witz und seine Soziologie, in: Jüdische Witze, hrsg. von Ders., München 1962, S. 47.

[25]) Heine, Werke und Briefe (zit. Anm. 16), Bd. 3, S. 80.

[26]) Hessing, Der Traum und der Tod (zit. Anm. 23), S. 206.

[27]) Prawer, Heine's Jewish Comedy (zit. Anm. 21), S. 110; – Sammons, Heinrich Heine (zit. Anm. 8), S. 109.

[28]) Hans Kaufmann, Heinrich Heine. Geistige Entwicklung und künstlerisches Werk, Berlin und Weimar 1976, S. 106f.; – Kircher, Heinrich Heine (zit. Anm. 7), S. 117–123; – Prawer, Heine's Jewish Comedy (zit. Anm. 21), S. 16; – Sammons, Heinrich Heine (zit. Anm. 8), S. 109; – Hessing, Der Traum und der Tod (zit. Anm. 23), S. 258f.

Auch Werfel lebte in einer ständigen Ambivalenz der Gefühle, doch bei ihm stritt ein echtes Hingezogensein zum Katholizismus gegen seine Verbundenheit mit dem jüdischen Volk.[29]) Deshalb erstaunt es, dass Werfels jüdischer Protagonist in ›Der Tod des Kleinbürgers‹, Herr Schlesinger, sich nicht aus religiösen, sondern, wie Heine, aus pragmatischen Gründen hatte taufen lassen: „Ich habe für die heilige Jungfrau optiert. [...] Es ist besser fürs Fortkommen."[30]) Herr Schlesinger ist nicht Werfel, sondern eher Heine nachgebildet. Werfel karikiert im getauften Versicherungsagenten Schlesinger den jüdischen Assimilanten und Konvertiten, wie auch Heine in seinen Werken immer wieder diesen Typus selbstkritisch verspottet, so Don Enrique und Pedrillo in ›Almansor‹, den Marchese Gumpelino und Hirsch Hyazinth in ›Die Bäder von Lucca‹ (1829) oder Don Isaak Abarbanel in ›Der Rabbi von Bacherach‹ (1840).[31]) Sie alle, ebenso wie Herr Schlesinger, erscheinen als Verkörperung von Heines Worten gegen Ende des ersten Buches in ›Ludwig Börne‹: „Aber da die Annahme desselbigen [des Evangeliums] nur Selbstbetrug, wo nicht gar Lüge ist und das angeheuchelte Christentum mit dem alten Adam bisweilen recht grell kontrastiert, so geben diese Leute dem Witze und dem Spotte die bedenklichsten Blößen. Oder glauben Sie, daß durch die Taufe die innere Natur ganz verändert worden? Glauben Sie, daß man Läuse in Flöhe verwandeln kann, wenn man sie mit Wasser begießt?"[32])

Auch der getaufte Herr Schlesinger versteht sich weiter als Jude. So sagt er unvermittelt im Gespräch mit dem Kleinbürger Karl Fiala: „‚Wir Juden rauchen zuviel.' Sofort aber korrigiert er: ‚Pardon! Ich bin gar kein Jud, wenn Sie das zur Kenntnis nehmen wollen. Ich habe für die heilige Jungfrau optiert'" (18). Colin behauptet, Schlesinger verheimliche seine jüdische Herkunft, während er hier deutlich unaufgefordert von dieser Herkunft spricht. Da es jedoch im antisemitischen Kleinbürgermilieu im Wien der zwanziger Jahre nicht ratsam war, sich als Jude zu zeigen, betont Schlesinger dem Christen gegenüber sein Christentum und bereut seinen *faux pas*: „Schlesinger erschrickt sichtlich über seine Worte. Er wird sehr ernst und duckt sich zusammen" (18). Schlesinger benutzt, wie Heine und viele andere konvertierte Juden, auch weiterhin jiddischen Jargon (so *Schlemihl*, *Schnorrer*, S. 17), der einen integralen Bestandteil seines Wesens, seiner Identität bildet.

Ein bedeutendes Detail weist auf den Bezug von Werfels ‚Konvertiten aus pragmatischen Gründen' zu Heine hin: Auf dem Spitalbett des todkranken Schlesinger liegen außer der ›Neuen Freien Presse‹, der Zeitschrift der liberalen assimilierten Juden Wiens, zwei pikante Romane und eine „große Ausgabe der Heineschen Gedichte in Goldschnitt [...]. Dieser Band bildete Schlesingers Erinnerung an

---

[29]) Zu einer eingehenden Analyse von Werfels jüdischer Identität und seiner Beziehung zum Christentum, siehe Fraiman-Morris, Verdrängung und Bekenntnis (zit. Anm. 13) S. 339–354.

[30]) Franz Werfel, Der Tod des Kleinbürgers, in: Ders., Erzählungen II, hrsg. von Adolf Klarmann, Frankfurt/M. 1952, S. 18.

[31]) Das Verspotten der Täuflinge wurde im 19. Jahrhundert wegen der häufigen Konversionen ein beliebtes Thema (Landmann, Der jüdische Witz, zit. Anm. 24, S. 32).

[32]) Heine, Werke und Briefe (zit. Anm. 16), Bd. 6, S. 108.

die Jugend. Er hatte einmal neben Gebetbüchern die Bibliothek seiner Eltern in dem kleinen böhmischen Städtchen vorgestellt" (38). Werfel kennzeichnet damit die Entwicklung des österreichischen Judentums von einer traditionellen, religiös orientierten Lebenshaltung zur vollständigen Assimilation an die deutsche Kultur. Neben den Gebetbüchern existierte im Haus Schlesinger als erste Annäherung an diese Kultur ein Gedichtband des deutsch-jüdischen Dichters Heine. Dieser Gedichtband des getauften Juden Heine bedeutete schon der nächsten, oft ebenfalls getauften Generation das letzte Band zum Judentum, denn die Gebetbücher wurden durch deutsche Kultur- oder Pseudo-Kulturwerte, durch die liberale Presse und „pikante" Romane ersetzt.

Der todkranke Schlesinger hat nicht die Kraft zu lesen. Er legt Zeitungen und Romane weg, nur den Gedichtband lässt er auf seiner Decke liegen, als ob dieser Band ihm die Gebetbücher, neben denen er einmal gestanden hatte, ersetzte. Am Lebensende scheint sich bei Schlesinger, wie bei Heine,[33]) eine gewisse Sehnsucht nach seiner jüdischen Vergangenheit einzustellen, weshalb der Heineband für ihn fast sakralen Charakter annimmt. Dann, wie als märchenhafte Erfüllung seines Wunsches nach der Verbindung mit seiner Vergangenheit, öffnet sich plötzlich die Türe, und seine Mutter erscheint. Sie wird jedoch von Werfel, dem antisemitischen Stereotyp entsprechend, als „ein ganz kleines Weib", als „zwergenhaft", ja karikaturmäßig gezeichnet: „So klein war die Greisin, dass ihr verschlissener Samtpompadour, den sie in der Hand schleppte, fast den Boden berührte" (38). Auch ihre Art zu sprechen entspricht dem Stereotyp der jüdischen Sprechweise, gefärbt vom Jargon, „in singendem Tonfall". Hier manifestiert sich bei Werfel eine gewisse Internalisierung antisemitischer Vorstellungen durch die diesen Vorstellungen ausgesetzten Juden. Im folgenden Dialog zwischen Mutter und Sohn zeigen sich weitere jüdische Eigenheiten, so das Beantworten einer Frage mit einer Frage:[34]) „Mammerl, was gibt es Neues?" „Was wird es Neues geben?" (39), oder die obsessive Besorgnis um das Essen, die sich von einer Frage: „Hast du auch gut zu essen, mein Kind?" zur Aufforderung „Mein Kind, du sollst essen! Iss, mein Kind!" und schließlich zur in diesem Kontext absurden Bemerkung „Du sollst essen, essen ist gesund!" (39) steigert. Hier haben wir es übrigens mit einem weiteren Heine-Subtext zu tun, sagt doch die alte Mutter in Heines ›Deutschland. Ein Wintermärchen‹ in Caput XX zum sie nach vielen Jahren besuchenden Sohn:

> „Mein liebes Kind, wohl dreizehn Jahr'
> Verflossen unterdessen!
> Du wirst gewiß sehr hungrig sein –
> Sag an, was willst du essen?

Über der Szene schwebt eine distanzierende Ironie, doch dahinter spürt der Leser des Erzählers Sympathie mit der Mutter Schlesingers, die ungeachtet ihres Alters

---

[33]) Siehe ›Hebräische Melodien‹; ›Geständnisse‹; siehe auch MANFRED WINDFUHR, Heinrich Heine (zit. Anm. 7), S. 278–281.

[34]) Zu dieser jüdischen Eigenheit, siehe LANDMANN, Der jüdische Witz (zit. Anm. 24), S. 255.

und ihrer Schwäche voller Fürsorge ihrem kranken Sohn „Kücherln" mitgebracht hat, die der Sohn immer gerne aß (39). Auch Heine karikiert gewisse jüdische Figuren in seinen Werken mit viel Sympathie, so Hirsch Hyazinth in ›Die Bäder von Lucca‹ oder Nasenstern und die Schnapper Elle in ›Der Rabbi von Bacherach‹. Diese an den Witz grenzende Form von Ironie dient bei Heine wie bei Werfel als Schutzmaßnahme; nach Salcia Landmann ist der jüdische Witz „eine Form, mit der eigenen seelischen Wehrlosigkeit fertigzuwerden"[35]); nach Sartres psychologischer Analyse entspringt „die spezifische jüdische Ironie, die zumeist auf Kosten des Juden selbst geht und die das ständige Bemühen darstellt, sich selbst von außen zu sehen"[36]), dem Wunsch des Juden, sein Anderssein zu verleugnen.

Heines und Werfels ironisierende Darstellung von jüdischen Figuren entspringt diesem Versuch, durch unnachsichtige Selbstbeobachtung nicht zu dieser Gruppe gezählt zu werden. Beide nahmen eine partielle Außenstellung im Judentum für sich in Anspruch, indem sie sich in gewissem Sinne der christlichen Gemeinschaft zurechneten. Heine war protestantisch getauft und identifizierte sich mit der liberalen Weltanschauung des Protestantismus[37]). Werfel betrachtete sich als christusgläubigen Juden.[38]) 1929 trat er aus der jüdischen Gemeinschaft aus, um Alma Mahler zu heiraten[39]). Dennoch blieb Heine dem Judentum in einem ethnischen Sinn verbunden. Ein Jahr nach seiner Taufe schrieb er in ›Die Nordsee‹: „[...] Nationalerinnerungen liegen tiefer in des Menschen Brust, als man gewöhnlich glaubt"[40]). Aus ähnlichen Gründen weigerte sich Werfel, sich taufen zu lassen. In den dreißiger Jahren schrieb er in einem offenen Brief: „Ich bin nicht getauft! Ich werde mich niemals taufen lasse! Ich habe niemals vom Judentum fortgestrebt, ich bin im Denken und Fühlen ein bewusster Jude!" (OU 595).

Heines und Werfels Position der Distanz von und zugleich einer Nähe zum Judentum resultieren bei beiden in ambivalenten Gefühle dem Judentum gegenüber, die sich in Heines ›Der Rabbi von Bacherach‹ in Figuren wie Nasenstern, der Schnapper Elle und Don Isaak Abarbanel und in ›Die Bäder von Lucca‹ in Hirsch Hyazinth manifestieren, die Heine mit viel Sympathie karikiert. Auch bei Werfel

---

35) Ebenda, S. 22.

36) Jean Paul Sartre, Betrachtungen zur Judenfrage, in: Ders., Psychoanalyse des Antisemitismus, Zürich 1948, S. 86f. (zit. nach Kircher, Heinrich Heine, zit. Anm. 7, S. 248f.).

37) Sammons, Heinrich Heine (zit. Anm. 8), S. 109.

38) Zum theologischen Aspekt seiner Christusgläubigkeit, siehe Werfel, Theologumena (Christus und Israel), OU, 150–161; – Vincent J. Günther, Franz Werfel, in: Deutsche Dichter der Moderne, hrsg. von Benno von Wiese, Berlin 1969; – Karl Heinrich Regensdorf, Zwischen Sinai und Golgatha, in: Tribüne 11, Heft 42 (1972); – Margarita Pazi, Franz Werfel zwischen Selbstdarstellung und Wunschvorstellung, in: The Jewish Self-Portrait in European and American Literature, hrsg. von H. J. Schrader (= Conditio Judaica 15), Tübingen 1996, S. 58ff.; – Gunter E. Grimm, Ein hartnäckiger Wanderer. Zur Rolle des Judentums im Werk Franz Werfels, in: Im Zeichen Hiobs. Jüdische Schriftsteller und deutsche Literatur im zwanzigsten Jahrhundert, hrsg. von G. E. Grimm und Peter Bayersdörfer, Königstein 1985, S. 263–266; – Fraiman-Morris, Verdrängung und Bekenntnis (zit. Anm. 13) S. 345ff.

39) Jungk, Franz Viktor Werfel (zit. Anm. 6), S. 180.

40) Kircher, Heinrich Heine (zit. Anm. 7), S. 264.

finden sich widersprüchliche Darstellungen des Judentums: nicht nur karikiert er in ›Der Tod des Kleinbürgers‹ Schlesingers jüdische Mutter mit positiven Untertönen; im selben Jahr kritisiert er im Fragment ›Pogrom‹ (1926) die schmutzige Umgebung des Hodower Rabbis, beschreibt aber den orthodoxen Ostjuden Israel Elkan als äußerst positive Gestalt. In ›Oben und Unten‹ skizziert Werfel später den autobiographischen Hintergrund der in ›Pogrom‹ festgehaltenen Begegnung mit dem Wunderrabbi ebenfalls ambivalent: „Der Alte ist höchst imposant, viele Gesichter unter seinen Jüngern prachtvoll, der Schmutz und das Elend grauenhaft" (OU 696f.).

Ähnlich wie in Heines ›Rabbi von Bacherach‹ das Thema des Renegatentums schon im ersten Teil von 1825 unterschwellig mitschwingt, so auch im ersten Teil von Werfels ›Pogrom‹, wo der getaufte Protagonist, Baron von Sonnenfels, sich langsam seiner verdrängten jüdischen Identität bewusst wird[41]). Werfel, der Alma Mahler seit 1917 kannte, kam ab Beginn der zwanziger Jahre unter verstärkten Druck, sich taufen zu lassen, denn Alma ließ sich im Oktober 1921 scheiden, und Werfel führte sie in Prag seinen Eltern offiziell vor[42]). Zur gleichen Zeit wuchs aber auch die antisemitische Stimmung in Europa, so dass Werfel hin- und hergerissen wurde: einerseits wollte er Alma gefällig sein, andererseits aber hinderten ihn die seine jüdische Identität verstärkenden politischen Umstände daran, seinem Hingezogensein zum Katholizismus entsprechend zu handeln. Werfels liebevolle Karikatur der jüdischen Mutter Schlesingers ist deutlicher Ausdruck dieser Ambivalenz seiner jüdischen Identität gegenüber.

Die Szene artet allerdings ins Groteske aus: als der Sohn der Mutter den Heine-Gedichtband als Zeichen seiner Verbundenheit mit der böhmischen Heimat, mit seiner Kindheit und der Welt der Alten zeigt („Mammerl! Siehst du? Das ist noch aus Kralowitz"), „da geschah etwas Unbeschreibliches und Grauenhaftes" (39). Sie beginnt, eines der Gedichte „altklug wie in der Schule aufzusagen". Grotesk scheint, dass die Greisin ausgerechnet das folgende Gedicht (aus dem Gedächtnis und deshalb leicht verändert) aufsagt:

Ich bin die Prinzessin Ilse
Und wohne am Ilsenstein,
Komm mit mir mein Geliebter,
Und lass uns glücklich sein.

Colin unterstellt Schlesinger ein ödipales Verhältnis zur Mutter, „die eine starke erotische Anziehungskraft auf ihn ausübt"[43]). Angesichts der greisenhaftigen Hässlichkeit der Alten ist eine solche Behauptung absurd. Colin begründet ihre Interpretation damit, dass ihm die Mutter im Traum erscheine und „in leicht anzüglicher Kleidung". Sie missversteht den verschlissenen Samtpompadour, den die Alte wegen ihrer Winzigkeit fast am Boden nachschleppt, als Kleid statt als Handtasche. Als die Alte aufgeregt am Pompadour nestelt, um die Kücherln heraus-

---

[41]) Fraiman-Morris, Verdrängung und Bekenntnis (zit. Anm. 13) S. 340–345.
[42]) Jungk, Franz Viktor Werfel (zit. Anm. 6), S. 131.
[43]) Colin, Werfels Metapsychologie des Geheimnisses (zit. Anm. 1), S. 32.

zuziehen, hätte genaues Lesen dieses Missverstehen beheben können. Doch Colin ist nur daran interessiert, diesen Text in ihre Theorie einzufügen. Sie interpretiert den wirklich stattfindenden Krankenbesuch als Traum (wohl weil es am Ende des Besuches heißt: „Die Erscheinung war fort“, 40) und das Gedicht freudianisch als „eine geheime [erotische!] Wunscherfüllung“ Schlesingers.

Weshalb lässt Werfel Schlesingers alte Mutter ausgerechnet dieses Gedicht deklamieren, dessen erste Strophe in der ›Harzreise‹ lautet:

Ich bin die Prinzessin Ilse
Und wohne im Ilsenstein,
Komm mit nach meinem Schlosse,
Wir wollen selig sein.[44])

Die Prinzessin spricht in der zweiten Strophe zu einem sorgenkranken Gesellen, den sie trösten will und der dadurch seine Schmerzen vergessen solle. Dies passt auf die Situation des kranken Sohnes und der ihn umsorgenden, tröstenden Mutter. Die Wahl ausgerechnet dieses Gedichtes von Seiten des Erzählers wäre somit teilweise verständlich. Doch die Parallelisierung der hässlischen Alten mit der jungen, schönen Prinzessin Ilse erscheint dennoch absurd. Meiner Ansicht nach charakterisiert und karikiert Werfel in dieser Szene durch die abstruse Identifikation der alten Jüdin mit der jungen Prinzessin aus dem deutschen Sagengut die bekannten Bestrebungen der deutschen Juden seit der Aufklärung, sich über ihre jüdische Eigenheit – welche sie als minderwertig, ja hässlich empfanden – hinwegzusetzen und einem deutschen Wunschbild zu entsprechen.[45]) Der deutsche Jude will seine „Hundeexistenz“ loswerden und zum Prinzen avancieren. Dass diese Verwandlung nie gelingen kann und bloß lächerlich wirkt, manifestiert sich in der sich als germanische Prinzessin wähnenden verschrumpelten alten Jüdin. Heine hat die jüdische Hundeexistenz in seinem späten Gedicht ›Prinzessin Shabbat‹ in ›Hebräische Melodien‹ dargestellt; allerdings verwandelt sich bei ihm der Jude bloß am Shabbat und nur temporär in einen Prinzen.

Eine latente erotische Komponente in der ersten Strophe des Ilse-Gedichtes ist nicht zu leugnen. Sie ist jedoch nicht buchstäblich, sondern symbolisch zu verstehen: sie reflektiert die Sehnsucht des Juden nach der germanischen Prinzessin, ähnlich dem Schiffer im Loreley-Gedicht, der an der Sehnsucht nach der blonden Sagengestalt zugrunde geht.[46])

---

[44]) Heine, Werke und Briefe (zit. Anm. 16), Bd. 3, S. 77.

[45]) Ihre Emanzipation war nur möglich durch Aufgeben der jüdischen Eigenheit, welche von der christlichen Umgebung als minderwertig eingestuft wurde. Siehe dazu Barbara Fischer, Residues of Otherness. On Jewish Emancipation during the Age of German Enlightenment, in: Insiders and Outsiders. Jewish and Gentile Cultures in Germany and Austria, ed. Dagmar Lorenz, Detroit 1994, S. 30–38.

[46]) Heines ›Loreley‹ wurde auch als Symbol der Anziehung des Deutschtums für den Juden Heine interpretiert: so von Jost Hermand, The Wandering Jew's Rhine Journey, in: Insiders and Outsiders (zit. Anm. 45), S. 39–46; – Höhn, Heine-Handbuch 1997, S. 69. Höhn schreibt, Heines feenhafte Loreley erscheine als „Märchenprinzessin“ (S. 68), was meine Parallelisierung mit der Prinzessin Ilse unterstreicht.

Der Kontext, in welchem das Gedicht von der Prinzessin Ilse in der ›Harzreise‹ steht, bestärkt nun meinen Interpretationsansatz und ist wohl der Grund, weshalb Werfel dieses Gedicht wählte. Das mit dem Ilsenstein verbundene Gedicht weckt für den Heine-Kenner eine Assoziation zur Szene in der ›Harzreise‹, wo Heine seine Taufe zu rechtfertigen versucht, und tatsächlich erscheint das Gedicht etwa zwei Seiten vor dieser ominösen Stelle. Offenbar erinnerte sich Werfel zur Zeit der Niederschrift seiner Erzählung ›Der Tod des Kleinbürgers‹ der Situation Heines, der lange gekämpft hatte und schließlich „zu Kreuz gekrochen" war[47]) oder, wie er in der ›Harzreise‹ schrieb, sich an dieses Kreuz geklammert hatte, was ihm „gewiss niemand verdenken" konnte. Werfel wählte – bewusst oder unbewusst – das Heine-Gedicht von der Prinzessin Ilse nicht nur wegen des unmittelbaren Zusammenhangs der Tröstung eines Kranken durch eine liebende weibliche Figur und der allegorisch dargestellten Anziehungskraft des Deutschtums auf den Juden, sondern vor allem wegen des weiteren Kontexts, der die Möglichkeit einer – allerdings illusorischen– Rettung durch das Christentum aufzeichnet. Denn solche Assimilationsbestrebungen führten bei den meisten, wie bei Heine, nur zu Frustrationen. Der Jude kann sein ursprüngliches Wesen nie loswerden; die Verwandlung in einen Prinzen bleibt eine Selbsttäuschung. Der Schiffer im Boot, der sich beim Verschauen ins Andersartige verliert, geht unter. Deshalb zeichnete Heine in seinen späten Jahren die Rückkehr zum jüdischen Erbe als die einzige Möglichkeit der Erlösung. Durch intertextuelle Bezüge zu Heine deutet Werfel an, dass Schlesinger mit seinem Renegatentum auf die falsche Karte gesetzt hat.

Sicher hat Werfel die Taufe als problematischen Akt betrachtet. Das Thema des zwischen Judentum und Christentum stehenden Juden beschäftigte ihn in den Jahren nach der Rückkehr von seiner ersten Palästinareise (1925), welche ihm sein jüdisches Erbe nähergebracht hatte[48]), besonders stark. Vier Texte unmittelbar nach Werfels Rückkehr von der Palästinareise setzen sich mit diesem Thema auseinander: das Fragment ›Pogrom‹ (1926), das Drama ›Paulus unter den Juden‹ (1926), die Erzählungen ›Der Tod des Kleinbürgers‹ (1926) und ›Das Trauerhaus‹ (1927). ›Pogrom‹ demonstriert die langsame Bewusstwerdung der jüdischen Identität eines getauften Juden. ›Paulus unter den Juden‹ zeigt die Auseinandersetzung zwischen dem jungen, das beginnende Christentum repräsentierenden Paulus und dem das Judentum repräsentierenden weisen Rabbi Gamaliel[49]). In ›Das Trauerhaus‹ zeichnet Werfel den christusgläubigen Juden Max Stein, der sich trotz des Druckes der Umgebung nicht taufen lässt, als positive Figur; mit ihm identifizierte Werfel sich wohl am meisten.

›Der Tod des Kleinbürgers‹ kritisiert den Renegaten. Doch Herr Schlesingers Fall entspricht eher dem Heines als dem Werfels. Die trotz gegenteiliger Behauptungen[50]) nie stattgefundene Taufe Werfels wäre kein pragmatischer Schritt

---

[47]) Siehe sein Gedicht: ›An einen Abtrünnigen‹, geschrieben 1825/26.

[48]) Jungk, Franz Viktor Werfel (zit. Anm. 6), S. 162f.

[49]) Fraiman-Morris, Verdrängung und Bekenntnis (zit. Anm. 13), S. 350.

[50]) Jungk, Franz Viktor Werfel (zit. Anm. 6), S. 338f., 342f.; – Lionel B. Steiman, Franz Werfel. The Faith of an Exile. From Prague to Beverly Hills, Waterloo, Ontario 1985, S. 165.

gewesen. Hier handelt es sich, wie oft bei Werfel, um eine absichtliche Verschleierung respektive Verfremdung. Sein Fall scheint jenem Heines und Schlesingers nicht zu entsprechen. Doch auch Werfel ist in gewissem Sinne ein Abtrünniger: er hat die Taufe erwogen und ist 1929 sogar aus der jüdischen Gemeinschaft ausgetreten. Fühlte sich Werfel des Renegatentums schuldig und versuchte er, eine Absolution dafür durch das Zitieren des Ilse-Gedichtes zu erhalten, in dem sich Verständnis für diesen Schritt und seine Vergebung am Todeslager des Abtrünnigen verbirgt? Oder hat Werfel diese Szene als Warnung für sich selber konzipiert, wobei das Sprachrohr der Warnung die mit dem jüdischen Erbe noch verbundene Mutter wäre, eine uralte Sybille, hässlich wie Kassandra, ein Medium höherer Weisheit, die sich nicht einmal bewusst ist, dass sie eine Wahrheit verkündet? Schlesingers Mutter ist möglicherweise eine tragisch-komische Parallele zur uralten Seherin in Werfels Jeremias-Roman ›Höret die Stimme‹ (1937), welche den seinem Judentum entfremdeten Protagonisten an sein Erbe mahnt[51]). Die letzten Worte von Schlesingers Mutter in dieser kurzen Szene weisen in diese Richtung. Zu Beginn ihres Besuches hatte sie geklagt: „Mein Kind! Ich seh nicht, wie du aussiehst!" (38) Am Ende des Besuches, nach Einbruch der Finsternis, sagt sie: „Mein Kind! Ich seh, dass du sehr schlecht aussiehst" (40). Diese beiden Bemerkungen rahmen die Episode ein und erscheinen als paradox: in vollem Tageslicht sieht die Alte nicht, was sie später in der Dunkelheit wahrnimmt? Wie alle Seher sieht die alte Mutter mehr mit dem Herzen als mit den Augen. Und sicher enthüllt ihre Rezitation des Gedichtes die Absurdität des jüdischen Assimilationsbestrebens.

In ›Der Tod des Kleinbürgers‹ parallelisiert Werfel den Juden Schlesinger und die Hauptfigur der Erzählung, Karl Fiala: beide handeln aufgrund von materiellen Erwägungen anstelle von geistigen.[52]) Werfel kämpfte in allen seinen Schriften, in den literarischen und den theoretischen, gegen eine solche Haltung.[53]) Das Renegatentum des Herrn Schlesinger erinnert an den berühmtesten deutsch-jüdischen Konvertiten, an Heinrich Heine, und hat mit Werfels möglichem Renegatentum wenig gemeinsam. Dennoch spiegelt sich in der Figur Herrn Schlesingers eine gewisse Selbstkritik Werfels dafür, dass er eine Taufe und damit einen Verrat am jüdischen Volk nur erwägt. Dies erklärte auch den im Kontext der Szene schwer verständlichen böhmischen Kinderreim, den Schlesingers alte jüdische Mutter nach dem Ilse-Gedicht scheinbar unvermittelt aufsagt: „Houpaj, Cistaj, Kralowitz, | Unser Burscherl is nix nütz!" (40). Er kann auf die Situation des im normalen Lebensprozess nicht mehr brauchbaren Kranken bezogen, ebenso aber als Kritik am Renegaten interpretiert werden.

---

[51]) Fraiman-Morris, Verdrängung und Bekenntnis (zit. Anm. 13) S. 353f.

[52]) Es ist auch nicht zufällig, dass beide gleichzeitig erkranken und dann im selben Spitalzimmer im Sterben liegen. Zu Karl Fialas materialistischer Lebenseinstellung, siehe ebenda.

[53]) ›Die christliche Sendung‹ (1917); ›Realismus und Innerlichkeit‹ (1930); ›Können wir ohne Gottesglauben leben?‹ (1931); ›Von der reinsten Glückseligkeit des Menschen‹ (1937). Siehe auch Steiman, Franz Werfel (zit. Anm. 50), S. 180–181.

Die Karikierung der jüdischen Mutter Schlesingers, der Werfel allerdings tiefgehende Wahrheiten in den Mund legt, ist symptomatisch für Werfels in den Zwanziger Jahren noch ambivalente Gefühle seinem jüdischen Erbe gegenüber. Unter dem zunehmenden Druck des Antisemitismus in den dreißiger Jahren wurden diese Gefühle eindeutiger, und mit späteren jüdischen Figuren wie dem Prophet Jeremias in ›Höret die Stimme‹ (1937) kehrte Werfel zu seinem Erbe zurück.[54]) Die scheinbar groteske Erscheinung der alten jüdischen Mutter Schlesinger in ›Der Tod des Kleinbürgers‹ enthält jedoch für Werfel psychologisch tiefgehende und schmerzliche Wahrheiten, die er – ähnlich der Traumarbeit – chiffriert und damit ihre Enthüllung erschwert.

---

[54]) Fraiman-Morris, Verdrängung und Bekenntnis (zit. Anm. 13) S. 349–354.

„WIRKLICH, ICH LEBE NUR WENN ICH SCHREIBE“[1])

Zur Reiseprosa von Annemarie Schwarzenbach (1908–1942)

Von Walter Fähnders (Osnabrück)

1. Zur Forschungslage

Die in der Schweiz geborenen Schriftstellerin, Journalistin und Fotografin Annemarie Schwarzenbach (1908–1942) hat in den letzten beiden Jahrzehnten eine erstaunliche Resonanz erfahren. Nach ihrem frühen Tod vergessen und in der Literaturgeschichtsschreibung lange Zeit nicht existent, ist sie mittlerweile als Autorin von Romanen und Erzählungen, von Reportagen und Reiseberichten sowie als Fotografin wiederentdeckt, medial präsent und wohl auch kanonisiert – es existieren Biographien, biographische Romane, Theaterstücke, ein Spiel- sowie ein Dokumentarfilm über sie, zahlreiche ihrer Werke sind seit 1987, dem Jahr, als erstmals ein Buch von ihr wieder neu aufgelegt wurde, nachgedruckt worden.[2]) Erste Nachlass-Editionen liegen vor, nicht wenige Werke sind mittlerweile übersetzt: ins Englische, Französische, Italienische, Polnische, Portugiesische und Spanische. Auch einige Korrespondenzen sind veröffentlicht. Seit kurzem existiert eine Bibliographie ihrer Schriften, die rund 400 Titel nachweist.[3])

Anlässlich ihres 100. Geburtstages am 23. Mai 2008 mehren sich Aktivitäten zur Erforschung von Leben und Werk der Autorin. Nach einem Symposion der Universität Gent ›„Inside out“: Textorientierte Erkundungen des Werks von

[1]) ANNEMARIE SCHWARZENBACH, Kabuler Tagebuch, Eintrag vom 30. August 1939, unveröff.; zit. nach ALEXIS SCHWARZENBACH, Die Geborene. Renée Schwarzenbach-Wille und ihre Familie, Zürich 2004, S. 337.

[2]) Vgl. die Nachweise bei WALTER FÄHNDERS, Bibliographie der Arbeiten über Annemarie Schwarzenbach, in: Annemarie Schwarzenbach. Analysen und Erstdrucke. Mit einer Schwarzenbach-Bibliographie, hrsg. von WALTER FÄHNDERS und SABINE ROHLF, Bielefeld 2005, S. 357–342.

[3]) WALTER FÄHNDERS, DOMINIQUE LAURE MIERMONT und ROGER PERRET: Bibliographie der Schriften von Annemarie Schwarzenbach, in: Annemarie Schwarzenbach. Analysen und Erstdrucke (zit. Anm. 2), S. 309–336; ein Gesamtverzeichnis ihrer mehreren Tausend Fotografien existiert nicht.

SPRACHKUNST, Jg. XXXVIII/2007, 1. Halbband, 27–53

Annemarie Schwarzenbach‹ am 20./21. September 2007 in Brüssel[4]) ist für den 16. bis 19. Oktober 2008 ein internationaler Kongress im Hotel Waldhaus Sils (Engadin), getragen vom Institut für Kulturforschung Graubünden, angekündigt.[5]) Eine Schwarzenbach-Ausstellung ist im Museum Strauhof Zürich vorgesehen (Kurator: Alexis Schwarzenbach; 17. März bis 1. Juni 2008).[6]) Im Espace Arlaud in Lausanne werden vom 13. Juni bis 30. September 2008 die Briefe von Annemarie Schwarzenbach an Claude Bourdet gezeigt (Kuratorin: Dominique Laure Miermont).[7]) Einige aktuelle Neudrucke – so ein Reprint ihrer geschichtswissenschaftlichen Dissertation von 1931[8]) und eine Neuausgabe ihrer Biographie über den Schweizer Bergsteiger Lorenz Saladin (1938)[9]), der 1936 im Kaukasus tödlich verunglückte, sowie aktuelle literaturwissenschaftliche Forschungen[10]) bestätigen das anhaltende

---

[4]) Der Druck der Vorträge ist für 2008 vorgesehen; zum Programm vgl. *http://www.duits.ugent.be/index.php?id=67&type=content*

[5]) Ein Jahrzehnt nach dem ersten Kongress in Sils, vgl.: Annemarie Schwarzenbach. Autorin – Reisende – Fotografin. Dokumentation des Annemarie-Schwarzenbach-Symposiums in Sils/Engadin vom 25. bis 28 Juni 1998, hrsg. von Elvira Willems, Pfaffenweiler 1998.

[6]) Vgl. dazu Alexis Schwarzenbach, Ein gebrochener Engel. Das Leben der Annemarie Schwarzenbach [im Druck]; – vgl. auch den Band über Annemarie Schwarzenbachs Mutter und deren Fotografierkunst: Renée Schwarzenbach-Wille. Bilder mit Legenden, hrsg. von Alexis Schwarzenbach, Zürich 2005.

[7]) Die Briefe von Annemarie Schwarzenbach an Claude Bourdet erscheinen 2008 bei Zoé in Genf u. d. T. ›Lettres à Claude Bourdet‹, hrsg. von Dominique Laure Miermont.

[8]) Annemarie Schwarzenbach, Beiträge zur Geschichte des Oberengadins im Mittelalter und zu Beginn der Neuzeit. Abhandlung zur Erlangung der Doktorwürde der Philosophischen Fakultät I der Universität Zürich. Zürich: Diss.-Druckerei A.-G. Gebr. Leemann & Co., 1931, Adliswil 2007; es handelt sich um einen fotomechanischer Reprint, der leider keinerlei Kommentar bietet. Annemarie Schwarzenbach schloss ihr Studium im Frühjahr 1931 in Zürich mit einer Dissertation bei dem Historiker Karl Meyer ab. Ihre Briefe aus dieser Zeit zeugen von massivem Arbeitseinsatz, um in nur sieben Semestern das Studium zu absolvieren und damit „Geschwindigkeitsrekorde in Doktorexamina aufzustellen" (an Erika Mann am 18. November 1930). Dabei ist zu berücksichtigen, dass der Doktorabschluss (bis 1955) in Zürich der ‚normale' war, er also eher dem Magister (M. A.) vergleichbar wäre. Die Arbeit wurde am 26. April 1931 angenommen. Sie wird noch heute in der einschlägigen Forschung zitiert, wie Historiker versichern (vgl. Kurt Wanner und Marianne Breslauer, „Wo ich mich leichter fühle als anderswo". Annemarie Schwarzenbach und ihre Zeit in Graubünden, Chur 1997, S. 21ff.

[9]) Annemarie Schwarzenbach, Lorenz Saladin. Ein Leben für die Berge, hrsg. und mit einem Essay versehen von Robert Steiner und Emil Zopfi (= Ausgewählte Werke 11), Basel 2007.

[10]) Folgenden Titel wurden nach Erscheinen meiner Schwarzenbach-Bibliographie (zit. Anm. 2) veröffentlicht: Bettina Augustin, Spiegelbild im Auge der Anderen. Annemarie Schwarzenbach und Carson McCullers, in: Neue Zürcher Zeitung, 2. Juli 2005; – Sofie Decock, Der Engel des Demawend als Richter zwischen Paradies und Ende der Welt. Orientalismus in Annemarie Schwarzenbachs Roman ›Das glückliche Tal‹, in: LiLi. Zeitschrift für Literaturwissenschaft und Linguistik 16 (2006), H. 2, S. 366–374; – Sofie Decock, ‚Im Kampfgebiet'. Annemarie Schwarzenbachs Amerikareportages. In: VAL-cahier Literatuur en Geschiedenis, hrsg. von Bart Vervaeck, Hans Vandevoorde u. a. (= ALW-cahier 27), Leuven 2007, S. 65–76; – Walter Fähnders, In Venedig und anderswo. Ruth Landshoff-Yorck und Annemarie Schwarzenbach, in: „Laboratorium Vielseitigkeit". Zur Literatur der Weimarer Republik, hrsg. von Petra Josting und Walter Fähnders, Bielefeld 2005, S. 227–252; –

Interesse an dieser Autorin. Mit weiteren größeren Publikationen ist für 2008 und darüber hinaus zu rechnen.

Die Faszination, die Annemarie Schwarzenbach ausstrahlt, gründet nicht zuletzt in ihrer extravaganten Persönlichkeit und ihrer außergewöhnlichen Biographie[11]) – ihre androgyne Schönheit, ihre Liebe zu Frauen, ihre Herkunft aus einer der vermögendsten und berühmtesten Schweizer Familien, die familiären Zerwürfnisse, die Fluchtversuche in die Drogen, die ausgedehnten Reisen, die sie in fünf Kontinente führten, ihr politisches Engagement gegen den Faschismus an der Seite von Klaus und Erika Mann und anderen – schließlich ihr früher Tod mit 34 Jahren, dessen genaueren Umstände erst jüngst erhellt worden sind.[12]) Filme, Fotografien und Bildbände belegen die große Ausstrahlungskraft dieser Frau, vor der oft genug die Beschäftigung mit ihrem Werk in den Hintergrund getreten ist. Dass man sich aber zunehmend ihren Arbeiten zuwendet und dabei die kruden biographischen

---

Walter Fähnders und Andreas Tobler, Neue Materialien: Briefe von Annemarie Schwarzenbach an Otto Kleiber aus den Jahren 1933–1942, in: Zeitschrift für Germanistik. Neue Folge 16 (2006), H. 2, S. 366–374; – Nina Gülcher, Annemarie Schwarzenbach neu gelesen, in: Querelles-Net 20 (2006), *http://www.querelles-net.de/2006-20/text20guelcher_faehnders.shtml* – Zygmunt Mielczarek, Annemarie Schwarzenbach. Hingabe an freies Leben, in: Ders., Sonderwege in der Literatur. Schweizer Schriftsteller im Außenseiterdiskurs, Wroclaw und Dresden 2007, S. 184–214; – Elio Pellin, „Mit dampfendem Leib". Sportliche Körper bei Ludwig Hohl, Annemarie Schwarzenbach, Walther Kauer und Lorenz Lotmar, Zürich 2007; – Andreas Tobler, „Beteiligt sind wir alle" – Annemarie Schwarzenbach und ‚Die Sammlung', in: Wendepunkte – Tournants. Essays zum 100. Geburtstag von Klaus Mann (1906–1949), hrsg. von Magali Laure Nieradka [im Druck]; – Natascha Ueckmann, Gebrochene Bilder: Die Autorin Annemarie Schwarzenbach im ‚Orient', in: Orient und IslamBilder. Interdisziplinäre Beiträge zu Orientalismus und antimuslimischem Rassismus, hrsg. von Iman Attia, Münster 2007, S. 227–242. – Ein bibliographischer Nachtrag: Cathrin Winkelmann, The Limits of Representation? The Expression and Repression of Desire in 20th-Century German Lesbian Narratives. Phil. Diss. McGill University Montreal 2001 (Kap. 2, S. 88–138, über die ›Lyrische Novelle‹). – Dass Annemarie Schwarzenbach in erstaunlichem Umfang Gegenstand von universitären Abschlussarbeiten ist (interessanterweise eher seltener in der Schweiz), setzt sich fort, vgl. die in meiner Schwarzenbach-Bibliographie nachgewiesenen Titel sowie neuerdings: Ute Kuenrath, Autobiographische Fiktion. Annemarie Schwarzenbach: ›Lyrische Novelle‹, Vicki Baum: ›stud. chem. Helene Willfüer‹, Gina Kaus: ›Die Schwestern Kleh‹, Irmgard Keun: ›Gilgi – eine von uns‹), Dipl.-Arbeit Universität Wien 2005; – Doris Pinzger, The ghost of the alternative reading. Geschlechts- und Geschlechteridentitäten der Erzählerfiguren in Annemarie Schwarzenbachs Lyrischer Novelle und Jeanette Wintersons Written On the Body. Dipl.-Arbeit Universität Wien 2005; – Tina von Garrel, Gender und Genderkonstruktion in den Romanen von Annemarie Schwarzenbach, MA-Arbeit Universität Osnabrück 2006; – Sylvie Van Der Jeught, „Aber es war die Stunde des Aufbruchs." Ein Vergleich zwischen Annemarie Schwarzenbachs ›Tod in Persien‹ und ›Das glückliche Tal‹, MA-Arbeit Universität Gent 2006; – Simone Wichor, „Zwei Frauen allein in Afghanistan". Text- und Bilderwelten bei Annemarie Schwarzenbach, MA-Arbeit Universität Leipzig 2006.

[11]) Vgl. Areti Georgiadou, „Das Leben zerfetzt sich mir in tausend Stücke". Annemarie Schwarzenbach. Eine Biographie (1995) (= Fischer Taschenbuch 30662), Frankfurt/M. 1998; – Dominique Laure Miermont, Annemarie Schwarzenbach ou le mal de l'Europe. Biographie, Paris 2004.

[12]) Vgl. Schwarzenbach, Die Geborene (zit. Anm. 1), S. 375ff.

Erklärungsmuster zu überwinden sucht, machen neuere Ansätze deutlich, die vor allem Ergebnisse der Reiseliteratur-, der Orientalismus- und der Gender-Forschung berücksichtigen.[13])

Dennoch liegt einiges in der Annemarie Schwarzenbach-Forschung im Argen, was auch den unzureichend edierten Quellen geschuldet ist. Die umfangreiche, zur Rekonstruktion ihrer Vita, der Werkgeschichte und ihres kulturell-politischen Umfeldes unverzichtbare Korrespondenz ist nur teilweise ediert; sie findet sich z. T. in Privatbesitz und ist nicht in jedem Fall öffentlich zugänglich. Immerhin war Annemarie Schwarzenbach Korrespondenzpartnerin von Margret Boveri, Carl Jacob Burckhardt, Klaus und Erika Mann (diese Briefe sind ganz bzw. teilweise publiziert)[14]), von Claude Bourdet, Carson McCullers, Albrecht Haushofer, Otto Kleiber, Ella Maillart u. a. – diese Korrespondenzen sind noch unveröffentlicht. Auch ihre literarisches Œuvre selbst ist noch längst nicht vollständig wieder zugänglich bzw. nachgedruckt, das fotografische mit mehreren Tausend Aufnahmen noch nicht einmal verlässlich registriert; viele ihrer journalistischen Arbeiten wurden nie gesammelt ediert, die vorliegenden Werkausgaben zeigen editorische Mängel, wie mehrfach moniert worden ist.[15]) Gleich die erste Schwarzenbach-Neuausgabe von 1987, die Edition des schwer zugänglichen Bandes ›Das glückliche Tal‹ (1940) – gewiss eines ihrer Hauptwerke –, manipuliert den Originaltext, indem der durch nichts autorisierte Untertitel „Roman" hinzugefügt wird – was wiederum in der Forschung, soweit sie sich dieses Paratextes interpretierend angenommen hat, zu Fehleinschätzungen führen musste. Die Ausgabe ersetzt darüber hinaus die Zeichnungen des Originals durch Reisefotos von Annemarie Schwarzenbach und verändert dadurch den Charakter des Buches ganz und gar. Zudem wird der Text an drei Stellen gekürzt – wegen gestalterischer „Schwächen"[16]) der Autorin, so der Herausgeber.

Seit 1988 erscheinen im Basler Lenos-Verlag Annemarie Schwarzenbachs ›Ausgewählte Werke‹, herausgegeben von Roger Perret, die mittlerweile neun

---

[13]) Vgl. die in Anm. 10 genannten Arbeiten sowie die Beträge in dem Sammelband: Annemarie Schwarzenbach. Analysen und Erstdrucke (zit. Anm. 2).

[14]) „Wir werden es schon zuwege bringen, das Leben". Annemarie Schwarzenbach an Erika und Klaus Mann. Briefe 1930–1942, hrsg. von Uta Fleischmann, 3. Aufl., Herbolzheim 2001 (die Briefe sind z. T. gekürzt); – die Korrespondenz mit Carl Jacob Burckhardt und Margret Boveri findet sich erstmals in: Annemarie Schwarzenbach. Analysen und Erstdrucke (zit. Anm. 2).

[15]) Vgl. Bettina Hendler, Texte ohne Gewicht. Zum literaturwissenschaftlichen Umgang mit Annemarie Schwarzenbach, in: Erinnern und Wiederentdecken. Tabuisierung und Enttabuisierung der männlichen und weiblichen Homosexualität in Wissenschaft und Kritik, hrsg. von Dirck Linck, Berlin 1999, S. 385–402; – Walter Fähnders und Sabine Rohlf, Einleitung, in: Annemarie Schwarzenbach. Analysen und Erstdrucke (zit. Anm. 2), S. 7–20, hier S. 16f.

[16]) Anemarie Schwarzenbach, Das glückliche Tal. Roman, hrsg. und mit einem biographischen Nachwort von Charles Linsmayer, Frauenfeld 1987 (= Reprinted by Huber 1); wieder: Frankfurt/M. und Berlin 1991 (= Die Frau in der Literatur. Ullstein-Buch 30259), S. 178, Anm. 2.

Bände umfassen, zudem sind außerhalb dieser Ausgabe im selben Verlag – ohne Nachwort oder Kommentar – zwei weitere Schwarzenbach-Titel erschienen, darunter jüngst ein nun unverfälschter Reprint von ›Das glückliche Tal‹.[17]) Ein gewichtiger Teil der literarischen Arbeiten Schwarzenbachs ist damit wieder zugänglich, auch wenn ein Gesamtkonzept für die Lenos-Ausgabe nie vorgelegt wurde und die Nach- und auch die Erstdrucke nicht in jeden Fall philologisch zuverlässig ediert sind. Der Herausgeber erwähnt in mehreren Bänden, dass er (ohne weitere Belege) „stilistische Mängel korrigiert"[18]) habe – was die Pionierleistung dieser Ausgabe durchaus schmälert, angesichts heutiger avancierter Debatten über Editionen ein Anachronismus ist und angesichts des Werkes dieser Autorin unverständlich bleibt. Einige Schwarzenbach-Texte sind außerhalb der Lenos-Ausgaben erschienen.[19])

Viele in schwer zugänglichen Zeitungen und Zeitschriften der dreißiger und frühen vierziger Jahre erschienen Texte von Annemarie Schwarzenbach sind bis heute nicht nachgedruckt, zahlreiche Nachlasstexte liegen unediert im Schweizerischen Literaturarchiv Bern, das im Übrigen aktuell mit einer restriktiven Verbotspolitik Nachlass-Editionen unterbindet.[20]) So ist das Gros der in Afrika 1941 entstandenen Schriften von Annemarie Schwarzenbach, darunter das nachgelassene, fast 400 Typoskriptseiten starke ›Wunder des Baums‹ und seine Umarbeitung (›Marc‹), bisher nicht ediert und auch in der Forschung noch nicht angemessen gewürdigt worden, auch zahlreiche afrikanische Reiseberichte harren des Nachdrucks. Dass Annemarie Schwarzenbachs Fotografien der Auswertung und Analyse bedürfen, wurde bereits betont.

---

[17]) Annemarie Schwarzenbach, Das Glückliche Tal. Mit Illustrationen von Eugen Früh (= Lenos Pocket 97), Basel 2006; man fragt sich, wieso dieser Band kein informierendes Nachwort und nicht einmal einen Hinweis auf die Originalausgabe enthält und ausgerechnet dieses ganz zentrale Werk von Annemarie Schwarzenbach außerhalb der ›Ausgewählten Werke‹ erschienen ist.

[18]) Vgl. Annemarie Schwarzenbach, Lyrische Novelle (1933). Mit einem Essay von Roger Perret (= Ausgewählte Werke 1), Basel 1988, S. [147] – sowie: Annemarie Schwarzenbach, Freunde um Bernhard [1931]. Mit einem Nachwort von Michael Töteberg, Basel 1993, S. [4]. – Zur Editionsproblematik des nachgelassenen Romans ›Flucht nach oben‹ vgl. Sabine Rohlf, ›Flucht nach oben‹ von Annemarie Schwarzenbach, in: Annemarie Schwarzenbach. Analysen und Erstdrucke (zit. Anm. 2),S. 79–98; – zur Problematik der Edition des Erzählzyklus ›Der Falkenkäfig‹ vgl. Helga Karrenbrock, Nomadische Bewegung. Annemarie Schwarzenbachs ›Falkenkäfig‹ in: Annemarie Schwarzenbach. Analysen und Erstdrucke (zit. Anm. 2), S. 99–121.

[19]) Es sind dies neben den drei Inedita in dem Sammelband: Annemarie Schwarzenbach. Analysen und Erstdrucke (zit. Anm. 2) und dem Reprint der Dissertation (zit. Anm. 8): Annemarie Schwarzenbach, Pariser Novelle, in: Jahrbuch zur Kultur und Literatur der Weimarer Republik 8 (2003), S. 11–31; – Annemarie Schwarzenbach, Kongo-Ufer/Aus Tetuan – Rives du Congo/Tétouan, hrsg. von Dominique Laure Miermont, Noville-sur-Mehaigne 2005; – Annemarie Schwarzenbach, Georg Trakl, hrsg. von Walter Fähnders und Andreas Tobler, in: Mitteilungen aus dem Brenner-Archiv 23 (2004), S. 61–81.

[20]) So wurde mir – mit unterschiedlichen Begründungen – eine Erstedition des bislang nur teilweise edierten Erzählzyklus ›Die vierzig Säulen der Erinnerung‹ sowie die Edition eines weiteren Textes untersagt.

Trotz dieser eher prekären Quellenlage ist das Interesse an Annemarie Schwarzenbach ungebrochen, wobei sich der Akzent zunehmend auf das Interesse am Werk selbst verlagert. Der eingangs zitierte Schwarzenbach-Kongress in Belgien 2007 hat ebenso programmatisch wie symptomatisch mit folgendem Statement eingeladen:

Der Gegenstand des Kongresses ist das literarische und journalistische Werk [...]. Vor dem Hintergrund ihrer Reisen [...] entstand ein vielgestaltiges Œuvre, das sich eindeutigen Zuordnungen oder Klassifizierungen immer wieder entzieht. So finden sich neben dokumentarischen und sozialkritischen Arbeiten im Rahmen ihrer Reiseberichte, Reportagen und Feuilletons, auch Erzählungen und Romane, die geprägt sind von Uneindeutigkeiten auf inhaltlicher und formaler Ebene. Explizite Einlassungen wie etwa die Suche nach einer „neuen Sprache“, aber auch der Gebrauch verschiedenster Diskurstraditionen, die ständig miteinander ‚im Gespräch‘ zu sein scheinen, spiegeln Schwarzenbachs Sprachreflexion und Sprachkritik und befördern eine explorative, experimentelle Prosa von großer Innerlichkeit.
In neueren Studien zur Schwarzenbachforschung [...] ist die Tendenz zu einem textnäheren Umgang mit ihren Werken deutlich spürbar, die die bis dahin vorherrschende starke biographische Orientierung ergänzt. Der Kongress soll dazu beitragen, diese Tendenz einer konzeptuellen (methodologischen-inhaltlichen) Vertiefung innerhalb der Forschung weiter zu verstärken, indem sowohl der literaturhistorischen Bedeutung ihrer Werke als auch den darin feststellbaren internen Textprozessen besondere Aufmerksamkeit geschenkt werden soll.[21])

Ein vergleichbar weitgestecktes, text- und kontextorientiertes Programm dürfte die Schwarzenbach-Forschung der nächsten Zeit – neben weiteren, überfälligen Editionen – beschäftigen, gewiss auch über den 100. Geburtstag hinaus. Denn das Interesse an Annemarie Schwarzenbach gründet eben nicht allein in der biographischen Faszination dieses „untröstlichen“ oder „gebrochen“ Engels, wie die immer wiederholten Zuschreibungen lauten, sondern im Werk einer Autorin, das auf radikale Weise jene Krisenerfahrungen und Identitätsstörungen reflektiert, die für die Moderne insgesamt und für die dreißiger und vierziger Jahre des 20. Jahrhunderts ganz besonders kennzeichnend sind. Annemarie Schwarzenbach stellt die seit Sprachkrise und Sprachkritik der Jahrhundertwende von 1900 nicht verstummte Frage nach Möglichkeiten und Bedingungen ästhetischer Repräsentation, „nach den Grenzen des Sagbaren“:

„Und ich lerne eine neue Sprache. Habe ich den Verstand verloren?“, heißt es in ›Das glückliche Tal‹. Hier formuliert sich ein hoher Anspruch an das eigene Schreiben und gleichzeitig eine zentrales Anliegen moderner Kunst: Die Frage nach der Artikulation jenseits einer fragwürdig gewordenen Rationalität, nach einer Sprache, die sich der Brüchigkeit des Signifikanten aussetzt und die Grenzen des Intelligiblen herausfordert. Für eine Autorin ihrer Generation ist dies ein selten formuliertes Projekt.[22])

Ihr schriftstellerisches Projekt, an dem zu arbeiten ihr nur gut ein Dutzend Jahre vergönnt war – ihr erster größerer literarische Text, die „Novelle“ ›Erik‹ erschien 1929[23]), ihre letzten zu Lebzeiten gedruckten Texte waren Reiseberichte aus Por-

---

[21]) *http://www.duits.ugent.be/index.php?id=66&type=content*

[22]) Fähnders und Rohlf, Einleitung (zit. Anm. 15), S. 9.

[23]) Annemarie Schwarzenbach, Erik. Novelle, in: Neue Zürcher Zeitung, 13. Oktober 1929, Nr. 1962; bisher nicht wieder nachgedruckt.

tugal aus dem Jahr 1942 – bleibt auszuloten. Die folgenden Überlegungen zielen auf Schreibstrategie und Selbstreflexion bei Annemarie Schwarzenbach – auf ihr „schreiben zu wollen, um jeden Preis"[24]), um eine dem Titelzitat dieses Aufsatzes verwandte Selbstaussage zu zitieren. Dabei geht es vor allem um ihre Reisetexte, um jene Texte, die sich mit dem Fremden und dem Anderen befassen und die auch zumeist in der Fremde niedergeschrieben wurden. In ihnen scheinen Schreibstrategie und Selbstreflexion, scheint das problematisch gewordene Ausloten von „Sagbarem" besonders manifest.

2. *„[...] immer fort zu müssen."*

Annemarie Schwarzenbach gehört jener Generation an, für die Reisen etwas Selbstverständliches geworden ist, nicht nur in den eher privilegierten Kreisen, zu denen sie zählt. In ihrem „Abenteuer einer Weltreise" schreiben Erika und Klaus Mann:

> Reisen: die Faszination des Begriffs ist heute so tief wie vor Jahrhunderten. Reisen, ins weite ziehen, auf und davon, in die ferne. Nichts anderes verlockte einst den Taugenichts das Blasen des Posthornes als uns heute Heulen der Dampfer und Lokomotiven, Getöse der Flugzeugpropeller. Täuschen wir uns nicht, es ist die gleiche Verführung.[25])

„Jene Gesellschaft, die man die bürgerliche nennt", registriert Siegfried Kracauer 1927, „frönt heute der Lust am Reisen und Tanzen mit einer Hingabe, wie keine frühere Epoche."[26]) Für Annemarie Schwarzenbach und ihre Generations- und Weggefährten wie Ruth Landshoff-Yorck (Jahrgang 1904), Erika Mann (Jahrgang 1905), Klaus Mann (Jahrgang 1908) bedeutet ‚Reisen' eine quasi ‚normale' Existenzweise, bei der die „raumzeitliche Passion" des Reisens, so Kracauer, längst keinen biographischen Ausnahmefall mehr darstellt. Klaus Mann schreibt 1932 von den „Zwangsideen unserer Generation: immer fort zu müssen."[27]) Und Schwarzenbachs Romanfiguren habe nichts anderes zu tun, als „von Reisen" zu sprechen, „von endlos weiten Reisen", so in ihrem Romanerstling ›Freunde um Bernhard‹ (1931).[28]) Nichts liegt diesen Kreisen daher ferner als ein Reisen „mit dem Baedeker in der Hand und dem fertigen Programm in der Tasche", wie Annemarie Schwarzenbach

---

[24]) Brief von Annemarie Schwarzenbach an Alfred Wolkenberg, 4. Januar 1939, unveröff.; zit. nach Roger Perret, „Meine ins Ferne und Abenteuerliche verbannte Existenz", in: Annemarie Schwarzenbach, Alle Wege sind offen. Die Reise nach Afghanistan 1939/1940. Ausgewählte Texte. Mit einem Essay von Roger Perret (= Ausgewählte Werke 7), Basel 2000, S. 139–167, hier: S. 160.

[25]) Erika und Klaus Mann, Rundherum. Abenteuer einer Weltreise (1929), Reinbek 1982, S. 25.

[26]) Siegfried Kracauer, Die Reise und der Tanz, in: Ders., Das Ornament der Masse. Essays. Mit einem Nachwort von Karsten Witte (= st 371), Frankfurt/M. 1977, S. 40–49, hier: S. 40.

[27]) Klaus Mann, Treffpunkt im Unendlichen. Roman. Mit einem Nachwort von Fredric Kroll (= rororo 22656), Reinbek 1999, S. 141.

[28]) Schwarzenbach, Freunde um Bernhard (zit. Anm. 18).

einmal notiert.[29]) In der Romanfiktion, in der Imagination der Romanhelden werden Reisen gefeiert, Reiseziele scheinen beliebig abrufbar. Das gilt für die Figuren in Schwarzenbachs ›Pariser Novelle‹ (1929) ebenso wie für die Protagonisten in Annemarie Schwarzenbachs zweitem Roman, der ›Lyrischen Novelle‹ (1933):

> Jetzt stellte ich mir vor, dass ich mit Sibylle reisen könnte, und vor mir erstanden Hafenstädte, breite Flüsse mit schaukelnd getriebenen Booten, Steppen, wandernden Tierherden, Flugplätze mit frischen Holzbaracken, Lastautomobile auf weißen Strassen und glühende Sonne über gedeckten Veranden.
> „Am besten würden wir dann gar nicht mehr zurückkommen", sagte ich.[30])

Für viele der in den zwanziger Jahren sozialisierten Intellektuellen (von denen nicht wenige als Jugendliche, so auch Annemarie Schwarzenbach, mit dem *Wandervogel* zu tun hatten) scheint Reisen die souveräne Verfügung über andere Orte und Räume, Städte und Metropolen – Berlin, Paris, Venedig – zu bedeuten. Es ist ein Reisen, das „zum puren Raumerlebnis sich reduziert".[31]) Eine solche später auch von Annemarie Schwarzenbach kritisierte Reisepraxis mag aus der Bemerkung einer zeitgenössischen Autorin deutlich werden, die 1933 bemerkt: „Etwas wirklich Romantisches ist unsere Reisesehnsucht, und je weiter und abenteuerlicher die Reisen sind, desto schöner ist es. Nordpol, Afrika, Südsee, ein Flug um die Welt: das sind unsere Sehnsüchte."[32]) Das klingt, ganz zeittypisch, wie ein Reiseprospekt der Globalisierung avant la lettre. Aber wohl auch die Reise-, vor allem die Großstadterfahrungen, die Annemarie Schwarzenbach und ihre „vagabundierenden"[33]) intellektuellen Weggefährten („sehr viel auf Reisen, ohne feste Arbeit, ganz angewiesen auf ihr Talent")[34]), aufschreiben, deuten auf eine tendenzielle Beliebigkeit, Austauschbarkeit, Verwechselbarkeit von urbanen und anderen Räumen, über deren raumzeitliche Dimension jedenfalls diese Reisenden souverän zu verfügen scheinen. Dabei gib es eine charakteristische Ausnahme: das sozialistische Moskau, das Annemarie Schwarzenbach 1934 besucht und eine durchaus andere Wahrnehmung als etwa die von Berlin oder Paris zu erfordern scheint, soll das Besondere dieser Stadt angemessen in den Blick geraten.[35]) Anders als in Paris und Berlin bewegt sich Annemarie Schwarzenbach in Moskau erkennbar nun in einer ‚Fremde',

[29]) Annemarie Schwarzenbach wusste in Sachen Reiseführer sehr genau Bescheid: Zusammen mit Hans Rudolf Schmid hat sie für zwei ‚alternative' Reiseführer geschrieben: Das Buch von der Schweiz. Ost und Süd, hrsg. von Eduard Korrodi (= Was nicht im Baedeker steht XV), München 1932; – Das Buch von der Schweiz. Nord und West (= Was nicht im Baedeker steht XVI), München 1933.

[30]) Schwarzenbach, Lyrische Novelle (zit. Anm. 18), S. 43.

[31]) Kracauer, Die Reise und der Tanz (zit. Anm. 26), S. 41.

[32]) Susanne Krammer, Wir sind gar nicht sachlich!, in: Der Querschnitt 13 (1933), S. 205.

[33]) So charakterisiert Annemarie Schwarzenbach einmal Erika Mann in einem Brief an sie; Brief vom 19. Januar 1931, in: „Wir werden es schon zuwege bringen, das Leben" (zit. Anm. 14), S. 44.

[34]) Brief an Carl Jacob Burckhardt vom 15. Mai 1932, in: Briefe von Annemarie Schwarzenbach an Carl Jacob Burckhardt, in: Annemarie Schwarzenbach. Analysen und Erstdrucke (zit. Anm. 2), S. 229–278, hier: S. 253f.

[35]) Vgl. dazu Walter Fähnders, Paris, Berlin, Moskau und das ‚Glückliche Tal'. Zu Annemarie Schwarzenbachs Städte- und Reiseprosa, in: Berlin, Paris, Moskau. Reiseliteratur und die

die allerdings primär ideologisch, weniger räumlich bestimmt ist. Sie nimmt die oder das Fremde weniger als das ‚Andere' einer Stadt, sondern als das ‚Andere' des Sozialismus wahr, ihre bekannten Muster von Reise- und Großstadtwahrnehmung greifen hier nicht.

Um erneut Kracauer zu zitieren: „Woher es denn rührt, daß [...] die Reise à la mode nicht eigentlich mehr dazu dient, die Sensation fremder Räume zu genießen – ein Hotel gleicht dem andern und die Natur dahinter ist den Lesern der illustrierten Zeitschriften bekannt – sondern um ihrer selbst willen unternommen wird."[36]) Es sind in den dreißiger Jahren die Orient- und Asienreisen, die bei Annemarie Schwarzenbach aus dem mainstream der zitierten „Reise à la mode" herausfallen und offenbar ganz besondere Erfahrungen vermittelt haben. „Die Menschen sind heimisch sowohl zuhause wie anderwärts oder auch nirgends zuhause"[37]), diagnostizierte Kracauer und machte damit auf jenes Moment aufmerksam, wo ‚Reisen' zu einer Bewegung des ‚outside', zu einer der Form des Exils oder verwandten Existenzweisen avancieren oder umschlagen kann. In einem Brief schreibt Annemarie Schwarzenbach einmal von ihrem „jenseitigen Exil".[38]) Dabei fällt auf, dass Annemarie Schwarzenbach – als Antifaschistin mit der Exil-Problematik gerade ihrer deutschen Weggefährten wie Klaus und Erika Mann, Ruth Landshoff-Yorck u. a. hautnah vertraut – für sich bzw. für ihre literarischen Figuren Termini wie Exil, Flucht und Verbannung übernimmt und deren politische Semantik zu einer umfassenden Nichtsesshaftigkeit ausweitet bzw. entschärft. Es bliebe zu prüfen, ob sie nicht auf ihre Weise einen frühen Beitrag zu dem Kapitel „Exil als Lebensform"[39]) geschrieben hat, über das gegenwärtig in der Debatte über Exil diskutiert wird.[40])

Bleibt die Inszenierung von Heimatlosigkeit, Nichtsesshaftigkeit, intellektuellem und emotionalem Nomadentum. Wenn „das zentrale Thema" bei Schwarzenbach „nicht Identitätsbildung, sondern Identitätsauflösung" ist, so ist durchaus zu folgern: „Das eigene Selbst zu lokalisieren scheitert. So lesen wir in ›Tod in Persien‹: ‚Wir sind ja schon an den Zustand gewöhnt, der uns in diesem Land eigentümlich ist: Wir sind keinen Augenblick frei, wir sind nicht ‚wir selbst', die Fremde gewinnt Macht über uns und entfremdet uns unserem eigenen Herzen.'"[41]) Aber dies gilt,

---

Metropolen, hrsg. von Walter Fähnders, Nils Plath, Hendrik Weber und Inka Zahn (= Reisen Texte Metropolen. Bd. 1), Bielefeld 2005, S. 91–106.

36) Kracauer, Die Reise und der Tanz (zit. Anm. 26), S. 41.

37) Ebenda.

38) Brief von Annemarie Schwarzenbach an Klaus Mann Ende Januar 1939 aus der Klinik Yverdon, in der sie ›Das glückliche Tal‹ schreibt, in: „Wir werden es schon zuwege bringen, das Leben" (zit. Anm. 14), S. 172ff., hier: S. 173.

39) Eberhard Lämmert, „Oftmals such' ich ein Wort": Exil als Lebensform, *http://www.inst.at/trans/15Nr/03_1/laemmert15.htm*

40) Vgl. resümierend: Tobias Lachmann, ›Exil‹ als literarisches Projekt. Nomadische Diskursformen in Klaus Manns ›Der Vulkan. Roman unter Emigranten‹, in: Nomadische Existenzen. Vagabondage und Boheme in Literatur und Kunst des 20. Jahrhunderts. Mit einer Artur Streiter-Bibliographie, hrsg. von Walter Fähnders, Essen 2007, S. 75–101.

41) Ueckmann, Gebrochene Bilder (zit. Anm. 10), S. 233.

wohlgemerkt, nicht uneingeschränkt. Die Transgressionen, die geradezu experimentell erprobt werden, werden nur in jenen literarischen Terrains vollzogen, die auch ästhetisch dazu imstande oder geeignet sind. Nicht Schwarzenbach unterliegt einer „Identitätsauflösung", das hieße ihre Arbeiten umstandslos biographisch zu deuten, aber wie keine andere hat sie Identitätsauflösung zum Thema gemacht.

Jedenfalls signalisieren dies ihre Reisen und ihre Reisetexte, in denen es um eine Art „existenzielle Kategorie der Selbsterfahrung"[42]) geht und nicht um eine wie auch immer geartete und motivierte Suche etwa nach Exotik. Insofern ist für Schwarzenbach zu Recht von einem „subjektiven Reisen als ‚Transgression zum Eigenen hin' gesprochen worden, wobei eine ‚stabile räumliche Fixierung des Eigenen als Grundlage für die Konstruktion von Alterität' zunehmend in Frage gestellt wird".[43]) Die Reflexionen, die Annemarie Schwarzenbach auf ihren Reisen über das Reisen anstellt und die Bilder und Metaphern, die sie für ihre Wahrnehmung des Fremden findet, geben darüber ebenso Aufschluss wie die Tatsache, dass es der Orient ist, der derartige Reflexionsprozesse in Gang setzt.

3. Die Orientreisen

1932 schreibt Annemarie Schwarzenbach aus Berlin an Claude Bourdet:

> Vous savez que je hais le nationalisme et que j'aime par contre la culture commune à toute l'Europe. Où trouve-t-on encore aujourd'hui si ce n'est là où elle a été fondée? Et il en existe des témoignages formidables et fascinants, de Mycènes et Cnossos jusqu'à Ur, Kish ou Tell Halaf [...].[44])

Während ihrer längeren Berlinaufenthalte zwischen 1931 und 1933 hat sie offenkundig die einschlägigen Museen der Hauptstadt besucht, die ausdrückliche Erwähnung von Tell Halaf verweist auf das gleichnamige Museum in Berlin-Charlottenburg mit den Funden aus den bis 1929 währenden Ausgrabungen des deutschen Archäologen Max von Oppenheim. Aufschlussreich ist, dass Schwarzenbach das im heutigen Syrien gelegene Tell Halaf oder auch Ur im selben Atemzug wie Knossos und Mykene nennt und zu den Gründungsorten Europas rechnet.

Ihr Orient- und Asieninteresse manifestiert sich auch in der bereits 1932 geplanten Persienreise, zu der sie im Mai 1932 zusammen mit Klaus und Erika Mann und Ricki Hallgarten aufbrechen wollte und die wegen des Selbstmordes von Hallgartens am Vorabend des Reisebeginns abgesagt wurde – „Die Expedition war eigentlich in jeder Hinsicht gut vorbereitet, wir wollten durch Klein Asien bis Per-

---

[42]) Kerstin Schlieker, „Nach Osten! Anderen Himmeln entgegen!". Annemarie Schwarzenbachs Asienreisen im Spiegel ihrer Texte, in: Annemarie Schwarzenbach. Analysen und Erstdrucke (zit. Anm. 2), S. 169–185, hier S. 183.

[43]) Ueckmann, Gebrochene Bilder (zit. Anm. 10), S. 231. Die Zitate im Zitat beziehen sich auf Hermann Herlinghaus, Zur neuen Krise der kosmopolitischen Imagination. Kritische Anmerkungen zur Reisemetapher in der Moderne, in: Berlin, Paris, Moskau (zit. Anm. 35), S. 271–283, hier: S. 271 und S. 274f.

[44]) Brief vom 4. Juli 1932, unveröff., zit. nach Miermont, Annemarie Schwarzenbach (zit. Anm. 11), S. 96f.

sien u. durch Russland zurückfahren."[45]) 1933 bereiste Annemarie Schwarzenbach dann erstmals den Vorderen Orient, wo sie insgesamt sechs Monate in der Türkei, Syrien, Libanon, Palästina, Irak und Persien verbrachte und darüber ihr Journal ›Winter in Vorderasien‹[46]), den in authentischer Form noch unveröffentlichten Novellenzyklus ›Der Falkenkäfig‹[47]) sowie Reportagen und Reiseberichte schrieb. Nach Persien wird sie insgesamt viermal reisen, so oft wie in kein anderes Land (außer Deutschland), und sich auch an archäologischen Ausgrabungen beteiligen, also gehalten sein, einen durchaus ‚objektiven' Blick der Historikerin (die sie im Übrigen durch ihr Studium war) zu üben. Ihr postum ediertes Reisetagebuch ›Tod in Persien‹ und das darauf fußende ›Glückliche Tal‹ haben Persien zum Thema. 1939 bricht Annemarie Schwarzenbach gemeinsam mit Ella Maillart nach Afghanistan auf, wo sie schriftstellerisch ungemein produktiv ist und von wo aus sie, angesichts des Beginns des Zweiten Krieges, Anfang 1940 nach Europa zurückkehrt, um sich dann in die USA und nach Afrika zu begeben. Asien hat sie seither nicht mehr besucht.

Viele ihrer Reflexionen über das Reisen beziehen sich auf die Orientreisen – erschien die Reise in die Großstadt durchaus als beherrschbar, weil das Ich über zentrale oder als zentral gehandelte urbane Orte souverän verfügte, so bildete die Reise in den Orient offenkundig Anlass zu Irritation, Reflexion, oder bot auch den Wunsch zu neuem Verstehen. Als Ziel der Afghanistanreise formuliert Annemarie Schwarzenbach gegenüber Ella Maillart noch vor Antritt der Reise: „Si ce voyage serait une fuite, un expériment, un risque. Non, il est une simple nécessité. [...] il faut que je détache de moi-même, que je me laisse absorber par notre monde, voir, apprendre, comprendre."[48]) Die äußeren biographische Rahmendaten dieser Orientreisen sind hier nicht zu rekonstruieren[49]), wohl aber der genauere kulturhistorisch zu fixierende Ansatz einer privilegierten Europäerin, die ihrer familiären, kulturellen, sozialen und politischen Herkunft kritisch gegenüber steht und deren sexuelle Orientierung sie zudem in eine gewisse Opposition bzw. Außenseiterinnen-Rolle geführt hat: „Der Osten war die Wüste, die unaufhörliche Einöde des Sonneaufgangs, die dornige Steppe der Besinnung."[50])

---

[45]) Brief an Carl Jacob Burckhardt vom 15. Mai 1932, in: Briefe von Annemarie Schwarzenbach an Carl Jacob Burckhardt, in: Annemarie Schwarzenbach. Analysen und Erstdrucke (zit. Anm. 2), S. 229–278, hier: S. 253.

[46]) Annemarie Schwarzenbach, Winter in Vorderasien. Tagebuch einer Reise, Zürich, Leipzig, Stuttgart, Wien 1934; [Neuausgabe ohne Hrsg.]: Basel 2002 (= Lenos Pocket 68).

[47]) Vgl. Helga Karrenbrock, Nomadische Bewegung. Der „Falkenkäfig", in: Annemarie Schwarzenbach. Analysen und Erstdrucke (zit. Anm. 2), S. 99–122.

[48]) Unveröff.; zit. nach Perret, „Meine ins Ferne und Abenteuerliche verbannte Existenz" (zit. Anm. 24), S. 162, Anm. 14.

[49]) Vgl. Miermont, Annemarie Schwarzenbach (zit. Anm. 11).

[50]) Annemarie Clark, Nach Westen, in: National-Zeitung, 21. Mai 1940, Nr. 230, Abendblatt, S. 2, wieder in: Annemarie Schwarzenbach, Auf der Schattenseite. Ausgewählte Reportagen, Feuilletons und Fotografien 1933–1942, hrsg. von Regina Dieterle und Roger Perret. Mit einem Nachwort von Regina Dieterle (= Ausgewählte Werke 3), Basel 1990, S. 255–258, hier: S. 256.

4. Reisereflexion

Die Erfahrungen der Asienreisen, dies vorweg, machen deutlich, dass hier „die Beziehungen von Identität und Örtlichkeit auf eine unheimliche Weise mehrdeutig werden".[51]) Diese Mehrdeutigkeit äußert sich in zahlreichen Reisereflexionen und in Reflexion des Schreibens, ohne dass Annemarie Schwarzenbach geschlossene Theorien darüber entworfen hätte. Wie eng Reisen und Scheiben zusammengedacht werden, erweist eine Kernstelle aus ›Das glückliche Tal‹:

> Und ich breche auf. – Befreiung! Befreiung! Einzige Freiheit, die uns geblieben ist! [...] Und ich lerne eine neue Sprache. Habe ich den Verstand verloren? – Wer nicht dreißig Jahre hinter Schloss und Riegel zubringen will, tut gut daran, sich rechtzeitig davonzumachen: es gibt neue Erden, neue Sprachen, andere Völker, die nicht in festen Häusern wohnen."[52])

Der Tenor dieser Passage ist universalistisch: Aufbruch als Ausbruch – es geht um neue Sprache, neue „Erden", neue Welten, um das „Fest des Aufbruchs"[53]), um den metaphorischen „Morgenglanz des Aufbruchs!"[54]) Die „Stunde des Aufbruchs"[55]) ist eine ganz und gar exponierte Stunde. Eine fixierbare raumzeitliche Teleologie von Reise oder Reisen verweigert die Autorin. „Wir werden bald verreisen, nicht wahr", heißt es bereits in ihrem Romanerstling, „wir werden auf den großen Strassen fahren bis dahin, wo die Ferne zu Ende ist, und dann hinein in eine neue, noch unerreichbarere."[56]) Damit ist einer Selbstbewegung des Reisens das Wort geredet, die zunächst auf Kracauers Prognose vom Selbstzwecks des ‚modernen' Reisens verweist. In der Rezension zu einem Reisebuch von Ella Maillart zitiert Annemarie Schwarzenbach 1939 Charles Baudelaires berühmten Vers von den wahren Reisenden, die abreisen um abzureisen – „Mais les vrais voyageurs sont ceux-là seuls qui partent | Pour partir" – und in dem es ja auch heißt: „Et sans savoir pourquoi, disent toujours: Allons!"[57])

Damit ist einem etwa ethnographischen Reiseinteresse der Erkundung von Fremdheit ebenso widersprochen wie jenem Erkenntnisinteresse, das Walter Benjamin zu Beginn seines Denkbildes ›Moskau‹ 1927 auf klassische Weise formuliert hat: „Schneller als Moskau selber lernt man Berlin von Moskau aus sehen."[58]) Während

---

[51]) HERLINGHAUS, Zur neuen Krise der kosmopolitischen Imagination (zit. Anm. 43), S. 275.

[52]) SCHWARZENBACH, Das glückliche Tal (zit. Anm. 16), S. 63; Zitate hieraus im Folgenden direkt im Text mit der Sigle: GT.

[53]) ANNEMARIE CLARK, Nach Westen, in: National-Zeitung, 21. Mai 1940, Nr. 230, Abendblatt, S. 2, wieder in: SCHWARZENBACH, Auf der Schattenseite (zit. Anm. 50), S. 255–258, hier: S. 255.

[54]) ANNEMARIE SCHWARZENBACH, Die Reise durch den Suez-Kanal, in: SCHWARZENBACH, Alle Wege sind offen (zit. Anm. 24), S. 132–136, hier: S. 136 (zuerst u. d. T. ›Fahrt durch den Suez-Kanal‹, in: Luzerner Tagblatt, 21. September 1940, Nr. 223, S. 13f.).

[55]) So z. B. in: SCHWARZENBACH, Die vierzig Säulen der Erinnerung, unveröff. Typoskript, im Schweizerischen Literaturarchiv (SLA), Bern.

[56]) SCHWARZENBACH, Freunde um Bernhard (zit. Anm. 18), S. 185.

[57]) ANNEMARIE CLARK, „Verbotene Reise", in: Neue Zürcher Zeitung, 24. Februar 1939, Nr. 346, Abendausgabe, S. 7.

[58]) WALTER BENJAMIN, Moskau, in: DERS, Gesammelte Schriften, hrsg. von ROLF TIEDEMANN und HERMANN SCHWEPPENHÄUSER, Frankfurt/M. 1972. Bd. IV/1, S. 316–348, hier: S. 316.

Benjamin mit diesem erkenntnistheoretischen Paukenschlag die Fremdwahrnehmung als Medium auch der genaueren Erkenntnis des ‚Bekannten' fasst, verweist Annemarie Schwarzenbachs Aufbruchmetaphorik und -rhetorik nicht auf Eigenwahrnehmung zum Erkennen des Anderen oder Fremden, sondern auf die Transgression nach innen: „Reisen ist Aufbrechen ohne Ziel, nur mit flüchtigem Blick umfängt man ein Dorf und ein Tal, und was man am meisten liebt, liebt man schon mit dem Schmerz des Abschieds."[59]) Das Moment des Flüchtigen, das hier neben dem Anti-Teleologischen als Konstituente der Reise zugemessen wird,[60]) führt erneut auf die Kategorie der Moderne zurück; neben dem radikal Neuen gilt gerade diese „Aufwertung des Transitorischen, des Flüchtigen, des Ephemeren" zu Recht als ihr Charakteristikum.[61]) Insofern markieren Ziellosigkeit und Flüchtigkeit des Reisens eine Selbstbewegung, der gerade wegen ihrer Ungerichtetheit und ihrer Lösung von profanen Zwecken und Bindungen eine metaphysische Dimension zugemessen wird. In einem unveröffentlicht gebliebenen Afghanistan-Artikel thematisiert Annemarie Schwarzenbach 1940 erneut die Nähe von Schreiben und Reisen und beschreibt eingangs eine Art Versuchsanordnung, die sie auch deshalb arrangiert, weil sie den Text erst nach Beendigung der Reise, nun bereits in den USA, niederschreibt:

> Heute über ein fernes, asiatisches Land zu schreiben, bedeutet für mich immer eine Versuchung, – die Versuchung, mich selbst innerlich weit weg zu begeben von der Welt der uns täglich umgebenden Tatsachen und Probleme, – genau wie ich beim Antritt einer grossen Reise von allen Gewohnheiten des Alltags Abschied nahm, und glaubte, ich würde jenseits einer mir noch unbekannten Grenze auf meinem Wege ein ganz anderes, ganz neues Leben finden, ein Leben ohne Traditionen, Konventionen und Gesetze, – eine Form der Freiheit, eine absolute Form. Und dieser Wunsch, die Sehnsucht nach dem Absoluten, ist ja wohl der eigentliche Antrieb jedes echten Reisenden. Vermutlich bin ich ein solcher unheilbarer Reisender.[62])

Die „Versuchung" zu schreiben führt die Verfasserin gleichsam in eine Wüste, jedenfalls „weit weg von der Welt" – die „Sehnsucht nach dem Absoluten" wird zum Movens fürs Reisen. Das À-la-mode-Reisen ist damit definitiv widerrufen zugunsten eines Reisens um des Reisens willen, im Sinne von Baudelaires „Allons" und Schwarzenbachs „Aufbruch". Das Spielerische ihrer Reiseauffassung, das ihr Mitte der dreißiger Jahre noch gestattete, vom „Zauber, unterwegs zu sein", zu sprechen, vom „Geheimnis der Namen" zu schwärmen, „die sich erst mit Inhalt und Leben füllen", und das „Wirklichkeitwerden eines Traums"[63]) zu beschwören, ist nun einem wie auch immer zu definierendem ‚Absoluten' gewichen.

---

59) Annemarie Clark-Schwarzenbach, Ankunft in Mallorca, in: National-Zeitung, 11. Juni 1936, Nr. 264, Abendblatt, S. 1.

60) Bereits Baudelaire hatte in seiner immer wieder herangezogenen Bestimmung von ‚modernité' dieses Element des Instabilen hervorgehoben (in seinem ›Peintre de la vie moderne‹, 1863): „Die Modernität ist das Vorübergehende, das Entschwindende, das Zufällige, ist die Hälfte der Kunst, deren andere Hälfte das Ewige und Unabänderliche ist."

61) Vgl. Walter Fähnders, Avantgarde und Moderne 1890–1933, Stuttgart und Weimar 1998, S. 3.

62) Annemarie Schwarzenbach, Afghanistan [Mai 1940], unveröff. Typoskript, im Schweizerischen Literaturarchiv (SLA), Bern.

63) Clark-Schwarzenbach, Ankunft in Mallorca (zit. Anm. 59).

Nicht zuletzt durch den Krieg wird ein Reisen, das sich den austauschbar gewordenen touristischen Sensationen hingibt, mit deutlichen Worten verworfen – so in einer ihrer wenigen ausführlicheren Auseinandersetzung mit dem Reisen, die Annemarie Schwarzenbach in einem ihrer späten Texte aus Marokko (1942), nunmehr reichhaltige und einschlägige eigene Reiseerfahrungen aus fünf Kontinenten verarbeitend, problematisiert. Sie konstatiert in diesem hier genauer vorzustellenden Schlüsseltext, dass „diese Zeit" wegen des Krieges zum „Reisen nicht geeignet" sei, und kritisiert dabei eine Spezies von „Weltenbummler", die es verstünden,

ein Land mühelos mit dem nächsten zu vertauschen, römische Ruinen mit griechischen, die Sphinx mit mexikanischen Pyramiden, die persischen Totentürme mit nordischen Heldengräbern und den Tag im Osten mit der Nacht im Westen. Diese Touristen pflegten leicht die Meinung zu verbreiten, die Welt sei am Ende ein nicht allzu grosser Tummelplatz und in langweilige und weniger langweilige Länder eingeteilt, nach Massgabe des Reizvollen, Neuen und Seltenen, das sie zu bieten hätten, und ohne dass doch der Unterschied zwischen den Kulis in Siam und denen auf Jamaika schliesslich nennenswert sei.[64])

Solchen Reisenden wird nicht nur keine wirkliche oder authentische Wahrnehmung der Reiseziele zugetraut – im Gegenteil,

viele solche Weltreisende wurden durch die allzu zahlreichen Genüsse abgestumpft [...]. Im Innern solcher Reisenden ging es zu wie auf dem babylonischen Turm, und wenn sie heimkehrten, hatten sie verlernt, die Sprache ihrer Mitmenschen, den Duft der Wiesenblumen, den Lerchenklang und die Kirchenglocken in ihrem Dorf zu erkennen: Ja, die Welt schien ihnen, weil sie abgestumpft waren, noch eintöniger und langweiliger als zuvor.

An dieser Stelle thematisiert Annemarie Schwarzenbach sodann die Heimischen, die Nicht-Reisenden, deren Imagination der „Fremde" sie als durchweg exotisch charakterisiert: Sie

stellten sich unter der Fremde etwas Unerhörtes vor. Sie dachten an ewiges Nordlicht und Wüstenbrände, an Zaubergärten in Bagdad, an Rosenbalsam, an das reiche Amerika – ganz so, als genügten die fremden Genüsse und eine veränderte Umgebung, um den Menschen zu verändern, aus dem Kerker seiner eigenen Persönlichkeit zu befreien und glücklich zu machen.

Beiden aber, den Weltenbummlern wie den Häuslichen, ruft die Autorin zu, „dass die Welt zwar wahrhaft ein Ort von Zaubergärten und babylonischen Türmen sei, so sehr wie ein Ort öder Langeweile und Kerkerhaft, dass aber der magische Schlüssel des Glücks an keinem Platz und Plätzchen auf der Erdkugel verborgen liege" – sondern der „Schlüssel", dieses Leben „zu ertragen, immer und überall, sei in unsere eigenen Hände gegeben ..."[65])

Dies ist ein spätes Diktum, das erkennbar von den Veränderungen des Weltkrieges, der den „Erdball nur noch als strategische Landkarte"[66]) kennt, geprägt

---

[64]) Annemarie Schwarzenbach, Marokkanische Erntezeit, in: National-Zeitung, 18. Juni 1942, Nr. 275, Abendblatt, S. 2, wieder in: Schwarzenbach, Auf der Schattenseite (zit. Anm. 50), S. 313–316, hier: S. 313; hier auch die folgenden Zitate.

[65]) Ebenda, S. 313f.

[66]) Ebenda, S. 314.

ist, aber auch von den US-amerikanischen Erfahrungen, die Annemarie Schwarzenbachs Reisen merklich verändert haben, wie ihre Sozialreportagen beispielhaft zeigen. Gerade die Extremsituation des Krieges, mit dem sich Annemarie Schwarzenbach als Schweizerin (auch wenn sie durch ihre Heirat 1935 französische Staatsbürgerin geworden war) immer wieder auseinandersetzt, scheint der Reisefaszination Abbruch zu tun:

> Ja, wir sind wieder sesshaft geworden, und im Chaos der von grausamen Stürmen heimgesuchten Welt besinnen wir uns, um auf der eigenen Schwelle, im täglichen Leben der Heimat, ein wenig Harmonie und die Ahnung eines friedlichen, besseren Gesetzes zu finden.[67])

In diesen Passagen wird nun einer neuen Sesshaftigkeit das Wort geredet, die auf die Verwüstungen des Krieges antwortet; Identität scheint durch ‚Heimat' möglich. Dies ist ein Novum gegenüber jener Faszination des Reisens, der sich Annemarie Schwarzenbach in den dreißiger Jahren geradezu exzessiv ausgesetzt hat – von der eher zeittypischen Reisemanier über die anders geartete Moskauerfahrung bis hin zu den Orientbegegnungen, über die gleich zu handeln sein wird. In dieser nun stärkeren Ausrichtung auf eine Bindung, auf Heimat scheint aber gerade das noch auf, was offenbar das Besondere von Reisen ausmachen kann. Sie spricht in einer auffallend poetischen (und auffallend redundanten) Passage vom „gewöhnlichen Reisenden", erkennbar ist das eigene Reisen gemeint:

> Wer heute noch als gewöhnlicher Reisender in ein Land kommt, fühlt sich wie einer jener ersten, seltenen Weltreisenden und Abenteurer, die nach langen Seefahrten, Gefahren, Wüstenritten und Karawanenwegen an den Hof eines Sultans, in eine Stadt im Orient, in eine Oase oder einen Rebengarten in Turkestan gelangten, in das Zeltlager eines Mongolenfürsten, auf die Marmorschwelle eines indischen Palasts, in einen türkischen Bazar oder Sklavenmarkt. Staunend sah er fremde Gesichter, Trachten und Sitten, schmeckte fremde Gerichte und lebte wie im Traum. Noch staunender gewöhnte er sich an so viel Fremdes und erkannte bald, dass trotzdem das Leben seinen Lauf nahm, die Menschen daran teilhatten, und er mit ihnen.[68])

Diese Besinnung auf die alten Reisepioniere, die Orientfahrer und Abenteurer, insinuiert ein authentisches Reisen, das noch ‚Staunen' als Wahrnehmungsform des Anderen kannte, das deren Sinnlichkeit, das ‚Schmecken', betont und den ‚Traum' als realitätsübergreifende Reiseerfahrung gleichermaßen akzeptiert wie anstrebt. Diese Passage erinnert an die Bedeutung jener First-Contact-Szenen, in denen die Begegnung oder der Clash mit fremden Kulturen erstmals und blitzartig aufleuchtet und auf deren Relevanz in den Kulturwissenschaften seit geraumer Zeit aufmerksam gemacht wird.[69]) Gewiss ist dies nicht die Reiseerfahrung von „gewöhnlichen Reisenden", wohl aber eine Reisekonzeption, die deutlich auf Annemarie Schwarzenbachs eigenen Reisen, die Asienreisen vor allem, hindeutet, und die im Reisen ein Synonym für die Existenz überhaupt sieht: „‚Unser Leben gleicht

---

[67]) Ebenda, S. 315.

[68]) Ebenda, S. 314f.

[69]) Vgl. Klaus R. Scherpe, Die First-Contact-Szene. Kulturelle Praktiken bei der Begegnung mit dem Fremden, in: Weimarer Beiträge 44 (1998), H. 1, S. 54–73.

der Reise …'", heißt es am 1. November 1939 in ›Die Steppe‹, „und so scheint mir die Reise weniger ein Abenteuer und Ausflug in ungewöhnliche Bereiche zu sein als vielmehr ein konzentriertes Abbild unserer Existenz […]."[70]) Und insofern ist für Annemarie Schwarzenbach

> die Reise, die vielen als ein leichter Traum, als ein verlockendes Spiel, als die Befreiung vom Alltag, als Freiheit schlechthin erscheinen mag, […] in Wirklichkeit gnadenlos, eine Schule, dazu geeignet, uns an den unvermeidlichen Ablauf zu gewöhnen, an Begegnen und Verlieren, hart auf hart.[71])

5. Reise, Flucht, Exil

Annemarie Schwarzenbachs Reisen stehen im Kontext von Transgression und Selbsterfahrung, ihre auf Traum und Absolutheit zielenden Reisebestimmungen sind weniger ethnographische Fremd- denn existenzielle Eigenwahrnehmung. Das heißt nicht, dass Schwarzenbach die Realitäten ihrer fremden Umgebung nicht reflektiert, analysiert, beschrieben hätte. Dass sie sich in Kabul bewusst um die Aufrechterhaltung des europäischen Lebensstils bemüht (man hört „Grammophon-Konzerte", eine Mozart-Oper, eine Suite von Bach und Anderes mehr)[72]) verweist ja auf Differenzbewusstsein.

Annemarie Schwarzenbach hat gerade über Afghanistan äußerst hellsichtige Reportagen verfasst, beispielsweise über die prekäre Lage der Nomaden[73]), wobei sie sehr genau entwickelt, welchen Preis gerade die Nomaden für die Modernisierung der Gesellschaft zu zahlen haben: Identitätsverlust bei der Zwangsansiedlung, Unterwerfung unter die Disziplin der Lohnarbeit: „Weder in der Türkei, noch in Persien, noch etwa in den sowjetrussischen Kaukasusländern habe ich den sicht- und greifbaren Einbruch eines neuen, mit der westlichen Technik zusammenhängenden Lebensstils als so bitter, so vernichtend empfunden wie in Afghanistan."[74])

Auch die Auseinandersetzung mit der Rolle der Frau, beispielhaft entwickelt am Symbol des Tschador, ist ein ebenso brisantes wie im Übrigen aktuelles Thema, dem Annemarie Schwarzenbach sich des Öfteren widmet.[75]) Und wenn unter

---

[70]) Annemarie Clark, Die Steppe, in: National-Zeitung, 1. November 1939, Nr. 508, Abendblatt, S. 2f.; wieder in: Schwarzenbach, Alle Wege sind offen (zit. Anm. 24), S. 31–37, hier: S. 31.

[71]) Ebenda, S. 34.

[72]) Annemarie Clark, Mobilisiert in Kabul …, in: Die Weltwoche, 1. Dezember 1939, Nr. 316, S. 9, 13; wieder in: Schwarzenbach, Auf der Schattenseite (zit. Anm. 50), S. 222–228, hier: S. 228.

[73]) Vgl. z. B. Annemarie Schwarzenbach, Nomaden als Achtstunden-Arbeiter, in: Schwarzenbach, Auf der Schattenseite (zit. Anm. 50), S. 250f. [Faksimile].

[74]) Annemarie Schwarzenbach: Afghanistan (16. März 1940). Typoskript, im Schweizerischen Literaturarchiv (SLA), Bern; auch zitiert bei Perret, „Meine ins Ferne und Abenteuerliche verbannte Existenz" (zit. Anm. 24), S. 148f.

[75]) Vgl. z. B. Annemarie Schwarzenbach, Der Tschador, in: Schwarzenbach, Auf der Schattenseite (zit. Anm. 50), S. 233–235.

dem Aspekt gegenwärtiger Orientalismus-Debatten noch nicht ausgemacht zu sein scheint, wie denn Schwarzenbachs Haltung als Orientreisende – als Frau, als lesbische Frau zudem – letzten Endes einzuschätzen sei, so ist auf jeden Fall festzuhalten: Blindheit gegenüber dem Fremden wird man ihren Reportagen nicht nachsagen können.[76])

Nun existieren halbwegs stabile Gattungsnormen für journalistische und Reiseprosa, die die illustrierte und die Tagespresse publiziert und für die Annemarie Schwarzenbach bekanntermaßen gegen Honorar schrieb und fotografierte. Wollte sie nicht abgelehnt werden (wie es auch geschah), waren gattungseigene Regularien von Journalistik und Sozialreportage einzuhalten. Aber in anderen, z. T. zeitgleich verfassten Texten wird die eigene Dokumentaristik konterkariert, indem das Medium, die Textsorte zugunsten einer im eigentlichen Sinne literarischen, fiktionalen Prosa gewechselt wird. Orient- und Fremderfahrung werden nun anders gewendet, ganz deutlich etwa in dem unveröffentlichten Erzählzyklus ›Die vierzig Säulen der Erinnerung‹. Dass Schwarzenbach aber die unterschiedlichsten Textsorten erprobt – journalistische Arbeiten, literarische Texte im engeren Sinne des Fiktionalen, Autobiographisches (Tagebücher, Briefe), hier wäre nicht zuletzt die Fotografie zu nennen –, belegt nichts anderes als eine Gleichzeitigkeit unterschiedlicher Repräsentationsverfahren und mag auch legitimieren, hier derart unterschiedliche Textsorten synthetisierend zu betrachten – geht es doch nicht um biographische Erhebungen, sondern um Konzeptualisierungen von Selbst- und Fremdbestimmungen.

Während ihre Asienreportagen also realitätsbewusst und insofern auch bei aller Originalität gattungskonform daherkommen, sind es andere, fiktional und poetisch angelegte Texte, die auf Unterminierung oder eine Infragestellung der journalistisch formulierten Identität hinsteuern. Ein kurz nach Beginn des Zweiten Weltkrieges geschriebener und am 1. Dezember 1939 in der Schweizer ›Weltwoche‹ erschienener Afghanistan-Artikel ist eine markante Nahtstelle zwischen kritischer Fremdwahrnehmung und Reflexion eigener durchaus kritisch gesehener und in Frage gestellter Identität. Zwei längere Auszüge können das zeigen:

Wochenlang unterwegs in den fernen Nordprovinzen Afghanisch-Turkestans, hatte ich es mir abgewöhnt, die Tage zu zählen oder täglich zu berechnen, wie viele Kilometer ich zurückgelegt hatte. Der Kilometerzähler meines Wagens war übrigens, gleich hinter Herat und der afghanischen Grenze, zerbrochen und hatte sich als überflüssig erwiesen.

Wohl war dieser eigenartige Zustand der Unschuld nicht immer bequem gewesen – man darf das Paradies nicht mit dem Schlaraffenland verwechseln –, es gab gnadenlos heisse Nächte, Wassermangel, vergebliche Kämpfe gegen Sandflöhe, Sanddünen, Sandstürme und andere ägyptische Plagen, es gab Stunden ratloser Einsamkeit, man blieb allein mit seinem Heimweh und einer ungewissen Zukunft, die Bäume wuchsen nicht immer in den Himmel, die Trauben nicht in den Mund. Manchmal wurden die Gewohnheiten des alten Ego wach, man wurde ‚nervös', wollte ein Ziel haben und es beim Namen nennen können [...]. Ja, man wollte *ankommen* [...].[77])

[76]) Vgl. dazu insbesondere die jüngsten Arbeiten von SCHLIEKER, „Nach Osten!" (zit. Anm. 42), DECOCK, Der Engel des Demawend (zit. Anm. 10) und UECKMANN, Gebrochene Bilder (zit. Anm. 10).

[77]) CLARK, Mobilisiert in Kabul ... (zit. Anm. 72), S. 226; Hervorhebung im Original.

Hier werden ‚paradiesische' Vorstellungen der Fremde demontiert; das auch symbolische Versagen des Kilometerzählers zeigt die Überwindung alter und die Notwendigkeit neuer Maße und Kriterien an:

[...] suchten wir keine Abenteuer, sondern nur eine Atempause, in Ländern, wo die Gesetze unserer Zivilisation noch nicht galten und wo wir die einzigartige Erfahrung zu machen hofften, dass diese Gesetze nicht tragisch, nicht umgänglich, unumstösslich, unentbehrlich seien. Man stelle es sich nur richtig vor: Die Zeit zählte nicht! Die Uhren, die Kalender waren überflüssig! Und wir hatten sogar Leute gefunden, Bauern, Nomaden, denen das Geld nichts bedeutete. Dort oben, im Hasaradschat, erzählte Charlotte, gab es auch für Geld kein Brot zu kaufen. Und drüben, im fernen Turkestan, erinnerte ich mich, herrschte Überfluss an Brot und Früchten, und die Ärmsten brachten uns ihre Melonen als Geschenk. Die Ärmsten stellten sich am Wegrand auf und halfen uns, den grauen Ford durch Sanddünen oder eine Steilrampe emporzuschieben. Und wenn der Wagen gerettet war und sich wieder in Bewegung setzte, jubelten und winkten sie und kehrten zu ihrer Feldarbeit zurück.
Hatten wir das Paradies entdeckt?
Uns kam es so vor, und wir wussten auch, dass die Vertreibung aus dem Paradies nicht würde warten lassen, denn schon plante man in Afghanistan den Bau von Strassen und Brücken, Fabriken, Staudämmen, Spitälern, Arbeitersiedlungen. Man plante, die Nomaden sesshaft zu machen. Man plante, aus dem armen Afghanistan einen modernen Staat zu machen."[78])

Die wiederholte Paradiessymbolik und die Schlüsselwörter „Ziel", das hervorgehobene „*ankommen*" in seiner Problematik des Traditionsbelasteten bietet ein Residuum, dessen raumzeitliche Begrenzung der Verfasserin deutlich vor Augen steht: „[...] da zögerte ich plötzlich. [...] Da ließ ich mich durch jedes Nomadenlager und jedes schöne Tal aufhalten, machte noch einmal von der Freiheit ausgiebigen Gebrauch."[79])

In diesem wie in anderen journalistischen Reisetexten steht die Bindung an eine außertextliche Referenz außer Frage, auch wenn das reflexive Moment und eine ausgeprägte Metaphorik und Bildlichkeit auf jene Fragen deuten, die mit dem Identitätsproblem verbunden sind. In anderen Texten, die von vornherein als fiktional angelegt und der außertextlichen Verifikation somit enthoben sind, werden Transgression und Selbsterfahrung nicht mehr durch eine Gattungsnorm unterbunden oder zielgerichtet kanalisiert, sondern freigesetzt. Es ist die Trias Reisen, Flucht, Exil, wozu auch die Wendung von der Verbannung zu rechnen wäre, die Annemarie Schwarzenbach metaphorisch einsetzt, um diesen Identitätskonflikt sprachlich zu fassen. „Meine ins Ferne und Abenteuerliche verbannte Existenz" – notiert sie am 30. September 1939 in ihrem Kabuler Tagebuch[80]) und markiert mit der Verbannungs-Metapher eine Identität bzw. Identitätskrise, über die sie zuvor in ›Das glückliche Tal‹ (noch vor der Afghanistanreise und also vor Kriegsbeginn abgeschlossen) und in Afghanistan selbst in dem noch unveröffentlichten Erzählzyklus ›Die vierzig Säulen der Erinnerung‹ geschrieben hatte.

---

[78]) Ebenda, S. 225f.
[79]) Ebenda, S. 227.
[80]) Unveröff.; zit. nach Roger Perret, „Meine ins Ferne und Abenteuerliche verbannte Existenz" (zit. Anm. 24), S. 161.

Trotz der immer wieder bei Annemarie Schwarzenbach zu beobachtenden Nähe zwischen autobiographischem und fiktionalem Schreiben sollten diese Texte, auch ›Das glückliche Tal‹, eben nicht, jedenfalls nicht primär autobiographisch gelesen werden, sondern eher als eine selbstarrangierten Versuchsanordnung, in der es um Wege und Aporien von Identitätskrise und Identitätsverlust geht. Anders als in ihren journalistischen Orienttexten bleiben in ›Das glückliche Tal‹ die „Referenzen so undeutlich", dass es „um eine kulturelle Ordnung, die keinem festen geographischen Ort zugeordnet wird"[81]) geht und nicht um raumzeitliche Abbildung von Realität: „Am Ende des Raumes, am Ende der verrinnenden Zeit [...]" (GT 13). Die Entfremdungserscheinungen und -erfahrungen, die den Aufbruch des (grammatikalisch als männlich geschilderten) Protagonisten in ein persisches Hochtal führen, werden als Flucht, Exil, Verbannung gefasst: „Ich bin in dieses Tal geflüchtet" (GT 21), und: „ich wollte mich verbannen, kein Exil war mir einsam genug" (GT 41) – „Ich: Gast, Fremder, Abenteuer, was noch?" (GT 45). Es wird von anhaltenden Fluchtbewegungen gesprochen, von Transgressionen, bei denen es eine Konkretion der Herkunft oder des Zieles nicht gibt: „Fliehen – fliehen – *fliehen*, schweißüberströmt knie ich im Wind, wohin mich wenden?" (GT 79). Schließlich das Bekenntnis: „ich tat recht daran: zu verbannen, zu vergessen, die Spuren auszulöschen." (GT 41). Selbst die vorübergehend aufgenommene Arbeit in ein Ausgräberteam mit „Freunden" („sie wurden Freunde – niemals Weggenossen. Ah. Welche Trennungen, welche Abschiede!", GT 45) bleibt peripher und stiftet keine Bindung: „Ich: [...] Neugierig, wissensdurstig, ungeduldig, unterwegs – allein" (GT 45). Und:

Sie fragten mich nicht, woher ich gekommen sei. Ich brauchte keine Herkunft. Ein Paar starke Arme, ein gewappnetes Herz. Mit was hatte ich bisher meine Zeit verloren? – Verlorener, Heimatloser, Müßiggänger auf allen Straßen, den Winden, der Kälte, dem Hunger preisgegeben. Immer allein, vorzustoßen bis an den Rand der Abgründe [...]. (GT 46)

Es die „Einsamkeit der stetigen Deterritorialisierung"[82]), die hier im Bild vom Heimatlosen eine Variante findet und die im Übrigen mit guten Gründen gendertheoretisch auf das Konzept „geschlechtlicher Nichtidentität" bezogen worden ist.[83]) Fremdheitserfahrung, Erfahrung von Entfremdung und Selbstentfremdung werden als Grundkonstituanten des Protagonisten vorgeführt, der sich bewusst in die Fremde begeben und ausdrücklich notiert: „Aber ich habe den Sitten des Abendlandes den Rücken gekehrt" (GT 52). Konkrete Beweggründe von Flucht und Selbstverbannung bleiben im Dunkeln, was den Charakter der Versuchsanordnung und der Schaffung einer bestimmten kulturellen Ordnung noch unterstreicht: Nur peripher wird das Reden vom Abendland präzisiert, so wenn auf das zeitgenössische Europa angespielt wird: „Die Nervensanatorien sind überfüllt. Die

---

[81]) Sabine Rohlf, Exil als Praxis – Heimatlosigkeit als Perspektive? Lektüre ausgewählter Exilromane von Frauen, München 2002, S. 312.

[82]) Ebenda, S. 317.

[83]) Vgl. einschlägig ebenda, S. 317ff..

Heere sind gerüstet. Die Jugend ist diszipliniert. Die Maschinen funktionieren. Der Fortschritt ist unterwegs. Und ganze Völker werden von Psychosen erfaßt" (GT 52). Diese rhetorisch aufgeladene Reihung deutet an, was in den journalistischen Reisetexten unumwunden zur Sprache gebracht wird – hier genügt offenbar der pauschale Hinweis auf eine Abkehr von dem, was „*das normale Leben*" (GT 52) genannt wird, in Hervorhebung zwar, aber ohne Konkretion dessen, was denn den Normalismus ausmacht. Allenfalls finden sich Sätze wie: „Wer nicht dreißig Jahre hinter Schloß und Riegel zubringen will, tut gut daran, sich rechtzeitig davonzumachen" (GT 63). Oder es ist von „euren Staatsmännern", „euren Diktatoren" die Rede (GT 860) – Realitätspartikel und zeitgenössische Anspielungen also, die den Text ein wenig historisieren. Aber um eine ausgeführte Normalismuskritik geht es offenkundig nicht, insofern werden auch „keine Gegenentwürfe", werden „weder Analyse noch Utopie"[84]) geboten: „Ich bin nicht unterwegs, um neue Tugenden und andere Sitten zu entdecken. [...]. Ich befreie mich von den Dolmetschern" (GT 68). Ebenso unbestimmt bleibt die Selbstbestimmung der Freiheit: „Ich erhielt das Geschenk einer fürchterlichen Freiheit" (GT 82) – dies ist die selbstgewählte Situation: „kein Dach über dem Kopf" (GT 45). Man muss nicht gleich die Lukács'sche „transzendentale Obdachlosigkeit" bemühen, um die Modernität eines derartigen Konzeptes zu erkennen. Reise, Flucht und Exil werden als Bewegungsfiguren von und für Heimatlosigkeit gefasst, die als Grundbefindlichkeit gegen ‚Heimisches' gesetzt wird. Es ist auch eine Selbst- oder Kreisbewegung – keine, die Verknüpfungen von Orten im Sinn hat. Für ein derartiges On-the-road-Bewusstsein stehen bestimmte Landschaftsbilder und -metaphern.

6. Straßen, Wege

Bei Annemarie Schwarzenbach findet sich eine auffällige Landschafts-Metaphorik, mit der die gewiss nicht nur für europäische Blicke extremen Landschaften, die geographischen Formationen Afghanistans und anderer Regionen gefasst werden soll. Die Autorin folgt einer „Magie der Ferne"[85]), wenn sie Räume und Orte beschreibt und dabei eine Landschafts-Topographie entwirft, für die die Straßen- und Wege-Metaphorik zentral ist.

Offenbar ist der Weg als zielgerichteter strukturierendes Moment der Verbindung, der Kommunikation besonders für eine Verkehrung von Ordnungsverhältnissen geeignet. Bei Annemarie Schwarzenbach heißt es: „alle Wege sind offen, und führen nirgends hin, nirgends hin."[86]) Und: „Alle Wege sind uns noch offen" (GT 90). In ›Das glückliche Tal‹ finden sich zahllose Stellen, die den Weg als

[84]) Ebenda, S. 313.

[85]) ALBRECHT KOSCHORKE, Die Geschichte des Horizonts. Grenze und Grenzüberschreitung in literarischen Landschaftsbildern, Frankfurt/M. 1990, S. 311.

[86]) ANNEMARIE SCHWARZENBACH, Nach Peshawar ..., in: SCHWARZENBACH, Alle Wege sind offen (zit. Anm. 24), S. 121–125, hier: S. 125 (zuerst in: Die Tat 18./19. Mai 1940, Nr. 115).

unendlich markieren oder aber ein räumliches Ende von Wegen bezeichnen, das freilich nicht zielführend ist: Das Tal „liegt am Ende aller Wege" (GT 21), auch der Protagonist selbst findet sich „am Ende aller Wege" (GT 83) oder sieht vor sich „eine weiße Straße, eine Wüstenspur, ein[en] Gebirgspfad, ich weiß nicht, wo sie endet" (GT 45). „Ich gehe wieder der Straße entlang, die – wie viele der neuen Straßen dort – nirgends hinführt und im Gras der Wildnis versickerte" (GT 47). Oder: „Aber wer weiss wirklich, wohin die Strassen führen [...]. Der Weg wird sich ausdehnen, die Strasse sich endlos über Hügel wellen, immer am Horizont der rötliche Glanz der namenlosen Stadt."[87])

Es ist ein Schema erkennbar, das zunächst um topographischen Realismus von Landschaftsschilderung bemüht scheint, das dann aber die als real oder realistisch erkennbare Topographie transgrediert zugunsten von Metaphorisierung und Enträumlichung.

In ›Tod in Persien‹ (1934), der zu Lebzeiten unveröffentlicht gebliebenen frühen Version von ›Das glückliche Tal‹ schreibt Annemarie Schwarzenbach: „Wir nennen dieses Tal manchmal: Ende der Welt, weil es hoch über den Hochflächen der Welt ist und nicht mehr höher führen kann außer ins Überirdische, Unmenschliche, das den Himmel berührt [...]".[88]) In der Bearbeitung ein halbes Jahrfünft später heißt es: „Wir nennen dieses Tal manchmal ‚Ende der Welt', weil es hoch über den Hochflächen der Welt liegt, weit von den begangenen Ebenenstraßen" (GT 9). Das raumzeitliche ‚Ende der Welt', das noch in der Gegenwartsliteratur zur topographischen Fixierung entlegener Regionen etwa Asiens dient,[89]) verweist mit seinen zeitlichen Konnotationen ja auch aufs Eschatologische des Neuen Testamentes (wie in Matth. 13,39 und 24,3),

Diese Metaphorisierung des Weges bedingt seine räumliche Verflüchtigung und ermöglicht metaphysische Zuschreibungen wie in ›Tod in Persien‹: „Alle Wege, welche ich auch ging, welchen ich auch entging, endeten hier, in diesem ‚glücklichen Tal', von dem es keinen Ausweg mehr gibt, und welches deshalb schon dem Orte des Todes ähnlich sein muss."[90]) Das „glückliche Tal" ist also das „Tal am Ende der Welt" (GT 38). Und: Niemand weiß, „wohin diese Pfade führen" (GT 9). „Die Ferne existiert nicht" (GT 11) – das meint zunächst eine konkrete topographische Gegebenheit: „denn wir können nicht höher steigen", dann aber wird die Szene metaphorisch überhöhnt: „hier oben, im Tal am Ende der Welt" (GT 11; ebenso GT 38). Insofern ist dieses Land auch nicht zu kartographieren, es gibt nur „leere Horizonte" (GT 81), sie signalisieren topographische Ohnmacht: „die Ebenen waren [...] zu groß" (GT 84); kurz: „Landkarten trügen" (GT 38). – Es wäre

---

87) Annemarie Schwarzenbach, Tod in Persien. Mit einem Essay von Roger Perret (= Ausgewählte Werke 5), Basel 1995, S. 20f.

88) Ebenda, S. 32.

89) So etwa bei Martin Mosebach, wo sich das Liebespaar „allein am Ende der Welt" findet (Martin Mosebach, Das Beben. Roman [2005], München 2007, S. 334f.; vgl. ebenda S. 336).

90) Schwarzenbach, Tod in Persien (zit. Anm. 87), S. 39.

lohnend, andere topographische Markierungspunkte und Räume bei Annemarie Schwarzenbach zu untersuchen, und zwar die Wüste, die sie einmal „ungeborenes Land" (GT 46) nennt, die Steppe sowie das Meer – alles Orte der Leere und des auch symbolischen ‚Andersseins'.

Gerade an der Geschichte des Horizontes ist gezeigt worden, „daß menschliche Erfahrung horizontbezogen ist, daß sie sich selbst ihre Grenzen setzt und folglich auf eine beständige, immer weiter ausgreifende Selbstüberschreitung verpflichtet werden kann" – so der bürgerliche Impetus der Fortschrittsidee.[91]) Mit der modernen und seit der Romantik geläufigen „Annulierung der Ferne"[92]) wird eine Wahrnehmung möglich, die sich indefiniten Räumen widmet, die jedenfalls keine orientierenden Grenzen kennt. „[...] alle Wege waren im Dunkeln und unerreichbar wie Sternbahnen", heißt es in Annemarie Schwarzenbachs ›Wunder des Baums‹.[93]) Von „endlosen strassen" [!] spricht Stefan George in seinem Gedicht ›Die tote stadt‹[94]). Rilke schreibt anlässlich der Ägyptenreise von Clara Rilke-Westhoff in einem Brief 20. Januar 1907: „Du wirst das Haupt der großen Sphinx sehen [...]. Ich denke mir: es muß so sein, unendlicher Raum, Raum, der hinter den Sternen weitergeht, muß, glaub ich, um dieses Bild herum entstanden sein."[95]) „Das NICHTS wurde gross wie der Himmel", schreibt Annemarie Schwarzenbach in ›Turkestan, vergessene Tage‹.[96])

Eine charakteristische Entgrenzung des Raumes findet sich in der Literatur des 20. Jahrhunderts, will sie Verlusterfahrungen von ‚Heimat' zu fassen suchen. Der markante Titel eines Romans über obdachlose proletarische Jugendliche der Weimarer Republik lautet ›Strassen ohne Ende‹[97]). Insbesondere die vielfältige Vagabundenlyrik bedient sich derartiger Straßen- und Wegemetaphorik, die die „weiteste Ferne" beschwört.[98]) „Die Landstraße geht durch diese Welt hindurch, geht über diese Welt hinweg!", heißt es 1929 in der Programmatik der Vagabundenbewegung: „‚Landstraße' ist so ambiguöse Allegorie für Freiheit und Selbstverwirklichung, aber auch für Heimatlosigkeit und Deklassierung."[99])

---

91) Koschorke, Die Geschichte des Horizonts (zit. Anm. 85), S. 218.

92) Ebenda, S. 295ff.

93) Annemarie Schwarzenbach, Das Wunder des Baums, unveröff. Typoskript im Schweizerischen Literaturarchiv (SLA) Bern, S. 128.

94) Stefan George, Die tote stadt, in: Ders.: Werke, hrsg. von Robert Boehringer, 4 Bde., München 1983, Bd. 1, S. 23f., hier: S. 23.

95) Rainer Maria Rilke, Briefe in zwei Bänden, hrsg. von Horst Nalewski. Frankfurt/M. und Leipzig 1991, S. 154ff.

96) Annemarie Clark: Turkestan, vergessene Tage, in: National-Zeitung, 14. März 1940, Nr. 125, Abendblatt, S. 2.

97) Justus Ehrhardt, Strassen ohne Ende, Berlin und Wien 1931.

98) Zur Wege-Metapher vgl. Walter Fähnders, Vagabondage und Vagabundenliteratur, in: Nomadische Existenzen. Vagabondage und Boheme in Literatur und Kunst des 20. Jahrhunderts. Mit einer Artur Streiter-Bibliographie, hrsg. von Walter Fähnders, Essen 2007, S. 33–54.

99) Georg Bollenbeck, Georg: Armer Lump und Kunde Kraftmeier. Der Vagabund in der Literatur der zwanziger Jahre, Heidelberg 1979, S. 55; das Zitat ebenda, S. 56;

Um ein Gegenbeispiel anzuführen: Annemarie Schwarzenbachs spätere Reisegefährtin Ella Maillart erkundete 1932 das sowjetische Turkestan und publizierte darüber einen Reisebericht, dem sie eine programmatische Einleitung, ›Warum ich reise‹ voranstellte. Darin lehnt sie Reise als „Flucht" ab und bedient sich in diesem Zusammenhang der Horizont-Metapher: „Die Weite des Horizontes muß in uns sein, darf nur aus uns kommen. Nur wer Weite begreifen, verstehen kann, kann sie besitzen – wenn er einen Weg gefunden hat, sie auszudrücken."[100]) Hier postuliert eine stabil sich gebende, um ihre ‚feste' Identität wissende Reisende die Bewältigung der Ferne des Horizontes und der „Weite". Annemarie Schwarzenbach dagegen wendet die Weite, den Horizont nach außen und belässt ihn dort als Figur der Unendlichkeit oder des Nicht-Fassbaren bis hin zur Aufhebung von räumlichen Koordinaten überhaupt, wie sie in der versuchten Annullierung von ‚Ferne' erscheint: „Die Ferne existiert nicht". Was speziell ›Das glückliche Tal‹ angeht, sei in diesem Zusammenhang auf dessen markantes Ende verwiesen: Aller Ausweglosigkeit, allem Ichverlust und Pessimismus zum Trotz, der Annemarie Schwarzenbach vorschnell unterstellt worden ist, findet sich hier überraschend eine topographisch genaue Horizontwahrnehmung:

Da beugte ich mich auf dem Sattel vor und lauschte. In weiter Ferne vernahm ich Karawanenglocken. Meine Augen suchten. – Freunde! Freunde, seht! Über den rauchenden Elendshügeln, am Horizont, bewegen sich wunderbare Segel! (GT 118)

Trotz dieses Hoffnungsschimmers der „wunderbaren [!] Segel", der sich am Horizont auftut: Es ist die Metaphorik des Irrweges, der diese Enträumlichung sozusagen krönt. Annemarie Schwarzenbach ruft in ›Tod in Persien‹ (einen in ›Das glückliche Tal‹ und anderswo wiederkehrenden) Engel herbei, der auf „Auswege, Umwege, Irrwege" hinweist:

„Du bist am Ende, im völligen Dunkeln", wiederholte der Engel [...] „Gib zu, dass du, trotz deiner jungen Jahre, alle Wege versucht hast. Es waren Auswege, Umwege und Irrwege. Du hast nichts Böses getan, glaube nicht, dass du schuldiger bist als andere. [...] Du kanntest dich selbst nicht und wolltest niemanden weh tun – das ehrt dich. Da begannen deine Irrtümer. Du hast dich nach Persien vertreiben lassen, du wolltest sogar sterben, oh, glaube nicht, dass du mir irgend etwas verbergen kannst, denn, wenn ich auch hier beheimatet bin, so bin ich doch ein Engel ..."[101])

---

vgl. Hans Trausils im Verlag der Vagabunden in Stuttgart 1928 erschienene Gedichtsammlung ›Die Landstraße zu den Sternen‹. Ein Gedichtband von Otto Ziese, ebenfalls aus dem Verlag der Vagabunden, ist überschrieben: ›Straße – endlose Straße‹ (1929).

[100]) Ella Maillart, Turkestan Solo. Eine Frau reist durch die Sowjetunion. Deutsch von Hans Reisiger, Stuttgart 1990, S. 10. – Auch Maillart kommt auf das „Ende der Welt" zu sprechen, und zwar in charakteristischer Opposition zu dem, was Schwarzenbach entwickelt: „Ich glaube, Buddha meinte diese menschliche Sehnsucht, als er sagte: ‚Das Ende der Welt wird durch keine Reise erreicht. Wahrlich, ich sage euch, daß die Welt in diesem begrenzten Körper mit seinen Sinnen und seinem Verstand liegt, ihr Anbeginn und ihr Ende, und auch der Weg, der zu ihrem Ende führt.' Ich bin inzwischen überzeugt, daß das Leben selbst eine Reise an das Ende der Welt ist [...]." (Ebenda, S. 7.)

[101]) Schwarzenbach, Tod in Persien (zit. Anm. 87), S. 114.

Es ist von „Umwege[n] der Erinnerung, Schleichwege[n] des Heimwehs" (GT 13) die Rede: Schwarzenbachs Transgressionsprinzip findet in der Wegemetapher ihren adäquaten Ausdruck. Dabei ist diese Wege-Metaphorik nicht erst, aber wohl vor allem der Orienterfahrung geschuldet – es wurde bereits aus ihrem ersten Roman von 1931 jene Passage zitiert, die ein Reisen in Permanenz und eine entsprechend ‚unendliche' Ferne herbeisehnt: Wir „werden auf den großen Strassen fahren bis dahin, wo die Ferne zu Ende ist, und dann hinein in eine neue, noch unerreichbarere." Transgressionsbewegung und Entgrenzung scheinen insofern auch befreiend zu sein, als sie eben keinerlei Barrieren mehr vorfinden und eine ‚andere' als die gewohnte Existenzweise zu ermöglichen scheinen. So erklären sich die über das Räumlich-Topographisch hinweggehende Unendlichkeit und Offenheit der Wege – „Alle Wege sind uns noch offen." Dies ist eine Verheißung, die wiederum durch Annullierung von Ferne erst eröffnet ist. Und selbst wenn die Irrwege vom Engel aufgezeigt worden sind – eine derartige Raumordnung gestattet eine Symbolik, die noch Verheißungen verspricht. So wie das „Reisen um die Welt" bei Kleist noch Hoffnung auf Rückkehr ins Paradies offen hält – „Doch das Paradies ist verriegelt und der Cherub hinter uns; wir müssen die Reise um die Welt machen, und sehen, ob es vielleicht von hinten irgendwo wieder offen ist."[102]) –, und so wie die Romantik „ein freies, unendliches Reisen nach dem Himmelreich" zwar nicht für die Philister, wohl aber für das „Leben der Poetischen" [103]) möglich sieht, so sind die offenen Wege Schwarzenbachs durchaus utopisch besetzt.

Allerdings ist die Verkündung des Paradieses in eine Obdachlosigkeit verlagert, die absoluten Heimatverlust markiert: „Ich hätte alle Berufe ausüben können. In allen Städten wohnen. In allen Ländern beheimatet sein." (GT 76) äußert der Protagonist in ›Das glückliche Tal‹, aber dies verbleibt in nur konjunktivischer Aussage und bekräftigt so den Heimatverlust. Als Erinnerungsmarkierung lebt aber das Raumbild von Weg und Straße. Die letzte der zehn Erzählung von ›Die vierzig Säulen der Erinnerung‹ beginnt mit dem Satz: „Die Reise ist zu Ende." und schließt: „Ich finde das Wort nicht, liebes Herz, – und muss jetzt die Feder weglegen. Erinnerst du dich an die Strasse, die im Norden gerade und schimmernd wie ein Pfeil immer vorauslief, durch unaufhörliche Dämmerungen?"[104])

Dass es ‚andere' sind, die vielleicht einen ‚Weg' wissen, wenn sie ihn auch „nicht verraten"; legt eine Passage aus Annemarie Schwarzenbachs später Erzählung ›Die zärtlichen Wege, unsere Einsamkeit‹ nahe, wo der Titel bereits auf eine ganz positiv besetzte Wege-Metaphorik deutet und wo es heißt:

Der Andere aber, der in meine Nähe gerät, der Freundliche, der mich anhört, Rede fordert und Antwort und sich selbst der Sprache nur ungern und selten bedient, den Blick auf mich richtet, so

---

[102]) Heinrich von Kleist, Über das Marionettentheater, in: Ders.: Sämtliche Werke und Briefe, hrsg. von Helmut Semdner, 7. Aufl., München 1987, Bd. 2, S. 338–345, hier: S. 342.

[103]) Joseph von Eichendorff, Ahnung und Gegenwart, in: Werke, Nach den Ausg. l. Hd. unter Hinzuziehung der Erstdrucke hrsg. von Ansgar Hillach, 3 Bde., München 1970ff., Bd. 2, S. 37. (Hinweis bei Koschorke, Die Geschichte des Horizonts, zit. Anm. 85, S. 406, Anm. 6.)

[104]) Schwarzenbach, Die vierzig Säulen der Erinnerung (zit. Anm. 55).

beharrlich, langmütig, denn ich bin für ihn nichts, bin schon durchsichtig wie Glas, jedes meiner Worte weiss er, die ich nun hervorbringen soll – „ich bin schon zerbrochen" – schon aufgelöst im Schmelz deines wunderbar im Unendlichen verharrenden Blicks? – Er, der den Schrei hört, aus Lüge und Sehnsucht gemischt, der durch meinen doch greifbaren und unverletzten Leib und durch farbige, gleitende, von Morgenröte und Feuern angehauchte Wolkenbetten hindurch, sein Auge auf jenen wohl paradiesischen Bergen ruhen lässt, – ja, er also ist es, er lässt meinen Schrei verhallen, und wenn mir die Zunge gelähmt ist und ich die Hand noch heben möchte, er wird auch meine Hand nicht ergreifen, zu meinem Trost kam er nicht, nur zufällig, und wird mir den Weg nicht verraten. Ich sehe ihn, wie schon einmal, davon gehen, unbeschwert durch lange Dämmerungen, und werde ihn wieder erkennen, immer, – während meine erstarrten Finger sich falten, meine leere Hand sich füllend zur Faust ballt, mein nur wie im Traum und durch Nachtfrost gelähmter Körper sich regt.[105])

Aber derartig „zärtliche Wege" bleiben jenen Figuren Annemarie Schwarzenbachs, die sie auf die Reise zur Erkundung von Identität schickt, verschlossen. Die Weg-Metapher wird bis zum Ende ausgereizt und der Raumkonfiguration eine letzte Volte hinzugefügt: „Irrwege" – diese erscheinen als das eigentliche Sujet von ›Das Glückliche Tal‹.[106])

7. Namen, Schreiben

Die topographischen Störungen und die raumzeitlichen Transgressionen erfordern und ermöglichen die Suche nach einer neuen Sprache: Annemarie Schwarzenbach betreibt Sprachreflexion, die sich auf die Tradition der großen Sprachkrise-Debatten um 1900 zurückführen lassen und die deutliche Spuren noch in ihrem Spätwerk, so dem ›Wunder des Baum‹, hinterlassen haben.[107]) Dort heißt es gleich auf den ersten Seiten: „das Wort, [...] wie würde es je möglich sein, den Sinn eines Wortes ganz zu ermessen, und es unverfälscht, ungestraft zu gebrauchen? – Schlich sich nicht, sobald der Mensch die Stimme und Hand erhob, die Lüge ein?"[108]) In Schwarzenbachs Orienttexten wird die Frage nach der Benennbarkeit von Orten, nach ihren Namen, werden aber auch Fragen der Namenlosigkeit auffällig oft gestellt, und dies führt zurück zum Problem ihres Schreibens überhaupt. In diesem Zusammenhang hat Sofie Decock mit Recht darauf hingewiesen, dass „wegen der Verbannung aus dem Symbolischen, d. h. wegen der Fremdheit und Sprachlosigkeit in der eigenen Kultur [...] der Drang, das Paradies und die Ursprache zu finden, umso größer (ist)."[109]) Im Kontext der Fremdheit, der am Beispiel der ‚Ortlosigkeit'

---

[105]) Annemarie Schwarzenbach, Die zärtlichen Wege, unsere Einsamkeit, unveröff., Typoskript, im Schweizerischen Literaturarchiv (SLA), Bern.

[106]) So in einem ursprünglich als Vorrede für ›Das Glückliche Tal‹ gedachten Text, in: Schwarzenbach, Tod in Persien (zit. Anm. 87), S. 9.

[107]) Vgl. Walter Fähnders, Die literarischen Anfänge von Annemarie Schwarzenbach, in: Annemarie Schwarzenbach. Analysen und Erstdrucke (zit. Anm. 2), S. 45–62, bes. S. 45–50.

[108]) Schwarzenbach, Das Wunder des Baums (zit. Anm. 93), zit. nach Fähnders, Die literarischen Anfänge von Annemarie Schwarzenbach (zit. Anm. 107), S. 45.

[109]) Decock, Der Engel des Demawend (zit. Anm. 10), S. 164.

der Wege und Straßen erläutert wurde, ist die vorgefundene Topographie, sind die oben zitierten Landkarten „unbrauchbar". Nicht die Topographie zählt:

Einmal [...] lehrte man uns, die Erdkarte zu lesen, da wimmelte es von Namen, von Meeren und Flüssen, von großen Straßen, welche die großen Städte miteinander verbinden. [...] Ich für meinen Teil habe schon damals, als ich die Namen der Städte lernen mußte, an ihrer Existenz gezweifelt. (GT 11)

Walter Benjamin schreibt über Paris, es genüge, einen Blick auf den Stadtplan zu werfen: „ganze Viertel erschließen ihr Geheimnis in ihren Straßennamen".[110]) Dass Schwarzenbach vom „Geheimnis der Namen" schwärmt und danach sucht, „ein Ziel [zu] haben und es beim Namen nennen" und damit „ankommen" zu können – davon war bereits die Rede. Für Annemarie Schwarzenbach gilt, ‚Namen' nicht bloß als Signifikat zu fassen, es gilt vielmehr, „die Namen", „die magischen Namen" wirklich zu „erreichen" (GT 12), es geht um „magische Namen, magische Anblicke, tausend Magien" (GT 35), sowie auch darum, jemandem „das magische Wort anzuvertrauen" (GT 107), kurz: „Magie der Namen" (GT 7). Es geht also um die Signifikanten und um eine magisches Spiel mit ihnen, nicht um ihre Referenzen: „Man müsste Namen beschwören, [...] Städte aus dem Schlaf wecken" (GT 29). Insofern sind „Namen mehr als geographische Bezeichnungen, sind Klang und Farbe, Traum und Erinnerung, sind Geheimnis, Magie" – wie die Namen, also die Signifikanten „Pamir, Hindukusch, Karakorum".[111]) Oder: „Das Wort Kaschmir allein genügte, um Träume zu wecken [...]."[112])

Darin gründet auch die wieder formulierte Abwehr von Namen – „Keine Namen" (GT 45) –, die wiederholte Behauptung, dass Namen nichts gelten – „Ach, fragt nicht immer, behaltet eure Kenntnisse, Namen, Ratschläge".[113]) Sie ist spiegelbildliche Kehrseite jener Selbstreflexionen, in denen es um das eigene Schreiben geht:

Ach, wenn ich nur die richtigen Worte finden könnte! – Wenn ich mich nur noch einmal erinnern, und gerecht sein könnte wie ein Augenzeuge! – Ich denke oft, es sei um die Sprache schlecht bestellt. Jeder redet und redet und wendet sich an den Nächsten, den ersten Besten, – und ist nachher ärmer, allein wie ein Hund, denn seine eigentliche Not verschweigt man doch. Die Kunst des Schweigens, die allerdings haben wir in Tashkur-gan gelernt.[114])

Dazu korrespondierend die Verweigerungshaltung:

[...] daß meine Sprache nicht verstanden werden darf! – Ich will kein Gehör finden, meine Lieder sollen verhallen, kein Orakel soll mir antworten, keine eleusischen Mysterien mir enthüllt werden,

---

[110]) Walter Benjamin, Paris, die Stadt im Spiegel, in: Ders., Gesammelte Schriften (zit. Anm. 58), Bd. IV/1, S. 357.

[111]) Annemarie Clark, Dreimal der Hindukusch, in: Schwarzenbach, Alle Wege sind offen (zit. Anm. 24), S. 54–61, hier: S. 54.

[112]) Annemarie Clark, Mobilisiert in Kabul ... (zit. Anm. 72), S. 224.

[113]) Annemarie Clark, Die Reise nach Ghasni, in: Die Weltwoche, 16. Februar 1940, Nr. 327, S. 11; wieder in Schwarzenbach, Alle Wege sind offen (zit. Anm. 24), S. 96–100, hier: S. 99f.

[114]) Clark, Turkestan, vergessene Tage (zit. Anm. 96).

der Rauch meiner Opfer soll nicht aufsteigen. Keine Opfer mehr, kein Altäre, keine Hymnen – ich nähere mich der Stummheit der Kreatur ... (GT 95).

Das Motiv des Verstummens, des Schweigens, ist spätestens seit Hugo von Hofmansthals ›Chandos‹-Brief authentischer Teil der Sprachkrisendebatte und der Moderne überhaupt. Annemarie Schwarzenbach schreibt einmal von der „unsägliche[n] Mühe, ein Wort zu finden, das ohne Lüge wäre, und ich ertappe mich immer wieder bei dem heimlichen Wunsch, wortlos aufzuschreien, *es sei vergebens,* – denn worum ringe ich so, ohnmächtig, um welchen Menschensprache?“[115]) Damit bestätigt sie – wie ja der Lord Chandos selbst es auch tut, der erlesene Metaphern, so das berühmte Bild von den im Munde zerfallenden Pilzen, einzusetzen weiß –, dass sie durchaus zu „schreiben“ vermag, trotz aller formulierten Einschränkungen oder Skrupel: „Ich weiss, dass ich es niemandem werde begreiflich machen können. Auch was ich hier geschrieben habe, ist völlig nutzlos [...]“[116]). Wenn sich das Schreiben hier selbst dementiert, so ist das authentischer Teil des Schreibens in der Moderne, das ihr Krisenbewusstsein auch als Sprachbewusstsein formuliert – „Alles schon einmal gesagt, alles überstanden, ich möchte jetzt mein Gesicht vergraben und schweigen. Wenn ich trotzdem diesen Namen [!] beschwöre und liebe, so ist es vielleicht, weil nichts ihn beschwert [...]“.[117])

Und noch die Sprache, die „nicht verstanden werden darf“ (GT 95), ist darauf aus, „das letzte Wort [zu] verraten, das unaussprechlich ist“.[118]). Wenn es im ›Glücklichen Tal‹ heißt: „ich lerne eine neue Sprache“ (GT 63), dann markiert dies eine letzte Transgressionsanstrengung, die derjenigen der transgressiven Topographie verwandt ist. Gegen ein tatsächliches Verstummen formuliert Annemarie Schwarzenbach jene Gewissheit, dass sie als eine „um jeden Preis“ schreibende Autorin – für die leben schreiben ist – ihre Sprache dennoch findet: „Mir bleibt die Magie, der Name, das wunderbar berührte Herz.“[119])

---

[115]) Annemarie Schwarzenbach, Therapia (ursprünglich vorgesehen für: Die vierzig Säulen der Erinnerung (zit. Anm. 55). Nicht identisch mit einem anderen gleichnamigen Text (zit. Anm. 117)

[116]) Schwarzenbach, Tod in Persien (zit. Anm. 87), S. 118.

[117]) Annemarie Clark, Therapia, in: National-Zeitung, 3. April 1940, Nr. 154, Abendblatt, S. 2, wieder in: Schwarzenbach, Alle Wege sind offen (zit. Anm. 24), S. 14–18, hier: S. 18

[118]) Annemarie Schwarzenbach, Marc, unveröff., Typoskript, im Schweizerischen Literaturarchiv (SLA) Bern, S. 6.

[119]) Clark, Dreimal der Hindukusch (zit. Anm. 111), S. 54.

INGEBORG BACHMANN UND HANNAH ARENDT UNTER MÖRDERN UND IRREN

Von Marie Luise Wandruszka (Bologna)

> Keine Lebensweisheit, keine Analyse, kein Resultat, kein noch so tiefsinniger Aphorismus kann es an Eindringlichkeit und Sinnfülle mit der recht erzählten Geschichte aufnehmen.
>
> Hannah Arendt

1.

Bachmanns Erzählung ›Unter Mördern und Irren‹ handelt nicht direkt von den furchtbarsten Jahren, von der Naziherrschaft, von der Shoa, doch bildet all dies den Hintergrund für einen ganz bestimmten Moment: Wenn die ehemaligen Opfer und die ehemaligen Henker oder Mitläufer daran gehen, österreichische Gesellschaft und Staat aufzubauen und eine ungute Allianz zwischen wichtigen Teilen dieser beiden Gruppen entsteht, die das öffentliche Erzählen des gerade Vergangenen verhindert. Es ist dies eine Situation, die die junge Bachmann als die leidenschaftlich politisch interessierte Intellektuelle, die sie war, selbst im Nachkriegswien erlebt hatte[1]), und die sie nun – die Erzählung erscheint 1961 – versucht zu rekonstruieren, als „eine Geschichte unter vielen Geschichten", wie Hannah Arendt sagen würde.[2])

„Ich habe nie daran gezweifelt, dass es jemand geben müsse, der ist, wie Sie sind, aber nun gibt es Sie wirklich, und meine ausserordentliche Freude darüber wird immer anhalten" – so Ingeborg Bachmann in einem Brief an Hannah Arendt vom 16. August 1962, nach einem Treffen in New York im Juni desselben Jahres. Die Bachmann hofft auf eine neuerliche Zusammenkunft, von der aber, so Sigrid Weigel, „nichts bekannt" ist, und die wahrscheinlich wegen persönlicher Schwierigkeiten beider – Nebeneffekte der Trennung Bachmanns von Max Frisch und

---

[1]) Siehe dazu Hans Höller, Ingeborg Bachmann (= rororo-Monographie), Reinbek bei Hamburg 1999, S. 40–56.

[2]) Hannah Arendt, Gedanken zu Lessing. Von der Menschlichkeit in finsteren Zeiten (= Lessingpreis-Rede 1959), in: Hannah Arendt, Menschen in finsteren Zeiten, hrsg. von Ursula Ludz, München und Zürich 1989, S. 17–48, hier: S. 38. Auch das Exergo findet sich dort.

SPRACHKUNST, Jg. XXXVIII/2007, 1. Halbband, 55–66

Krankheit von Arendts Mann Heinrich Blücher – nicht zustande kam. In diesem Brief fragt Bachmann auch nach Arendts Eichmann-Buch, sie wird dann von dieser Piper als Übersetzerin von ›Eichmann in Jerusalem‹ vorgeschlagen, doch Ingeborg Bachmann lehnt wegen unzureichender Englischkenntnisse ab.[3])

Obwohl sich die zwei Frauen also nie mehr gesehen haben, gibt Bachmanns Bibliothek – in der sich, Robert Pichl zufolge, ›Rahel Varnhagen‹ (1959), ›Die Ungarische Revolution und der totalitäre Imperialismus‹ (1959), ›Über die Revolution‹ (1963), ›Vita activa oder Vom tätigen Leben‹ (o. J.), ›Wahrheit und Lüge in der Politik‹ (1972) finden[4]) – Aufschluss über ein anhaltendes Interesse an Arendts Denken. Wenn wir dazu einige Texte Bachmanns lesen, die *vor* dem New Yorker Treffen entstanden sind, dann wird die im Brief ausgedrückte große Freude verständlich. Es gab da wirklich eine sehr starke intellektuell-politische Wahlverwandtschaft.

Diese möchte ich nun versuchen zu konkretisieren, anhand eines Vergleich der Erzählung ›Unter Mördern und Irren‹, an der Bachmann noch 1960 arbeitete, und des Fragments ›Auf das Opfer darf sich keiner berufen‹, das sehr wahrscheinlich während derselben Zeit entstanden ist, mit einigen Gedanken Hannah Arendts, die diese in Texten der Jahre 1945–1960 formulierte und dann in ›Eichmann in Jerusalem‹ entwickelte.

2.

Die Erzählung ›Unter Mördern und Irren‹ spielt in Wien: „Wir sind in Wien, mehr als zehn Jahre nach dem Krieg. ‚Nach dem Krieg' – dies ist die Zeitrechnung".[5]) Das „wir" ist eine Männer-Gruppe, die sich jeden Freitagabend im Kronenkeller trifft, um zu trinken, rauchen und reden, was, wie zu Beginn der Erzählung hervorgehoben wird, eine generelle Praxis der „Männer" ist, auf die ihre an Haus und Kind gebundenen Frauen mit Ressentiment reagieren:

> Mit den Gefühlen des Opfers lagen die Frauen da, mit aufgerissenen Augen in der Dunkelheit, voll Verzweiflung und Bosheit. Sie machten ihre Rechnungen mit der Ehe, den Jahren und dem

---

[3]) Eine Fotokopie des Briefes findet man in BARBARA HAHN, MARIE LUISE KNOTT (Hrsgg.), Hannah Arendt – „Von den Dichtern erwarten wir die Wahrheit". Ausstellung Literaturhaus Berlin, Berlin 2007, S. 107. – Alle anderen Informationen zur Bekanntschaft Bachmann-Arendt entnehme ich SIGRID WEIGEL, Ingeborg Bachmann. Hinterlassenschaften unter Wahrung des Briefgeheimnisses, Wien 1999, S. 462–464. – Andreas Stuhlmann geht anhand von Bachmanns Funkessay über Proust (1958) und ihrer Kriegsblinden-Rede (1959) den Korrespondenzen mit den gleichzeitigen Werken Hannah Arendts (vor allem der Lessingpreis-Rede von 1959) nach. ANDREAS STUHLMANN, „Tapferkeit vor dem Freund". Zu Korrespondenzen im Schreiben Ingeborg Bachmanns und Hannah Arendts, in: Andreas Stuhlmann (Hrsg.), Language – Text – Bildung, Frankfurt/M. u. a. 2005, S. 103–122.

[4]) WEIGEL, Ingeborg Bachmann (zit. Anm. 3), S. 464, Anm.

[5]) INGEBORG BACHMANN, Unter Mördern und Irren, in: CHRISTINE KOSCHEL, INGE VON WEIDENBAUM, CLEMENS MÜNSTER (Hrsgg.), Ingeborg Bachmann, Werke, München und Zürich 1978, Band 2, S. 159–186, hier: S. 159. (Im Folgenden zitiert mit Sigle MI plus Seitenangabe.)

Wirtschaftsgeld, manipulierten, verfälschten und unterschlugen. [...] Und im ersten Traum ermordeten sie ihre Männer, ließen sie sterben an Autounfällen, Herzanfällen und Pneumonien [...]. Sie weinten um ihre ausgefahrenen Männer und beweinten endlich sich selber. Sie waren angekommen bei ihren wahrhaftigsten Tränen. (MI 160)

Die Frauen fühlen sich als Opfer, sind boshaft und verzweifelt, während die Männer, „auf ihrer eigenen Spur" (MI 159), ihnen und den Familien entfliehen: „Wir [...] jagen das Beste, was wir verloren haben, wie ein Wild".[6]) Diese gegensätzlich/komplementäre Anfangskonstellation von weiblich-familiärer privater Welt und männlichem Reden und Meinen ist m. E. politisch relevanter als manch ein Interpret es wahrhaben will, sie ist dies, wie wir sehen werden, in einem Hannah Arendt verwandten Sinne.

Die Gruppe besteht aus fünf älteren Männern (Haderer, Bertoni, Ranitzky und Hutter sind Ex-Nazis, oder zumindest Mitläufer, Mahler dagegen „hatte das Gedächtnis eines gnadlosen Engels, zu jeder Zeit erinnerte er sich; er hatte einfach ein Gedächtnis, keinen Haß, aber eben dies unmenschliche Vermögen, alles aufzubewahren und einen wissen zu lassen, daß er wußte", MI 167), zwei jüngeren (das Ich und Friedl) und zwei Juden, die aber an diesem Karfreitagabend abwesend sind, denn Steckel ist „wieder einmal" krank und Herz ist in London, „um seine endgültige Rückkehr nach Wien vorzubereiten" (MI 161).

Aufgrund der Abwesenheit der beiden Juden, „vielleicht aber auch nur, weil das Gespräch einmal wahr werden mußte", beherrschen an diesem Abend Haderer und Hutter das Gespräch, und sie sprechen vom Krieg, sie „tauchten ein in die Erinnerung an den Krieg, sie wühlten in der Erinnerung" (MI 161), und Haderer verkündet schließlich: „Ich möchte nichts missen, diese Jahre nicht, diese Erfahrungen nicht" (MI 169). Für beide ist der Krieg ein Faszinosum, etwas was in Gegenwart der ehemaligen Opfer, der zwei Juden, nicht zu Wort kommen konnte. Beider Identität ist aber nun, im Nachkriegs-Wien, nicht mit ihren Kriegstaten in Einklang zu bringen. Ebenso wenig, wenn auch spiegelbildlich verkehrt, wie die des nun kaltblütigen Mahler, der im ersten Weltkrieg nach zwei Selbstmordversuchen in die Nervenheilanstalt eingeliefert wurde:

Alle operierten sie also in zwei Welten und waren verschieden in beiden Welten, getrennte und nie vereinte Ich, die sich nicht begegnen durften. Alle waren betrunken jetzt und schwadronierten und mußten durch das Fegefeuer, in dem ihre unerlösten Ich schrieen, die liebenden, sozialen Ich mit Frauen und Berufen, Rivalitäten und Nöten aller Art. (MI 171f.)

Diese (anstrengende) bürgerlich-familiäre Existenz – zu der auch die „Schlafzimmergruft" gehört, das „Gefängnis", „in das wir doch jedes Mal erschöpft und friedfertig zurückkehrten, als hätten wir unser Ehrenwort gegeben" (MO 161) – hat ihre notwendige Kehrseite in dem fürchterlichen (und faszinierenden) Irrsinn des Krieges. Das Zusammenspiel dieser beiden getrennten Welten strukturiert die Erzählung. Nur der dazustoßende „Mörder", ein Patient Mahlers – „sein Blick war kalt und tot" (MI 179) – durchbricht auf radikal-paradoxe Weise diese binäre

---

[6]) Ebenda.

Struktur, indem er seine Geschichte erzählt, die Geschichte eines Mörders, der auf der Suche nach einem Opfer für seine Hass, gerade im Krieg, in Montecassino, niemanden „ermorden“ kann:

Die anderen hatten es leicht, sie erledigten ihr Pensum, sie wußten meist nicht, ob sie jemand getroffen hatten und wie viele, sie wollten es auch nicht wissen. Diese Männer waren ja keine Mörder, nicht wahr?, die wollten überleben oder sich Auszeichnungen verdienen, sie dachten an ihre Familien oder an Sieg und Vaterland, im Augenblick übrigens kaum, damals kaum mehr, sie waren ja in der Falle. (MI 184)

3.

Diese normalen Familienväter verwendeten, um besser morden zu können, eine „blumige“, *das heißt* eine bürokratisierte Sprache: „›Ausradieren‹, ›aufreiben‹, ›ausräuchern‹“ (MI 183), und entsprechen damit exakt dem Phänomen, das Hannah Arendt schon in einem in den letzten Kriegsmonaten verfassten Artikel mit dem Titel ›Organisierte Schuld‹ beschrieben hatte. Dort kritisierte Hannah Arendt die „Kollektivschuldthese“ – diese wäre paradoxerweise ein Sieg der nationalsozialistischen Propaganda, die das ganze deutsche Volk mit den Nazis identifizierte – indem sie die Analyse auf eine „moderne internationale Erscheinung“ erweitert, die Verwandlung des „treusorgenden Hausvaters“, „der um nichts so besorgt war wie Sekurität“, in den „modernen Massenmenschen“, der die „Zweiteilung von Privat und Öffentlich, von Beruf und Familie“ so weit getrieben hat, dass er um dieser Sicherheit, „um der Pension, der Lebensversicherung, der gesicherten Existenz von Frau und Kindern“ willen, bereit war „Gesinnung, Ehre und menschliche Würde preiszugeben. [...] Die einzige Bedingung, die er von sich aus stellte, ist, daß man ihn von der Verantwortung für seine Taten radikal freisprach“.

Diesen neuen Typus Mensch verkörpert Hannah Arendt zufolge der Organisator der Massenmordmaschine Heinrich Himmler, der, im Unterschied zu Göbbels, Streicher, Göring oder Hitler, „mit allen Gewohnheiten des guten Familienvaters, der seine Frau nicht betrügt und für seine Kinder eine anständige Zukunft sichern will“ versehen, ebensolche Mitarbeiter brauchte, die, keine geborenen Mörder oder Sadisten, sich, „nachdem sie Gott nicht mehr fürchteten und ihr Gewissen ihnen durch den Funktionscharakter ihrer Handlungen abgenommen war, nur noch ihrer Familie verantwortlich“ fühlten. „Dieser Spießer ist der moderne Massenmensch, betrachtet nicht in seinen exaltierten Augenblicken in der Masse, sondern im sicheren oder vielmehr heute so unsicheren Schutz seiner vier Wände“.[7])

In Bachmanns Erzählung geht es um Krieg, die Vernichtungslager bleiben im Hintergrund, doch die radikale „Zweiteilung von Privat und Öffentlich, von Beruf und Familie“[8]) bildet die Voraussetzung für das Eintauchen in die Erinnerung an

---

[7]) Hannah Arendt, Organisierte Schuld, in: Dies., In der Gegenwart. Übungen im politischen Denken II, hrsg. von Ursula Ludz, München und Zürich 2000, S. 26–37, die Zitate befinden sich auf S. 33ff.

[8]) Ebenda, S. 36.

die „exaltierten Augenblicke". Und nicht nur das. Diese Zweiteilung betrifft die ehemaligen Soldaten, die vor ihren Familien fliehen, um sich nostalgisch in den Krieg zurück zu versetzen, aber auch den jungen Friedl, der als Entschuldigung für die sehr wahrscheinlichen zukünftigen Kompromisse mit dem auf falschen Versöhnungen und ungebrochenen Seilschaften beruhenden System Haderers seine Familie und seine drei Kinder anführt.

4.

Ein zentraler Moment der Erzählung ist der Dialog zwischen Ich und Friedl, die sich angewidert in den Waschraum des Kronenkellers geflüchtet hatten. Das Ich überlegt: „Damals, nach 45, habe ich auch gedacht, die Welt sei geschieden, und für immer, in Gute und Böse, aber die Welt scheidet sich jetzt schon wieder und wieder anders" (MI 173). Die Antwort, die der Bruder von Herz in London Friedl gegeben hatte – „Ich werde dieses Land nie mehr betreten. Ich werde nicht unter die Mörder gehen" (MI 176) – überzeugt das Ich nicht:

> „Ich verstehe es, ich verstehe ihn sogar besser als Herz. Obwohl –", sagte ich langsam, „so geht es eigentlich auch nicht, nur eine Weile, nur so lange das Ärgste vom Argen währt. Man ist nicht auf Lebenszeit Opfer. So geht es nicht". (MI 176)

Hannah Arendt wäre sicherlich mit diesem Zweifel einverstanden, und zwar in zwei Richtungen: Erstens weigert sie sich zu glauben, dass die Verbrechen der Nationalsozialisten nur etwas Deutsches seien. Gerade ihre Analyse des modernen Massenmenschen führt zu der Mahnung: „Wir täten gut daran, ihn nicht im blinden Vertrauen, daß nur der deutsche Spießer solch furchtbarer Taten fähig ist, allzusehr in Versuchung zu führen".[9]) Wenn sie Deutsche traf, welche erklärten, dass sie sich schämten, Deutsche zu sein, hat sie sich immer versucht gefühlt, ihnen zu antworten: „daß ich mich schämte, ein Mensch zu sein". Für sie ist die Tatsache zentral, dass diese „grundsätzliche Scham, die heute viele Menschen der verschiedensten Nationalitäten miteinander teilen [...] bislang politisch in keiner Weise produktiv geworden" ist.[10]) An diesem Punkt müsste man ansetzen, denn diese Idee der Menschheit,

> gereinigt von aller Sentimentalität, hat politisch die sehr schwerwiegende Konsequenz, daß wir in dieser oder jener Weise die Verantwortung für alle von Menschen begangenen Verbrechen, daß die Völker für alle von Völkern begangenen Untaten die Verantwortung werden auf sich nehmen müssen.[11])

Zweitens postuliert Hannah Arendt, genau wie Ingeborg Bachmann, eine radikale Zäsur zwischen dem während „das Ärgste vom Argen währt" angemessenen Verhalten, und dem danach notwendigen. Ein Text, in dem diese Unterscheidung

---

[9]) Ebenda, S. 35.
[10]) Ebenda, S. 36.
[11]) Ebenda, S. 37.

definiert wird, ist die Rede zur Verleihung des Lessing-Preises vom Jahr 1959. Hannah Arendt führt dort ein sehr konkretes Beispiel an:

So wäre es unter den Verhältnissen des Dritten Reiches im Falle einer Freundschaft zwischen einem Deutschen und einem Juden nicht ein Zeichen von Menschlichkeit gewesen, wenn die Freunde gesagt hätten: Sind wir nicht beide Menschen? Damit wären sie der Wirklichkeit und der ihnen damals gemeinsamen Welt bloß ausgewichen; sie hätten sich nicht in der Verborgenheit und auf der Flucht vor ihr gegen sie gestellt. Im Sinne einer Menschlichkeit, welche die Wirklichkeit nicht wie den Boden unter den Füßen verloren hat, nämlich einer Menschlichkeit inmitten der Wirklichkeit der Verfolgung, hätten sie schon sagen müssen: ein Deutscher und ein Jude, und Freunde. Wo immer aber eine solche Freundschaft damals (natürlich nicht etwa heute!) gelang und in Reinheit, das heißt ohne falsche Schuldkomplexe auf der einen und ohne falsche Überheblichkeit oder Minderwertigkeitskomplexe auf der anderen Seite, durchgehalten wurde, war in der Tat ein Stück Menschlichkeit in einer unmenschlich gewordenen Welt verwirklicht worden.[12])

Die mit einem Rufzeichen versehene Parenthese – „(natürlich nicht etwa heute!)“ – mahnt zur Vorsicht. Vor einer Fixierung auf ethnische Identitäten, vor der ja schon in ›Organisierte Schuld‹ gewarnt wurde, aber auch vor eventuellen opportunistischen „Freundschaften“ zwischen einem „Juden“ und einem „Deutschen“ in der Nachkriegszeit, wie, in Bachmanns Erzählung, die von Haderer oder Ranitzky zur Schau gestellte „Freundschaft“ mit Herz, und vielleicht auch vor einer „falsche(n) Überheblichkeit“, wie die des in London bleibenden Bruders von Herz.

Damit kehren wir zum Kern der Erzählung zurück, zur erregten Diskussion zwischen Ich und Friedl im Waschraum. Sie waren vor den nostalgischen und begeisterten Reden Haderers und Hutters geflohen und fragen sich nun, warum sie wohl an diesen Abenden teilnehmen. Das Ich meint dazu:

Ich denke, daß wir alle miteinander leben müssen und nicht miteinander leben können. In jedem Kopf ist eine Welt und ein Anspruch, der jede andere Welt, jeden anderen Ausspruch ausschließt. Aber wir brauchen einander alle, wenn je etwas gut und ganz werden soll. (MI 174)

Dieser Wunsch nach Güte und Ganzheit ist von Craig Decker als Zeichen einer Suche nach Einheit und Stabilität um jeden Preis gelesen worden, was die Kompromisspolitik der Großen Koalition im Nachkriegsösterreich widerspiegeln würde: „the narrator's professed desire to make things "good and whole" is formally identical to the politics of the *Stammtisch* and the Grand Coalition which seeks unity and stability at all costs“.[13]) Doch das erzählende Ich ist überhaupt nicht kompromisslerisch, im Gegenteil. Es kritisiert ja die vorschnell wiederauflebende Freundschaft von Juden wie Herz mit den Ex-Nazis: „Weil er mitverhindert, daß wir mit ihm und noch ein paar anderen an einem anderen Tisch sitzen können“ (MI 175).

---

[12]) Arendt, Gedanken zu Lessing (1959) (zit. Anm. 2), S. 39f.

[13]) Craig Decker, „wenn je etwas gut und ganz werden soll“: Bachmanns ›Unter Mördern und Irren‹ and the Political Culture of the Stammtisch, in: Modern Austrian Literature 29 (1996), Nr. 3–4, S. 43–56, hier: S. 50.

Der Satz „wir brauchen einander alle, wenn je etwas gut und ganz werden soll" beinhaltet m. E. keine Sehnsucht nach einem Kompromiss, sondern einen politischen Vorschlag. Um Österreich sozial und politisch zu sanieren, müssten *alle* – die ehemaligen Nazis, die aus dem Exil Zurückkehrenden, und die Antinazis wie Mahler – die Kraft aufbringen, miteinander über das zu reden, was in den „finsteren Zeiten" geschehen ist, anstatt es möglichst schnell zu vergessen. (Ich glaube, dass Ingeborg Bachmann die Idee der ›Kommissionen zur Wahrheitsfindung und Versöhnung‹, die Nelson Mandela und Desmond Tutu in Südafrika eingeführt haben, gefallen hätte).[14])

Doch die Kraft, um diese offene Diskussion voranzutreiben, scheint in Österreich niemand gehabt zu haben. Und auch die zwei jungen Männer der Bachmann'schen Erzählung haben sie nicht. Ihr Gespräch konzentriert sich auf den Opferbegriff. Die Opfer (Friedls Großvater war ein Opfer der Monarchie, der Vater eines des klerikal-faschistischen Dollfußregimes, die Brüder wurden im Krieg als Deserteure erschossen) scheinen die einzige Orientierungshilfe zu sein. Doch so ist es dann doch nicht, denn wenn man auch „immer nur auf Seiten der Opfer" sein kann, so ergibt das nichts, „sie zeigen keinen Weg" (MI 177). Friedl ist mit Moral nicht geholfen:

> Wer weiß denn hier nicht, daß man nicht töten soll?! Das ist doch schon zweitausend Jahre bekannt. Ist darüber noch ein Wort zu verlieren? Oh, aber in Haderers letzter Rede, da wird noch viel darüber geredet, da wird das geradezu erst entdeckt, da knäuelt er in seinem Mund Humanität, bietet Zitate aus den Klassikern auf, bietet die Kirchenväter auf und die neuesten metaphysischen Plattitüden. (MI 177f.)

Der moralphilosophische Diskurs ist der Situation gänzlich unangemessen. Die Unfähigkeit des „Mörders", des Patienten Mahlers, als Soldat zu töten, war nicht in seiner Moral begründet, er war nicht ethischer als die anderen, er war nur anders, d. h. er gründete seine Handlungen auf sein Vorstellungsvermögen, und unter den „Russen" konnte er sich „überhaupt nichts vorstellen" – „Und man muß sich doch etwas vorstellen können" (MI 185).

Dem von Hannah Arendt analysierten Adolf Eichmann ging genau diese Eigenschaft, das Vorstellungsvermögen, gänzlich ab:

> Er hat sich [...], um in der Alltagssprache zu bleiben, niemals vorgestellt, was er eigentlich anstellte. Es war genau das gleiche mangelnde Vorstellungsvermögen, das es ihm ermöglichte, viele Monate hindurch einem deutschen Juden im Polizeiverhör gegenüberzusitzen, ihm sein Herz auszuschütten und ihm wieder und wieder zu erklären, wie es kam, daß er es in der SS nur bis zum Obersturmbannführer gebracht hat und daß es nicht an ihm gelegen habe, daß er nicht vorankam. [...] er war nicht dumm. Es war gewissermaßen schiere Gedankenlosigkeit – etwas, was mit Dummheit keineswegs identisch ist – [...]. Daß eine solche Realitätsferne und Gedankenlosigkeit in einem mehr Unheil anrichten können als alle die dem Menschen vielleicht

---

[14]) Andrew O'Hagan, Sudafrica. Perdonare per non dimenticare, in: Internazionale 5 (1997), Nr. 211, S. 17–24.

innewohnenden bösen Triebe zusammengenommen, das war in der Tat die Lektion, die man in Jerusalem lernen konnte.[15])

Am Ende der Erzählung hört der „Mörder", der während des Krieges in einer Nervenheilanstalt „geheilt" wurde, also nicht mehr von der Obsession besessen war, jemanden zu töten, im Nebenzimmer ehemalige Frontkämpfer Kriegslieder grölen. Er steht auf und geht zu ihnen. Weder der Erzähler, noch der Arzt Mahler halten ihn auf, und der „Mörder" wird von den betrunkenen Heimkehrern getötet. Dieser verhinderte Mörder ist natürlich eine paradoxe Gestalt, „grotesk" nennt sie zu Recht Andrea Stoll[16]), fast eine Allegorie, deren Funktion darin besteht, die Normalität der anderen, der wirklichen, der „gesunden" Mörder darzustellen. In seinem ansonsten sehr interessanten und reichhaltigen Buch ›NS-Zeit und literarische Gegenwart bei Ingeborg Bachmann‹ macht Holger Gehle aus dem Patienten Mahlers einen „deutschen Mörder", der dazu diene, das Kriegsende (und das Ende von Auschwitz) zu metaphorisieren, was „historisch und moralisch fragwürdig" sei[17]).

Die logische Struktur der Erzählung ist, daß unter Abwesenheit der von den Nazis zur Opferung vorgesehenen Juden die Wahrheit des deutschen Kollektivs zu Tage tritt: als Wille zur Selbstzerstörung, weil die vollendete Mordung der *anderen* geschichtlich verhindert wurde. Der deutsche Mörder ‚konnte' nicht mehr schießen.[18])

Doch der „Mörder" ist keine Metapher, und er ist sicherlich nicht Teil des „deutschen Kollektivs" (das ja auch überhaupt nicht selbstzerstörerisch ist, sondern ganz gemütlich karrieristisch). Er ist das groteske Gegenteil zu Haderer & Co, und dient dazu, ganz im Sinne Hannah Arendts, die Normalität der realen Mörder zu unterstreichen.

Nachhause zurückgekehrt entdeckt das Ich Blutspuren an seiner Hand:

Ich erschauerte nicht. Mir war, als hätte ich durch das Blut einen Schutz bekommen, nicht um unverwundbar zu sein, sondern damit die Ausdünstungen meiner Verzweiflung, meiner Rachsucht, meines Zorns nicht aus mir dringen konnten. Nie wieder. Nie mehr. Und sollten sie mich verzehren, diese hinrichtenden Gedanken, die in mir aufgestanden waren, sie würden niemanden treffen, wie dieser Mörder niemand gemordet hatte und nur ein Opfer war – zu nichts. Wer aber weiß das? Wer wagt das zu sagen? (MI 186)

---

[15]) Hannah Arendt, Eichmann in Jerusalem. Ein Bericht von der Banalität des Bösen, aus dem Amerikanischen von Brigitte Granzow, mit einem einleitenden Essay von Hans Mommsen, München und Zürich 1986, S. 56f. – Zur politischen Bedeutung der Vorstellungskraft im Denken Hannah Arendts siehe die Einleitung von Paolo Costa zu dem von ihm herausgegebenen Band Hannah Arendt, Antologia. Pensiero, azione e critica nell'epoca dei totalitarismi, Milano 2006, S. XXIX–XXXVII.

[16]) Andrea Stoll, Erinnerung und Schreibprozess. Zur ästhetischen Relevanz subjektiver und kollektiver Erinnerungsformen im Werk Bachmanns, in: Dirk Göttsche und Hubert Ohl (Hrsgg.), Ingeborg Bachmann – Neue Beiträge zu ihrem Werk. Internationales Symposium, Münster 1991, S. 225–238.

[17]) Holger Gehle, NS-Zeit und literarische Gegenwart bei Ingeborg Bachmann, Wiesbaden 1995, S. 157f., Anm. 158.

[18]) Ebenda, S. 157f.

Der Tod des „Mörders“ wird vom Ich als Mahnung aufgefasst, die „hinrichtenden Gedanken“, seinen Wunsch, als Rächer aufzutreten zu unterdrücken. Doch was das Ich denkt ist nicht der einzige Sinn der Erzählung. An der Formulierung „Und sollten sie mich verzehren, diese hinrichtenden Gedanken“ fällt allen Interpreten (auch Decker und Gehle) zu Recht die Repression auf, die Unmöglichkeit, einen offenen Konflikt als Vorbedingung einer lebendigen politischen Öffentlichkeit hervortreten zu lassen.

Haderer, Bertoni, Ranitzky halten sich im Alltag zwielichtig versteckt. „Ganz deutlich wurde es nie, wie Haderer eigentlich darüber und über noch anderes dachte“ (MI 162). Bertoni: „Er setzte seine Sätze vorsichtig. Was er dachte, wußte niemand“ (MI 165). Ranitzky: „Mit einem eilfertigen Gesicht, dem Schöntuergesicht, das schon nicken wollte, ehe jemand Zustimmung erwartete“ (MI 166).

Nur der „Mörder“ handelt in dieser trüben Atmosphäre und ist deshalb eben nicht, wie das Ich denkt, „nur ein Opfer“. Er geht offensichtlich zu den randalierenden Frontsoldaten und sagt ihnen seine Meinung. Er macht alleine, was die Männergruppe gemeinsam auf produktivere Weise hätte machen können, wenn sie nicht von Haderers Opportunismus und dem unpolitischen Versöhnungswillen des abwesenden Herz schon von Anfang an gelähmt gewesen wäre (man kann aber auch an eine generell antikommunistische, durch den kalten Krieges begünstigte Übereinstimmung zwischen Haderer und Herz denken). Wo der Raum für politisches Handeln verschlossen ist, bleibt nur die demonstrativ-selbstzerstörerische Geste, wie jenes „Es lebe der König“ von Lucile in Büchners ›Dantons Tod‹, das so sehr Bachmanns Freund Paul Celan faszinierte.[19])

5.

Dass die zwei Fragen, die die Erzählung abschließen – „Wer aber weiß das? Wer wagt das zu sagen?“ – nicht eine bei oberflächlicher Lektüre sich anbietende Glorifizierung des Opfers beinhalten, dass das „wer wagt das zu sagen“ sich wortwörtlich auf das „zu nichts“-Sein des Opfers bezieht, das beweist das gleichzeitig mit der Erzählung verfasste Fragment ›Auf das Opfer darf sich keiner berufen‹. Hier „wagt“ Ingeborg Bachmann, hier „weiß“ sie etwas, was besonders für sie, deren Vater schon 1932 in die damals illegale NSDAP eingetretenen war[20]), schwer auszusprechen war, und was nur Hannah Arendt in denselben Jahren wagte, wusste und aussprach. Was aber für den in der Erzählung dargestellten kommunikativ-politischen Engpass von zentraler Bedeutung war und vielleicht heute noch ist.

> Es ist nicht wahr, daß die Opfer mahnen, bezeugen, Zeugenschaft für etwas ablegen, das ist eine der furchtbarsten und gedankenlosesten, schwächsten Poetisierungen.

---

[19]) Paul Celan, Der Meridian. Rede zur Verleihung des Büchner-Preises 1960, in Paul Celan, Gesammelte Werke in fünf Bänden, hrsg. von Beda Allemann und Stefan Reichert unter Mitwirkung von Rolf Bücher, Frankfurt/M. 1983, Bd. 3, S. 187–202.

[20]) Siehe Höller, Ingeborg Bachmann (zit. Anm. 1), S. 25.

Aber der Mensch, der nicht Opfer ist, ist im Zwielicht, er ist die zwielichtige Existenz par excellence, auch der beinahe zum Opfer gewordene geht mit seinen Irrtümern weiter, stiftet neue Irrtümer, er ist nicht „in der Wahrheit", er ist nicht bevorzugt. Auf das Opfer darf sich keiner berufen. Es ist Mißbrauch. Kein Land und keine Gruppe, keine Idee, darf sich auf ihre Toten berufen.

Aber die Schwierigkeit, das auszudrücken! Manchmal fühl ich ganz deutlich die eine oder andere Wahrheit aufstehen und fühle, wie sie dann niedergetreten wird in meinem Kopf von anderen Gedanken oder fühle sie verkümmern, weil ich mit ihr nichts anzufangen weiß, weil sie sich nicht mitteilen läßt, ich sie nicht mitzuteilen verstehe oder weil gerade nichts diese Mitteilung erfordert, ich nirgends einhaken kann und bei niemand.[21])

Es ist sehr verständlich, dass Ingeborg Bachmann, als sie Hannah Arendt traf, denken konnte, endlich jemand gefunden zu haben, bei dem sie „einhaken" konnte. Und das zweifach. Zum Ersten findet Bachmann mit Arendt eine Denkerin, die wie sie davon überzeugt war, dass das eben davongekommene Opfer nicht schon deshalb die politische Situation richtig einschätzt: „es ist nicht ›in der Wahrheit‹". Das wusste Hannah Arendt schon vor Kriegsende. Und das ist besonders interessant, weil sie selbst – wie Brecht, der ähnliche Ansichten vertrat und wie Thomas Mann, der dagegen die von ihr kritisierte Position einnahm – zu dieser Gruppe der aus Deutschland Geflüchteten gehörte:

Daß die aus Deutschland Geflüchteten, welche entweder das Glück hatten, Juden zu sein oder rechtzeitig von der Gestapo verfolgt zu werden, von dieser Schuld [Teil des deutschen Volkes zu sein, M. L. W.] bewahrt worden sind, ist natürlich nicht ihr Verdienst. Weil sie dies wissen und weil sie noch nachträglich ein Grauen vor dem Möglichen packt, bringen gerade sie in alle derartigen Diskussionen jenes unerträgliche Element der Selbstgerechtigkeit, das schließlich, bei Juden vor allem, nur in der vulgären Umkehr der Nazidoktrinen über sie selbst enden kann und ja auch längst geendet hat.[22])

In Hannah Arendt konnte Ingeborg Bachmann eine Frau finden, die sich im Angesicht der Verbrechen der Nationalsozialisten nicht mit ihrer Dämonisierung oder der der Deutschen tröstete, wie so viele Intellektuelle, sondern die über die Gründe des ethisch-politischen Niedergangs der Massen als Vorbedingung totalitärer Regime reflektierte. Und zu diesen Gründen rechnete sie auch die Privatisierung des Alltags, das Desinteresse für das Allgemeine, den Rückzug in die Familie. Den fremden Blick auf letztere teilt sie mit Ingeborg Bachmann. Und dies irritiert heute noch viele Kritiker, sowohl der Bachmann als auch der Arendt. Denn es fällt schwer, eine Gleichsetzung von Mördern mit fürsorglichen Familienvätern, wie sie ja heute noch und in allen Ländern der Welt existieren, zu akzeptieren. Doch gerade dieser normale Massenmensch – „der nicht Opfer ist" oder der „beinahe zum Opfer" geworden ist – ist, Barbara Agnese zufolge, das Ziel der dichterischen Enthüllung der Bachmann, „der normale Mensch, dem die sakrifizielle Logik seines eigenen Verhaltens nicht bewußt ist".[23])

---

21) Ingeborg Bachmann, Kritische Schriften, hrsg. von Monika Albrecht und Dirk Göttsche, München 2005, S. 351.

22) Anmerkung Arendts zu ihrem Artikel ›Organisierte Schuld‹ (zit. Anm. 7), S. 418f.

23) Barbara Agnese, Der Engel der Literatur. Zum philosophischen Vermächtnis Ingeborg Bachmanns, Wien 1996, S. 195.

Ingeborg Bachmann reflektiert über den Bezug dieses normalen Menschen zu den Opfern. Sie behauptet apodiktisch, dass das Sich-auf-die-Opfer-berufen ein Missbrauch sei, dass „kein Land und keine Gruppe, keine Idee", sich „auf ihre Toten" berufen dürfe. Hannah Arendt kritisiert in ihrem Buch über die ›Banalität des Bösen‹ den „nationalen" Ansatz des Eichmannprozesses:

> Weder im Verfahren noch im Urteil hat der Jerusalemer Prozeß je die Möglichkeit auch nur erwähnt, daß die Auslöschung ganzer Völker – der Juden, der Polen oder der Zigeuner – mehr als ein Verbrechen gegen das jüdische, oder das polnische Volk oder das Volk der Zigeuner sein könnte, daß vielmehr die völkerrechtliche Ordnung der Welt und die Menschheit im ganzen dadurch aufs schwerste verletzt und gefährdet sind.[24])

Arendt hatte ja, wie wir gesehen haben, schon vor Kriegsende vertreten, dass „die Völker für alle von Völkern begangenen Untaten die Verantwortung werden auf sich nehmen müssen". Hier wird ein Verhalten vorgeschlagen, das das Gegenteil des von der Bachmann kritisierten „Sicht-Berufens" ist. Wo das „Sicht-Berufen" auf identitäre Instanzen verengt, erweitert Arendts Begriff der politischen Verantwortung den Blick auf eine allen gemeinsame Welt.

6.

Doch Ingeborg Bachmann konnte auch noch in Bezug auf eine andere für sie charakteristische Haltung bei Hannah Arendt „einhaken": In Bezug auf den Appell an den Leser, der nicht nur für diese Erzählung, sondern für ihre ganze Poetik zentral ist. In der Lessingpreis-Rede, die in derselben Zeit entstanden ist, in der Bachmann an ›Unter Mördern und Irren‹ arbeitete, nimmt Hannah Arendt den damals vielgebrauchten Ausdruck „die Vergangenheit bewältigen" aufs Korn:

> Wie schwer es sein muß, hier einen Weg zu finden, kommt vielleicht am deutlichsten in der gängigen Redensart zum Ausdruck, das Vergangene sei noch unbewältigt, und in der gerade Menschen guten Willens eigenen Überzeugung, man müsse erst einmal daran gehen, „die Vergangenheit zu bewältigen". Dies kann man wahrscheinlich überhaupt mit keiner Vergangenheit, sicher aber nicht mit dieser. Das Höchste, was man erreichen kann, ist zu wissen und auszuhalten, daß es so und nicht anders gewesen ist, und dann zu sehen und abzuwarten, was sich daraus ergibt.[25])

Möglich und notwendig ist nur ein Erzählen in Form der „wiederholenden Klage". Diese „löst keine Probleme und beschwichtigt kein Leiden", doch ist sie die einzige Form, in der wir uns mit der Vergangenheit „abfinden" können. Eine Erinnerung solcher Art kann erst dann zu Wort kommen „wenn Empörung und gerechter Zorn, die uns zum Handeln antreiben, zum Schweigen kommen", „wenn das Handeln selbst zum Abschluß gekommen und als eine Geschichte erzählbar geworden ist". Der Dichter und der Geschichtsschreiber haben „die Aufgaben, dies Erzählen in Gang zu bringen und uns in ihm anzuleiten", doch ist dies etwas, was wir aus unserem eigenen Leben schon kennen, „denn auch wir haben ja das

---

[24]) Arendt, Eichmann in Jerusalem, (zit. Anm. 15), S. 400.
[25]) Dies., Gedanken zu Lessing, (zit. Anm. 2), S. 36.

Bedürfnis, „uns das, was in unserem Leben eine Rolle spielte, in die Erinnerung zu rufen, indem wir es nach- und uns vorerzählen. Dadurch bereiten wir das Dichten als eine menschliche Möglichkeit ständig vor".[26])

Wo wird nun in ›Unter Mördern und Irren‹, zehn Jahre nach dem Krieg, diese „rückwärts gewendete, erkennende Erinnerung nochmals in der Form des Erleidens"[27]) erfahren? Die Ex-Nazis am Tisch stürzen sich, dank der Abwesenheit der beiden Juden, mit Genuss in ihre Kriegserinnerungen, und ihr Erzählen wird endlich „wahr", d. h. es drückt ihre Wünsche und Selbstbilder aus (für Haderer z. B. ist der Krieg ein titanischer Ort, wo er, der in der Gegenwart absolut nicht kühn ist, anscheinend sehr tapfer gewesen ist, MI 171), doch offensichtlich gibt es in dieser Erinnerung weder ein Erleiden noch ein Erkennen. Im Gegenteil, ihre Vorstellungskraft, d. h. ihre Fähigkeit, sich die Folgen ihrer Taten (für die „Feinde", aber auch für sich selbst) konkret vorzustellen, bleibt ausgeschaltet, sie begeistern sich nur. Mahler, der – nur dem Ich – erzählt hatte, dass er während des Krieges „zwei Selbstmordversuche gemacht und bis zum Ende des Krieges [...] in einer Nervenheilanstalt" gewesen war (MI 171), kann diese Erfahrung nicht öffentlich machen, er kann nur, mit seinen Zwischenbemerkungen und mit seinen arroganten Blicken zu verstehen geben, dass er sich an alles erinnert und so die Ex-Nazis in eine ängstliche Verlegenheit versetzen. Der „Mörder" dagegen erzählt kalt und genau seine Lebensgeschichte, doch diese Erzählung schafft keinen gemeinsamen Raum, und es bleibt ihm nur die anarchistische, selbstzerstörerische Tat.

Doch die scharfsichtig mutige Dichterin war fähig, diese zwielichtige historisch-politische Situation so darzustellen, dass – Hannah Arendts *Homage* auf Faulkner auf Ingeborg Bachmann abwandelnd – „eine vorläufig fertige Erzählung", „ein Weltding unter anderen Weltdingen" entstehen konnte, das, „die innere Wahrheit des Geschehens so transparent in die Erscheinung brachte, daß man sagen konnte: Ja, so ist es gewesen".[28]) Eine Geschichte über das Stocken des erinnernden Erzählens, die dazu auffordert, es fortzusetzen.

---

[26]) Ebenda, S. 37.
[27]) Ebenda, S. 36f.
[28]) Ebenda, S. 36 und 38.

POSTMODERNES ERZÄHLEN AUF LEBEN UND TOD

Die Aporie der Zweideutigkeit in Brigitte Kronauers Roman ›Teufelsbrück‹

Von Anja Gerigk (München)

Handlungsreich und linear erzählt Brigitte Kronauer einen ihrer jüngsten Romane, ›Teufelsbrück‹ (2000). Deshalb mag zunächst nicht auffallen, dass hier das mit dem Büchnerpreis bedachte Gesamtwerk den Höhepunkt seiner Selbstreflexivität erreicht. Naiv hat die Autorin ohnehin nie geschrieben. Schon ihren ersten Erzählungsband, ›Vom unvermeidlichen Gang der Dinge‹ (1974), kommentiert sie mit einem poetologischen Klappentext, im Rückblick benennt Kronauer das Problem, mit dem sie sich als „angehende Schriftstellerin" auseinander setzte: „Ohne die Erfahrungen der Moderne zu verraten [...], wollte ich mich doch auf Geschichten, auf Anfang, Höhepunkt, Ende zubewegen."[1])

Für dieses Dilemma entwickelt sie sowohl eine ästhetische als auch eine theoretische Lösung. In Texten wie ›Strophen zu einer Beobachtung‹ oder ›Vorkommnisse mit geraden und ungeraden Ausgängen‹[2]) wird je ein „schlichtes literarisches Muster" verwendet und „zugleich, durch Wiederholung, als Serie transparent" gemacht, ein „Raster über der Wirklichkeit"[3]). Jene Technik führt zu Kronauers Theorie der anthropologischen Funktion von Literatur: Jeder Mensch strukturiert sich die sonst unerträglich komplexe Wirklichkeit mit Hilfe literarisch-narrativer Ordnungsformen. Im Debütroman ›Frau Mühlenbeck im Gehäus‹ (1980) literarisiert die Titelgestalt ihr Leben zur Erzählung in didaktischen Anekdoten, konstruiert dabei die Einheit der Handlung und des (eigenen) Charakters.

Folgerichtig wendet die Autorin die „Unvermeidlichkeit der Literatur"[4]) auf sich selbst an, ihre „selbstgebastelte und mir schon richtig liebgewordene autobiogra-

---

[1]) Brigitte Kronauer, Ist Literatur unvermeidlich?, in: Die Sichtbarkeit der Dinge, hrsg. von Heinz Schafroth, Stuttgart 1998, S. 12–27, bes. S. 15.

[2]) Vgl. Brigitte Kronauer, Die gemusterte Nacht. Erzählungen, Stuttgart 1981, S. 16–25 und 39–52.

[3]) Kronauer, Ist Literatur unvermeidlich? (zit. Anm. 1), S. 15.

[4]) Ebenda, S. 13.

SPRACHKUNST, Jg. XXXVIII/2007, 1. Halbband, 67–88

phische Legende“[5]). Sie geht sogar einen autologischen, paradoxen Schritt weiter: Das „Verhältnis Literatur – Literatur“[6]) wird als eines der drei Themen aufgezählt, mit denen sie ihren schriftstellerischen Lebenslauf gliedert, und somit ebenfalls als Ordnungsform, als Raster ausgewiesen.

›Teufelsbrück‹ summiert, mehr noch, steigert sämtliche zentralen Themen und Motive Kronauers, erzählerisch wie theoretisch. Werktypisch ist dabei, dass die Kategorientrennung von Narration und Poetologie gezielt unterlaufen wird – so in der Erzählung ›Was ist Literatur?‹ mit den Kapiteln „I. Das arglistige Mädchen“, „II. Das arglistige Mütterchen“. ›Teufelsbrück‹ findet eine narrative Form für jene Konzeption, die an ›Frau Mühlenbeck‹ erzählpraktisch und anhand der ›Kleinen Autobiographie‹ in theoretischer Formulierung vorgestellt wurde: Literarisierung der Wirklichkeit, Narrativierung des persönlichen Lebens als existenzielle Technik. Es ließe sich zeigen, wie ›Teufelsbrück‹ den Zusammenhang nicht postuliert, sondern als Erzählung durchgreifend nach diesem Prinzip organisiert ist.

Was den Roman über die noch immer wenig ausgebaute Kronauer-Philologie hinaus interessant macht, ist jedoch eine andere These, die ebenfalls an die bisherigen Ausführungen anschließt. Während die Autorin in den 70er-Jahren mit der Schwierigkeit konfrontiert war, Geschichten schreiben zu wollen, ohne die Moderne zu verraten, steht sie Ende der 90er-Jahre in einer veränderten Situation. Für die Gegenwartsliteratur um die Jahrtausendwende wird die Frage produktiv: Wie kann man Geschichten, zumal existenzieller Thematik, erzählen, ohne die Moderne und die Postmoderne zu verraten? Daran arbeitet sich ›Teufelsbrück‹ ab. Die Reflexion des Textes erreicht deshalb ein höheres Niveau als in den früheren Werken, weil das Problem nicht durch Lösungen aufgehoben, sondern vielmehr als Problem in aller Schärfe und in allen Aporien durchgeführt wird.

I.
Intertextualität: (Spät-)Romantik in der Postmoderne

Da noch keine literaturwissenschaftlichen Interpretationen des Romans vorliegen, kann man nur mit oder gegen literaturkritische Deutungen argumentieren. Ursula März stellt in ihrer Rezension jenen Punkt heraus, von dem hier auszugehen ist: ›Teufelsbrück‹ sei ein einziges „intertextuelles Hinweis- und literaturgeschichtliches Referenzgewitter“[7]). Dabei schließen die intertextuellen Hinweise Kronauers eigene Werke mit ein, die literaturgeschichtlichen Referenzen zielen hauptsächlich auf die Spätromantik, beides wird von März identifiziert, aus dem romantischen Anspielungspool schöpfen ebenso Baumgart und Kamann.[8]) Sie abstrahieren allerdings keine konzeptionelle Bedeutung der gesteigerten Intertextualität, keine Logik

---

[5]) Brigitte Kronauer, Kleine poetologische Autobiographie, in: Sprache im technischen Zeitalter 42 (2004), S. 267–282, bes. S. 276.

[6]) Ebenda, S. 268.

[7]) Ursula März, Eros im Takt der Stoppuhr, in: Frankfurter Rundschau, 18. Oktober 2000.

[8]) Vgl. Reinhard Baumgart, Hinüber ins Alte Land, in: Die Zeit, 36/2000. – Matthias Kamann, Im Stausee der Liebe, in: Die Welt, 2. September 2000.

der Zitatauswahl. Angeblich will Kronauer ungebrochen „das spätromantische Lebensgefühl“[9]) vermitteln – damit wird ›Teufelsbrück‹ gewaltig unterschätzt! März dagegen sieht ein gegenwartsliterarisches, poetologisches Hauptthema: „ob und unter welchen Versuchsbedingungen das literarische Erfinden überhaupt noch illusionistisch zu wirken vermag“; sie liest das Ganze als Versuch, „die verlassenen Formen der Romansuggestion [...] in der Werkstatt der Spätmoderne so zu restaurieren, dass ein zeitgenössisches Stück Reflexionsprosa dabei herauskommt“[10]). Doch auch diese These ist noch zu wenig komplex für Kronauers Umgang mit den spätmodernen Bedingungen.

Betrachtet man die romantischen wie die werkeigenen Bezüge genauer, so wird deutlich, dass es nicht das illusionistische Erzählen ist, dessen zeitgenössische Möglichkeit der Roman untersucht. Die Handlung von ›Teufelsbrück‹ beginnt mit dem Sturz der Protagonistin Maria Fraulob im Elbeeinkaufszentrum (EEZ). Dieses Element ist doppelt intertextuell deutbar. Einmal, wie März erkennt, als Verweis auf das tödliche Ende der Hauptfigur Willi im Vorgängerroman ›Das Taschentuch‹ (1994), zum anderen als Referenz auf E. T. A. Hoffmanns Märchen ›Der goldene Topf‹, in dem zu Anfang der Student Anselmus in einen Marktstand stolpert, worauf die schwarze Frau den „Fall – ins Krystall“[11]) als Unheilszeichen ausruft. Wenn schon diese allerersten Signale ernst genommen werden, dann folgt womöglich eine Geschichte auf Leben und Tod. Die Erzählung erhält eine existenzielle Ausrichtung, wenngleich zu postmodernen Konditionen, d. h. nicht ohne literarische Muster. Die Romantik, nicht nur Hoffmanns ›Goldener Topf‹, wird herbeizitiert, weil jener Themenkomplex, den ›Teufelsbrück‹ durchspielen will, nicht zuletzt in der Rezeption dieser Epoche zum literarischen Schema geworden ist: „Leben – Liebe –Tod“[12]).

Zwei weitere Fälle von Intertextualität,[13]) diesmal fast am Schluss des Romans auftretend, bestätigen das Existenzielle, die spätromantische Konfiguration als Auswahlkriterium. Wie Thomas Manns ›Zauberberg‹ enthält auch Kronauers Roman ein ausdrückliches *Schnee*kapitel, das siebte. Im Gebirge gerät Maria Fraulob in eine lebensbedrohliche Lage. Sie verliert beim Wandern die Orientierung, findet den Weg nicht mehr zurück aus dem überwältigenden Weiß: „Ich trinke aus einem

---

[9]) Kamann, Stausee (zit. Anm. 8).

[10]) März, Im Takt der Stoppuhr (zit. Anm. 7).

[11]) E. T. A. Hoffmann, Der goldene Topf, in: Sämtliche Werke in sechs Bänden. Bd. 2/1. Werke 1814. Fantasiestücke in Callot's Manier (= Bibliothek der Klassiker 98), Frankfurt/M. 1993, S. 229–321, bes. S. 229. – Vgl. auch März, Im Takt der Stoppuhr (zit. Anm. 7).

[12]) Vgl. Detlef Kremer, Prosa der Romantik (= Sammlung Metzler, Realien zur Literatur 298), Stuttgart 1997, S. 111ff. Dies entspricht der thematischen Grundfigur „Liebe als tödliche Passion“ (ebenda, S. 111). Die „Identifikation von (leidenschaftlicher) Liebe und Tod“ zieht sich „durch den Großteil romantischer Erzählungen“ (ebenda, S. 115). Auf christliche „Passion“ rekurriert die Altar-Erzählung in ›Teufelsbrück‹.

[13]) „Intertextualitätsstrategien“ der postmodernen Gegenwartsprosa im Rückgriff auf die Romantik bestimmt die Studie von Anja Hagen, Gedächtnisort Romantik. Intertextuelle Verfahren in der Prosa der 80er und 90er Jahre, Frankfurt/M. 2003, S. 450.

Fläschchen einen Schluck Kräuterlikör."[14]) Hans Castorp versucht bekanntlich, mit Portwein seine Lebensgeister wieder zu wecken. Man kann nicht auf Manns Schneekapitel anspielen, ohne dessen prominenteste Textstelle lesbar zu machen.[15]) Es kommt die Frage auf, wie es Maria Fraulob mit der Herrschaft des Todes über ihre Gedanken hält, um der Liebe willen.

Das zweite literarische Vorbild betrifft die Erzählsituation. Erst in den letzten Kapiteln wird offenkundig, dass Maria ihre Liebesgeschichte der zweiten Hauptfigur, Zara, erzählt und damit sowohl das Ende der Erzählung als auch ihr eigenes Lebensende aufhalten, hinauszögern will – wie Scheherazade,[16]) nicht 1001 Nacht, neun Abende (= 10 – 1) lang, bis zum eindeutig tödlichen Ausgang: „Hinaus, hinaus. Nie zurück, nie vermisst. Wird mir trüb zumut? [...] Nie zurück, nie zurück, bin hingeschickt, nie wieder zurück" (T 505).

II.
Poetologische Figurenkonstellation

1. Specht und Sophie: paradoxe Ironisierung

Metaliterarisch wird ›Teufelsbrück‹ nicht nur durch Intertextualität. Mindestens ebenso wirksam sind die fünf wichtigsten Figuren. Maria Fraulob stehen zwei Nebengestalten nahe, die ihr aus bedeutsamen Gründen unsympathisch sind. Ihr Verehrer Wolf Specht hält beim ersten Auftritt im EEZ einen gesellschaftskritischen Monolog gegen den Konsumismus der Massen, nach dem Maßstab der Poesie (vgl. T 11ff.). Er überreicht Maria drei Geschenke, die von ihr als erotische, literarische Anspielungen gedeutet werden sollen (vgl. T 14f.); später trägt er der Geliebten drei selbst geschriebene Gedichte vor (vgl. T 47), deren Stil die künstliche Nachahmung des Volkslieds durch die Romantik nachahmt. Thematisch handelt es sich um körperliche Liebe und Todesgefahr: Das „arme Schwein von Drosendorf" fleht die „schöne Frau" an, es „mit ihrem wunderschönen Fleisch" (ebenda) zu retten. Epigonaler Dilettantismus oder postmoderne Raffinesse?[17]) Maria traut dem Verfasser weder Parodie noch Ironie zu,[18]) sie stört, dass alles furchtbar ernst und bedeutungsvoll gemeint ist: „Schon wieder so eine bodenlos vielsagende Dreiergabe!" (T 49) Jede Anziehung verhindern Spechts trauernde „Teichaugen" (u. a. T 394), die als Leitmotiv wiederkehren. Die Leitmotivtechnik gehört zur Intertextualität des Textes, sie spielt auf den Autor des ›Zauberbergs‹ an.

---

[14]) Brigitte Kronauer, Teufelsbrück, Stuttgart 2000, S. 361. Im Folgenden zitiert unter der Sigle T.

[15]) Thomas Mann, Große kommentierte Frankfurter Ausgabe. Werke – Briefe – Tagebücher. Bd. 5.1. Der Zauberberg, Frankfurt/M. 2002, S. 748: *„Der Mensch soll um der Güte und der Liebe willen dem Tode keine Herrschaft einräumen über seine Gedanken."*

[16]) Vgl. Kamann, Stausee der Liebe (zit. Anm. 9).

[17]) Specht schlägt schon hier auf die Metaebene durch: Durch seine Gedichteinschübe nimmt ›Teufelsbrück‹ romantische Form an.

[18]) Im EEZ blinzelt Specht Maria „versuchsweise ironisch" an, „Versuch gescheitert" (T 13). „Spechts Ironieanfälle" (T 264) heißt es später.

Specht ist weit mehr als ein komischer „Kauz" (T 11). Er kann als Verkörperung des poetologischen Problems interpretiert werden, tritt der Küster[19]) doch als Autor auf, der seine Leserin Maria vom existenziellen Ernst der ihr geltenden romantischen Intentionen überzeugen will, dabei aber scheitert, weil er als zu eindeutig, zu unironisch rezipiert wird. Aufgrund dieser Deutung kann die eigentliche Autoreflexivität aufgedeckt werden: Mit der Figur Wolf Specht karikiert ›Teufelsbrück‹ sich selbst: die Epigonalität seiner Thematik, die Tendenzen seiner Schreibweise. Die Gefahr übermäßiger Eindeutigkeit entsteht durch zahlreiche, noch darzulegende Vorausdeutungen auf den Tod der Protagonistin. Vor dem Sturz im Einkaufszentrum ist ihr „so traurig zumute" (T 6), sie denkt an das Lied „Mein Vöglein mit dem Ringlein rot/singt Leide, Leide, Leide,/ es singt dem Täublein seinen Tod,/singt Leide, Lei –" (ebenda). Maria und damit auch der Roman, dessen Erzählerin sie ist, begehen dieselben Fehler wie der erfolglose, in Wahn und Selbstmordversuch endende Specht: Trübsinn, düstere Romantik-Zitate (mit Tieren und Dreizahlsymbolik, das arme Schwein lässt grüßen!). Dafür ist ›Teufelsbrück‹ andererseits und im Gegensatz zu Specht zur Selbstironie fähig, das beweist eben diese Figur in ihrer karikierenden Funktion.

Der selbstironische Ton, den auch Baumgart wahrnimmt, ist also wirklich „unüberhörbar"[20]). Zumal, wenn man sich die zweite Nebenfigur ansieht: Sophie Korf. Leitmotiv der „schwarzen Sophie" (T 103 vgl. 194) ist ihre mythologische Identifikation mit Persephone, der Göttin der Unterwelt (vgl. T 139). Wie Spechts Teichaugen gibt sie aufdringliche Trauer- und Unheilszeichen. Sie gebärdet sich als Zuhörerin wie als Erzählerin hoch emotional bis exaltiert, sowohl sprachlich als auch nonverbal. Dabei hebt Sophie erotische Attribute und Bedeutungen hervor, indem sie „immer mehr Fleisch ihrer Brüste, scharf in der Mitte getrennt, durch die Klammer ihrer Oberarme in den Ausschnitt hochpreßte [...] in schon ziemlich orgiastischem Wundern über die Anekdoten des Ingenieurs" (T 85). Doch „man konnte es auch für eine raffinierte Verhöhnung des arglos plaudernden Mannes halten" (ebenda). Es gibt Unterschiede zur Specht-Haltung: Zwar karikiert Sophie ebenfalls Merkmale des Textes ›Teufelsbrück‹ – das Hindeuten auf Liebe und Tod, komplementär zu Spechts depressiver Gefühlssprache der euphorische Stil, in dem die Erzählerin Maria ihre Liebe zu Leo Ribbat zum Ausdruck bringt – , doch besteht bei ihr schon auf der Objekt-, nicht erst auf der Metaebene die Möglichkeit der Ironie, einer „raffinierten Verhöhnung".

Den gemeinsamen literaturgeschichtlichen Bezugspunkt der beiden Kontrast- und Spiegelfiguren[21]) offenbart deren Begegnung im Botanischen Garten, welche auch die Dreierkonstellation mit Maria herstellt. Auf Spechts poetische Eröffnung

---

19) Auch Spechts berufliche Tätigkeiten bzw. Arbeitgeber verraten die romantische Abkunft: (Theater-)Kunst und (katholische) Kirche.

20) Baumgart, Hinüber ins Alte Land (zit. Anm. 8).

21) Dieses Kompositionsschema findet sich in nahezu allen Erzähltexten der Autorin, besonders figurenreich im ersten Teil von ›Rita Münster‹ (1983), daneben in den Freunden und Partnerinnen des ›Berittenen Bogenschützen‹ (1986) Matthias Roth.

„fabrizierte [Sophie] Zeichen enormen Staunens. Ein höchstpersönliches Kunststück von ihr: zu Specht hin ehrfürchtige Verblüffung, zu mir hin spöttische" (T 119). Anders als ihr männliches Gegenstück beherrscht sie die Kunst der Zweideutigkeit. Der Gelegenheitsdichter zitiert den ›Goldenen Topf‹, die Buchhändlerin Sophie, ansonsten der schwarzen Marktfrau ähnlich, antwortet prompt auf den Code. „Ja, da hatten die beiden die Eintrittskarten füreinander gelöst [...] und im Handumdrehen ein gemeinsames Thema in Hoffmanns Märchengeschichte" (ebenda), kommentiert Maria. Alle drei sind romantisch eingeweiht oder auch: gefährdet. Marias erster Blick im „künstlich[en]" Garten fällt auf die „blauen Blumen", die „kleinen, tiefblauen, niedrigen Blumen, ihr liebliches und wildes Blau" (T 114).

Der Sprung auf die eigentliche Reflexionshöhe des Romans ist damit vorbereitet: Befragt man die Figurenkonstellation nochmals zum Verhältnis von Objekt- und Metaebene, so wird eine Paradoxie sichtbar: Der textuelle Gegensatz von Zweideutigkeit (Sophie) und Eindeutigkeit (Specht) wird autoreflexiv einerseits zur Zweideutigkeit zwischen der Zweideutigkeit und der Eindeutigkeit des Romans. Andererseits liest sich Spechts unironisches Verhalten metatextuell als Ironie, Sophie ironisiert das Unironische der Erzählung, demnach wäre der Roman eindeutig ironisch. Daraus resultiert schließlich die Unentscheidbarkeit, ob ›Teufelsbrück‹ eindeutig ironisch ist oder vielmehr durch die Zweideutigkeit von Ironie und Nicht-Ironie gekennzeichnet. Beide Schlüsse ergeben sich auf der Ebene der Selbstanwendung, deshalb ist keine Unterscheidung möglich. Die Paradoxie lässt sich nur auflösen, wenn man eine Meta-Metaebene ansetzt. Erst dadurch würde aus der Paradoxie wieder eine Zweideutigkeit. Weshalb von der solcherart logisch strapazierten Opposition das aporetische Scheitern oder das Gelingen von ›Teufelsbrück‹ als Literatur abhängt, wird die Analyse der übrigen drei Figuren sowie des Altar-Motivs klären.

2. Zara: Allegorie der Literatur

Neben Maria Fraulob ist Zara Johanna Zoern zweite Hauptfigur, wenn nicht die Zentralgestalt überhaupt. Mit Leo Ribbat, ihrem Geliebten und Mitarbeiter, bilden sie und Maria eines der Beziehungsdreiecke des Romans, drei sind es auch insgesamt.[22] Um zu überprüfen, ob Zara ebenfalls im Sinne einer literarischen Selbstbezüglichkeit interpretiert werden kann, bietet es sich nach den vorherigen zwei Beispielen an, typische Verhaltensweisen und Handlungsrollen sowie die äußeren Merkmale der Figur zu betrachten.

Während des ersten Besuchs Marias bei Zara im Alten Land präsentiert die Hausherrin ihre Sammlung von Schuh-Kunstwerken (vgl. T 31ff.), einen gedeckten Tisch, der wie ein Stillleben wirkt (vgl. T 35ff.), ihre eigene Verwandlung durch Kleidung und Kosmetik (vgl. T 38ff.): „Die schöne Künstlichkeit" (T 39), ruft die

[22]) Das fehlende: Maria und Sophie sind beide in Leo verliebt.

Betrachterin Maria aus. Betont wird Zaras Überlegenheit in Sachen kunstvoller, zugleich erotischer Inszenierung. Beim zweiten Besuch lässt sie ihre Kollektion exotischer Vögel zeigen (vgl. T 86ff.), nur die dritte Sammlung bekommt Maria nie zu sehen: Bücher, „eine riesige Bibliothek" (T 85). Dafür darf sie in einer Privatvorstellung kopulierende Riesenschildkröten (T 91ff.), die Paarung zweier Feenseeschwalben (T 95ff.) ansehen, zuletzt den „haßerfüllt[en]" (T 97) Blick eines Adlers – das alles nicht in Wirklichkeit, sondern lediglich als Licht-Projektion. Jene Stationen werden sich als Vorausdeutungen auf die Geschichte Marias erweisen: auf die Art des bald darauf stattfindenden Geschlechtsverkehrs mit dem Ingenieur, auf die Liebesnächte mit Leo, der Adler aber auf den letzten Anblick ihres Lebens, der sie so entsetzt, dass sie in den Schnee hinausgeht, um nie wieder zurückzukehren. Gleichzeitig stellen die kaum bewegten Bilder eine Vorausdeutung der Vorausdeutung dar, einen Vorverweis auf Zaras Altar-Erzählung, biblische Geschichten in Tierbildern, die sie, natürlich, beim dritten Besuch zum Besten gibt: „Zara also blies Imaginationspulver in unsere Ohren" (T 136).

In Zaras Regie häuft sich die symbolische, märchenhafte, literarische Zahl Drei in extremer Dichte. Die Dame tritt zudem nicht nur als Arrangeurin künstlerischer Objekte und Effekte, sondern auch als Geschichtenerzählerin in Aktion. Mehr noch: Wenn das, was sie erzählt, auf alle wichtigen Punkte der weiteren Handlung vorausweist, sogar auf den endgültigen Schluss, dann besitzt Zara dieselben Kompetenzen wie ein auktorialer Erzähler. Dass Zara mit diesem selbstreferenziellen Wissen auch der Autorrolle gleichkommt, wird angedeutet, äußert sie doch gegenüber Leo, wenn „sie einen Roman zu schreiben hätte [...], würde sie sich ein paar handfeste Szenen ausdenken. Die Zwischenräume müßten jeweils deren allmähliches Anschwellen suggerieren" (T 344).

Das vierte Kapitel beginnt mit dem vierten Besuch, Zara gibt einen Gesellschaftsabend. Wieder übernimmt sie den Part der Erzählerin, flüstert Maria sämtliche Geschichten und Charaktere der Gäste zur Unterhaltung ein. Zuvor gibt sie noch die „Parole" der Veranstaltung aus: „‚Willkommen im Reich der Poesie, wo man manche Wörter unbedingt aussprechen muß und andere nie aussprechen darf'" (T 181). Ein letztes signifikantes Detail, bevor die Deutung Zaras explizit vorgenommen, „ausgesprochen" wird: In den Dreierreihen der Präsentationen für Maria liegt der Akzent jeweils auf dem dritten Element, also auch auf der Bücher-Sammlung und der Tatsache, dass sie nie dargestellt wird.

All diese Indizien wurden gesammelt, um nahezulegen, dass einige später im Text auftretende Äußerungen Leo Ribbats nicht als reine Figurenperspektive zu verstehen sind. „Leo sprach von Büchern, was er bis dahin nie getan hatte. Zara ersetze ihm eine ganze Bibliothek" (T 281). Der sonst wenig reflektierte Leo formuliert eine Romanpoetik der erotischen Enthüllung von Fiktionen und bemerkt zum eventuellen Anachronismus einer solchen Erzählweise: „Ob das modern oder veraltet sei, interessiere ihn nicht die Spur. Aber Zara, alles was recht sei, Zara stelle für ihn die leibhaftige Literatur dar, erspare ihm das Bücherlesen" (ebenda). Diese allegorische Lesart greift nur Baumgart in seiner Rezension auf, erwägt aber ebenso die Deutung der Figur als „Frau Welt“ oder „Frau Minne“, die Mehrfachbesetzung als Prinzip einer „verwilderten Allegorie“[23]).

Hier soll dagegen die These verfolgt werden, dass die Kategorie „Literatur“ am ehesten als Oberbegriff all der Oppositionen dienen kann, die Zara zugeschrieben werden: Sie steht nämlich sowohl für Künstlichkeit als auch für Natur, Tierwelt, Wechsel der Jahreszeiten: Maria denkt an Zara „wie im Januar an die Jahreszeiten [...], die Herrlichkeiten von Frühling, Sommer, Herbst und Winter“ (T 366). Sie ist sowohl alt („sie mußte wesentlich älter sein als der Mann“ T 8) als auch jung („leuchtend vor Jugendlichkeit“ T 436). Klatsch, etwa die Geschichte der Schuhräuberin und ihrer Familie (vgl. T 124) ist ihr genauso lieb und geläufig wie hohe Kunst: Auf ihrer Party öffnet sie zum Schluss gegenüber einem Gast, bezeichnenderweise Literaturkritiker von Beruf, den Morgenmantel, darunter unbekleidet. Der Interpret versteht die künstlerische Anspielung: „Sie hatte für ihn die berühmte Münchner Darstellung der ‚Sünde‘ zitiert“ (T 236). Zara also als Herrin aller Zitate.[24]) Nach dieser Logik des Sowohl-als-auch nimmt Maria eine bedenkliche Zuschreibung vor, wenn sie Zara als Zeichen des Lebens wahrnimmt/liest: „Fast war es so, als lebte die Lebensfrohe gar nicht, so sehr erschien sie mir [...] als Wappen und Idol der Lebenslust und als ihr Quell“ (T 436). Unter die Allegorie der Literatur fällt in der Konsequenz des Schemas auch der existenzielle Gegensatz, das Entweder-oder von Leben und Tod.

Dass allegorisch erzählt wird, ist eine weitere intertextuelle Referenz auf die Romantik. Die entsprechende Interpretation der zweiten Hauptfigur wurde eingehend begründet, weil vor allem darauf die Parallelisierung der poetologischen Selbstreflexion des Romans mit dem Thema der Zweideutigkeit beruht. Diese Bedeutung liegt in Zaras Leitmotiv: „Z.Z.“ sowie „F.-F., Fischmaul-Froschauge“ (T 31, vgl. auch 36). Den Mund sieht/bezeichnet Maria als „schönes, geschwollenes, strenges Fischmaul, aus dem uns befohlen wurde, und die Augen [...] mußten wohl die eines amüsierten, insgeheim verärgerten Frosches sein“ (T 7). Das andere Charakteristikum Zaras sind die Brauenbögen:

> Ihre Brauen griffen gebieterisch in zwei flachen Halbkreisen über die Augen hinweg. Später stellte ich mir diese starren Bögen manchmal vor als die schematischen Münder von pessimistischen Zwillingen, aber auch, würde man ihr den Kopf andersherum aufsetzen, als die zweier optimistischer Zwillingsbrüder, so wie sie mich ja freundlich und böse zugleich hypnotisierte. (T 8)

Hier erscheint alles zweifach statt dreifach: „ZetZet“ (T 327), „Effeff“ (T 36), die interne Dopplung und die zwei Merkmalsbeschreibungen. Bei näherer Betrachtung fällt eine Differenz zwischen den Brauenbögen und „Fischmaul-Froschauge“ auf. Der rote Mund ist „streng“, Augen und Mund machen einen „amüsierten, insgeheim verärgerten“ Eindruck. Es gilt das Strenge, der Ärger. Die Zwillingsbrauen dagegen sind nicht nur „pessimistisch[ ]“, sondern auch „optimistisch[ ]“, der von ihnen gerahmte Blick „freundlich und böse zugleich“. Variiert wird jene Konstella-

---

23) Baumgart, Hinüber ins Alte Land (zit. Anm. 8).

24) Sie ist es auch, die in Sophie das mythologische Vorbild Persephone erkennt (vgl. T 139).

tion, die anhand der Nebenfiguren Specht und Sophie in die Paradoxie geführt hat. Zweideutig wird daher, ob die Literatur allegorisierende Zara zweifach eindeutig (F. F.) oder eindeutig zweideutig (Z. Z.) sein soll? Doch gerade dies macht sie zur ultimativen Verkörperung von Ambiguität und Ambivalenz.

Das Leitmotiv der Ambiguität/Ambivalenz begleitet die Figur der Zara durchgängig: Sie „lachte zweideutig" (T 23), hat „ein gewisses Etwas, ob gut ob schlecht" (T 55), wenn sie Maria einen Gruß schickt, dann „[z]wiespältig, versteht sich" (T 61); sie ist „ZetZet, Effeff, die flirrend Vielfältige" (T 327), bei der sich Maria fragt: „Zaras Blick, zweideutiger als früher?" (T 330). Nicht zu vergessen ist ein Objekt-Motiv, das Zara zugehört. Die plastische Figur einer Chinesin, „Wächterin [der] Schuhsammlung" (T 30f.), fasziniert mit ihrer Stellung, einem bekleideten und einem unbekleideten Bein: „Während man also einerseits wie bei einem Klecksbild die biedere oder unanständige Symmetrie herzustellen suchte, blieb das nackte, ohne Hemmung nach außen wegrutschende Bein in beischlafmäßiger, beischlafanbietender Öffnung der Schere eine Art Wappenzeichen koitaler Erwartung" (T 30). Analog zu Zaras Insignien (Fischmaul-Froschauge, Zwillingsbrauen) wird einerseits Zweideutigkeit, andererseits Eindeutigkeit signalisiert. Zusätzlich steckt darin das Wortspiel mit der sexuellen Zweitbedeutung von „Zweideutigkeit", deshalb: eindeutig zweideutig.

Exkurs: Kronauers Poetologie der Ambivalenz

An dieser Stelle kann man einen Exkurs in den Werkkontext Kronauers einfügen, um die Bindung von Literatur und Ambivalenz zu stärken. Die Erzählung ›Was ist Literatur?‹ bildet keine theoretischen Sätze, sie präsentiert zwei Figuren, das „arglistige Mädchen" und das „arglistige Mütterchen". Dem Mädchen werden aus der Erzählperspektive der kollektiven Betrachter widersprüchliche Attribute zugewiesen, Männliches und Weibliches, Unschuld und Verdorbenheit, die „dreiste Zwielichtigkeit, so kindlich, so verkommen"[25]). In ihrer Beschreibung durch die Zuschauer häufen sich gegen Ende Metaphern der Produktion und Rezeption von Literatur: Mit dem Schicksal des Mannes, der dem Mädchen einmal verfallen wird, ist es, als wäre es „längst beschrieben", der Wir-Erzähler richtet sein „Rätselraten und Entziffern" auf die Figur, die schließlich als „beschriebenes Blatt voller Unverschämtheiten" und mögliches „Zitat" in den Blick genommen wird.[26]) „Ach wie sie uns, die sich erinnerten und vorausschauten, fesselte, [...] nicht kleinzukriegen von uns, gleichgültig gegen Blickwechsel, während sie uns immer williger mit ihrem Anblick bediente."[27]) Nicht nur der Titel schlägt demnach die Deutung als Literatur-Allegorie vor.

---

[25]) Vgl. Brigitte Kronauer, Was ist Literatur?, in: Hin- und herbrausende Züge, Stuttgart 1993, S. 99–110, bes. S. 100.

[26]) Ebenda, S. 101.

[27]) Ebenda.

Neben dem arglistigen Mütterchen sitzend, erscheint der Ich-Erzählerin des zweiten Abschnitts selbst eine Lache Erbrochenes „als interessanter Gegenstand“[28]). Die alte Frau hält sie vom Denken an Holunderbüsche ab, ihr kommt dafür eine dramatische Geschichte, deren Zeuge sie im Supermarkt geworden ist, in den Sinn. Zuletzt macht die Alte eine obszöne Beobachtung, den begehrlichen Blick eines vorübergehenden Mannes: „Das genügte dicke für eine Fortsetzung.“[29]) Die folgt dann auch im „Postskriptum“ I, II und III.

Mit ›Was ist Literatur?‹ findet sich zugleich ein bisher unentdecktes Beispiel werkinterner Intertextualität. Aufgerufen wird die Narrativierung poetologischer Fragestellungen. Zudem ist es möglich, die Einheit der beiden allegorischen Gestalten als Präfiguration Zaras aufzufassen. Das arglistige Mütterchen trägt zwar in der Erzählung nicht die Ambivalenz-Bedeutung, hat aber in ›Teufelsbrück‹ eine Entsprechung. Die Zuhörerin der Geschichte Marias erinnert diese an ihre „alte Tante Hilde“, „so ein gutes Tantchen“ (T 361). Im Hotel jedoch verwandelt sich die Gute, „elegant plötzlich, [v]on wegen Tantchen!“ (T 363) und gibt sich ganz am Ende, ohne Sonnenbrille, als arglistige Zara zu erkennen, nun nicht mehr freundlich oder ambivalent, sondern eindeutig böswillig.

Im Zustand der Ambivalenz, der sie den Roman hindurch charakterisiert, ähnelt die verführerische, jung aussehende Zara eher dem Mädchen aus ›Was ist Literatur?‹, bei dem jeder „schnell das Wort ‚Dreizehnjährige‘ denken mußte“[30]). Vor diesem Hintergrund spielt die folgende Szene im EEZ: „Gerade da ging eine circa Dreizehnjährige in hohen Plateauabsätzen schleppend an uns vorüber. Wir beäugten sie alle drei. Hob die Kleine nicht ein bisschen unverschämt die Mundwinkel zu Leo hin?“ (T 70) Um die fehlende, nur qua Intertextualität auftretende Poetologisierung des Narrativen etwas weitgehender zu interpretieren: Zu diesem frühen Zeitpunkt der Handlung befindet sich die Erzählerin Maria noch im Stande relativer Unschuld, weil ihr die poetologische, selbstreflexive und existenzielle Bedeutung Zaras noch nicht bewusst geworden ist; der Text hingegen, die Anspielung zeigt es, weiß von diesem Potenzial.

Ein weiteres Argument, neben jenen Bezügen zwischen der literaturtheoretischen Erzählung und der narrativen Poetologie des Romans ›Teufelsbrück‹, liefert der Essay ›Das Augenzwinkern der Literatur‹ aus der Sammlung ›Zweideutigkeit‹, worin Literatur diskursiv mit Ambivalenz gleichgesetzt wird: Die „Wahrheit der Kunst“ stecke „im ‚Umweg‘ der Form, im Extrem, in Ambiguität und Ambivalenz“[31]). Der erste Satz liest sich wie ein Portrait Zaras oder auch – Leos: „Alles Zwielichtige, alles Ambivalente, Doppeldeutige hat den lasziven Reiz nicht des Todgefährlichen, aber doch des leicht Fatalen“[32]).

---

[28]) Ebenda, S. 102.

[29]) Ebenda, S. 106.

[30]) Kronauer, Was ist Literatur (zit. Anm. 25), S. 99.

[31]) Brigitte Kronauer, Ein Augenzwinkern des Jenseits. Die Zweideutigkeiten der Literatur, in: Zweideutigkeit. Essays und Skizzen, Stuttgart 2002, S. 309–318, bes. S. 318.

[32]) Ebenda, S. 309.

3. Maria: Erzählerin und Leserin, allegorische Zweitbesetzung

Bisher ging es um Zara als Personifizierung der zweideutigen Literatur. Es hat sich aber herausgestellt, dass davon der Verlauf der Handlung um Maria Fraulob und, auf metatextueller Ebene, das Erzählen eben dieser Geschichte mit berührt ist. Die Untersuchung des Tier-Altars muss dem weiter nachgehen. Davor wird die selbstreflexive Deutung anhand der Hauptfigur Maria und ihrer Relation zur zweiten Hauptfigur, Zara, fortgesetzt.

Maria Fraulob stellt beruflich Schmuckstücke her (vgl. T 19). Auch wenn sie sich selbst als „halbkünstlerisch" (T 45) einstuft, ihre Entwürfe nach floralen Motiven (vgl. T 61) haben jenen „Stilisierungswillen" (T 394), den sie ihrer eigenen Wohnungseinrichtung abspricht. Sie lebt in einer Gegend der Stadt, in der alle Straßen nach Tieren oder Pflanzen benannt sind (vgl. T 18). Heimisch fühlt sie sich im Botanischen Garten, bestellt Sophie und Specht dorthin (vgl. T 113f.). Die Figur wird durch dieselbe Verbindung von Kunst und Natur charakterisiert wie Zara. Als Handelnde/Erzählende beginnt sie deren Verhaltensweisen anzunehmen. Sie habe, so Maria, Specht in den Botanischen Garten *befohlen* (vgl. T 114). Zaras wiederkehrender Befehl, den ihr „Fischmaul" schon beim Sturz im EEZ ausdrückt (vgl. T 7), lautet: „Schluß jetzt!" (vgl. T 30, 35), Maria zitiert sie halb: „Schluß!" (T 118)

Ansteckend ist auch die charakteristische Lautfolge Zaras: i-ü bzw. i-ö. Zu Marias Sturz spricht sie zweimal ein „Wie blöd, wie blöd" (T 6, 7), den Termin der zweiten Einladung ins Alte Land gibt sie an mit „vier fünf, vier fünf" (T 71), eine Mehrdeutigkeit, die ihren Gast zur Interpretation veranlasst: „Sie hatte es zweimal gesagt. Mußte ich das eine als Datum, das andere als Zeitangabe begreifen? Vier Uhr und fünf Minuten? Vier Minuten nach fünf? Zwischen vier und fünf?" (T 74) Inspiriert durch Zaras lautlichen Code gerät Maria in die Rollen der Leserin und Dichterin: „Sinn zürnt/Licht kühlt/Witz wünscht/Sünd winkt" (T 49f.). Die Verse fallen ihr nicht im erzählten Moment gegenüber Specht ein, erst, als die alte Dame alias Zara ihre Erzählung anhört, „drängeln sie sich ins Freie. Fiepen so aus mir heraus" (ebenda). Der Ursprung des „i-ü" liegt einerseits in Maria, die nach dem EEZ-Sturz immer wieder den Vogelruf „Ziküth, ziküth" zu hören meint oder aussprechen muss (vgl. T 6, 50), andererseits: „Das Vöglein befahl aus der Tiefe ihrer [Zaras] Pupillen" (T 9).

Schon die bisherigen Belege bedeuten mehr als nur Einfluss der einen auf die andere oder Ähnlichkeit der beiden Figuren. Tatsächlich teilt Maria genau jene Merkmale und Rollen mit Zara, auf denen man deren Deutung als Allegorie der Literatur aufbauen kann. Im letzten Drittel des Romans wendet sich Maria immer häufiger auktorial an ihre Zuhörerin Zara und versucht zugleich, die von Zara inszenierte Handlung richtig zu verstehen (vgl. T 482f.). Sie erzählt und interpretiert. In einer Szene steigern sich die Korrespondenzen bis zur potenziellen Identität: Beim dritten Besuch, bei dem auch der Tier-Altar erzählt wird, weist Zara die Gäste darauf hin, was der Graupapagei ruft. Maria hört ihren Namen, „wobei er das i wie ein j aussprach, seine ganz persönliche Note“ (T 134). Kurz davor hat Specht Zara scherzhaft als „Frau Jojanna“ (ebenda) tituliert, in Anspielung auf die Aussprache einer Serviererin im Alten Land (vgl. T 55), von der nur Maria weiß. Diese nimmt im Ruf des Papageis den j-Laut wahr, das Gemeinsame. Die Gastgeberin aber behauptet, der Vogel sage „ganz deutlich“ (T 134) ihren eigenen Namen, den sie an dieser Stelle jedoch nicht ausspricht. Heißt sie etwa auch „Mari(j)a“? Will Zara andeuten, dass zwischen ihr und der Schmuckkünstlerin mehr als eine fälschliche Gemeinsamkeit besteht, nämlich in Wahrheit gar kein Unterschied der Person, des allegorischen Sinns?

Für die poetologische Interpretation von ›Teufelsbrück‹ ist die Annäherung der Protagonistin an die Literatur-Allegorie Zara ein entscheidender Anhaltspunkt, denn die erzählte Geschichte, das Erzählen der Geschichte Maria Fraulobs nimmt dadurch eine Bedeutung an, in der das Existenzielle und das Literarische den selbstreflexiven Komplex des Romans bilden. Wie dieser im Laufe der Erzählung bis zu ihrem Ende entwickelt und aufgelöst wird, steht im Mittelpunkt der noch verbleibenden Auslegung.

4. Leo: Vom zweideutigen Leben zum eindeutigen Tod

An der fünften Figur, Leo Ribbat, lässt sich insbesondere die Entwicklung des literarisch-existenziellen Problems ablesen. An der Oberfläche sieht Maria in Leo den „eleganten Verbrecher[ ]“ (T 6), den „mondänen, mittelamerikanischen Kriminellen“ (T 7). Doch seine Attraktivität hat einen tieferen, poetologischen Grund. Die Erkennungszeichen, Leitmotive auch hier, geben das Geheimnis zunächst nicht preis. Maria fühlt sich durch Leos Blick angezogen, mit dem er sie nicht an-, sondern durch sie hindurchsieht: „Kein Touchieren, kein Widerstand“ (T 66, vgl. auch T 7, 283) Erotisch wirkt „die Kraft dieser physiognomischen Kombination“ (T 339): schmale Hüften, das Gesicht im typischen Ausdruck der Müdigkeit, der Körper in einer bestimmten Haltung: „Er lehnte, die Beine an den Fußgelenken übereinandergeschlagen, das Gesicht knochig gespannt und um die Augen faltig schlitzig, die Hände in den Hosentaschen am Türpfosten – noch einmal Leos Wappenbild“ (T 369). Sophie schreibt dem von ihr ebenso begehrten Mann eine mythologische Rolle zu. Sie erzählt die Legende von Teufelsbrück: Der Ritter Bertram begegnet dem Teufel auf einer Brücke im Flottbeker Park, den Ausgang der Geschichte belässt die Erzählerin im Uneindeutigen: „‚Er soll an einem Ohrläppchen einen dunklen Flecken gehabt haben, einer von beiden, Ritter oder Teufel‘“ (T 130). Maria erkennt Leos Merkmal und versteht so das „zweideutige Zeichen“ (ebenda) Sophies: Ist der „Latino-Mann“ (T 11) Retter oder Verderber?

Die existenzielle Bedeutung Leos enthüllt sich Maria am Ende ihrer Affäre. Zu Beginn denkt sie so oft an ihn, „daß ich einmal anfing, den Namen auszusprechen, konnte dann aber noch rechtzeitig den Satz mit Le-ben beginnen“ (T 168). Beim vorletzten Besuch des Liebhabers drängt sich ihr der Gedanke auf: „Jetzt war [sein Gesicht] nicht mehr das Fenster zu unendlichen Freuden und verstellte mir nicht mehr die Aussicht auf den Tod" (T 349). Diese Erkenntnis steht in einem Prozess, in dessen Verlauf der zuvor nie restlos definierbare Reiz Leos immer weiter aufgeklärt wird. Maria formuliert ein Gesetz des Erotischen:

> Ich war in der Liebe immer dann am erfolgreichsten, wenn ich etwas anderes im Kopf hatte. Zog mich genau das nicht auch bei Leo an? Ich meine, wenn mich bei der zielgerichteten Liebe etwas davon ablenkte, allzu krampfhaft zu sehnen, zu wollen, zu verlangen, erhöhte das meine Anziehungskraft sehr. (T 320)

Durch Fixierung von „Leib und Seele" entsteht hingegen ein „schriller, hysterischer Körperton" (ebenda). Unerotisch wäre demnach die Eindeutigkeit, das krampfhafte Verlangen, wie es in Spechts Gedichten zum Ausdruck kommt. Was Leo so unwiderstehlich macht, ist seine Zweideutigkeit. Indem Sophie genau diese Qualität gegenüber Maria benennt, erreicht sie deren unheilvolle sprachliche Fixierung: „ironische Müdigkeit", „schläfrige Kühle", „[s]ubtile Trägheit" (T 434f.). Leo wird letztlich eindeutig zweideutig, Maria kann Sophies „plumper" Erklärung nur zustimmen: „Sie hatte Recht. [...] Es wirkte so, als hätte er stets gerade ein doppelt bewohntes Bett verlassen" (T 438). Je mehr die Figur Leo Ribbat von der Zweideutigkeit in Eindeutigkeit umgeschrieben wird, desto näher rücken nicht nur das Ende der Liebesgeschichte, sondern auch der Tod Leos – er wird von Sophie erschossen – und Marias endgültiger Gang in den Schnee.

Den Übergang von der existenziellen zur poetologischen Deutung ermöglicht zum einen wiederum die Anbindung an die Schlüsselfigur Zara mit ihren allegorischen Attributen: Ambivalenz (Ritter oder Teufel?) und Ambiguität. Diese ist aufgrund ihrer literarischen Eigenschaften nicht nur für Leo attraktiv, auch Maria verliebt sich in den letzten Kapiteln geradezu in die „Flirrend-Vielfältige": „mir dämmerte, wie sehr sie mir gefehlt hatte" (T 331). Spezieller handelt es sich aber nicht nur um Verführung durch Literatur, sondern um die Schreibweise des Romans ›Teufelsbrück‹. Während die Figur der Zara, nach Kronauers Theorie und Erzählung, als implizite Poetik des Textes verstanden werden kann, spricht ihr Liebhaber Leo eine erotische Poetologie geradewegs aus:

> Ob nicht in den Romanen ein realer Gegenstand ausgewickelt würde. Er liege zunächst vor einem, verwackelt, in halb durchsichtiger Umhüllung und Irreführung. Dann im Verlauf der Lektüre [...] trete er nackt und plastisch hervor. Diese eingebildete Entkleidung bis zum prallen schieren Dastehen des Objekts [...], die gefalle ihm am meisten. (T 281)

Die in der Figurenkonstellation, z. B. in der Paarung Specht – Sophie, angelegte Selbstbezüglichkeit ›Teufelsbrücks‹ bereitet den nächsten Interpretationsschritt vor: Praktiziert der Text das literarische Prinzip Zara, funktioniert er wie die von Leo bevorzugte Art von Roman? Der erste Teil der Frage lässt sich aufgrund der bisherigen Analyse beantworten, denn ambivalent und mehrdeutig wird die Erzählung eben durch ihre Figurenkonstellation. Die Nebengestalten Specht und Sophie dienen einer paradoxen Ironisierung, die Angleichung der Erzählerin Maria an die zentrale Zara sorgt dafür, dass aus den Merkmalen der Literatur-Allegorie Eigenschaften des Textes werden, insbesondere der literarische Anspielungsreichtum, eine spätromantisch ausgerichtete Intertextualität. Die Probe auf Leos Poetologie erfordert dagegen zusätzliche Überlegungen, und zwar zum „Verlauf der Lektüre" von ›Teufelsbrück‹. An Leo zeigt sich deutlicher als an den übrigen Figuren eine bestimmte Entwicklung: von der Zweideutigkeit zur Eindeutigkeit. Es ist möglich, genau diese allmähliche Verschiebung als Folie auf den von Leo beschriebenen erotisch-poetologischen Vorgang zu legen: von der „verwackelten", nur „halb durchsichtigen" Ansicht über das zunehmend „nackte", „plastische" Hervortreten „bis zum prallen schieren Dastehen des Objekts". Was in Kronauers Roman nach und nach enthüllt wird, ist allerdings kein Körper, nicht die Liebe, sondern der Tod der Hauptfigur.

Dass der tödliche Ausgang der Geschichte intertextuell vermittelt wird, wurde gezeigt. Mythologisches Potenzial hat Marias Fahrt mit der Fähre[33]) ans „jenseitige[ ] Ufer[ ]" (T 20) der Elbe, wobei auch das diesseitige Hans-Leip-Ufer, genannt „Teufelsbrück", an einem Abend zu Beginn der erzählten Zeit mit den „Dämmerfiguren" der „Schattenwelt" (T 20) bevölkert ist. Dies enthält schon den Hinweis, auf welche zweifache Eindeutigkeit der Text zulaufen wird. Nach ihrer ersten Rückkehr aus dem Alten Land erinnert sich Maria kaum noch, in welchem Stockwerk sie wohnt, klingelt bei sich selbst und ist „fassungslos" (T 46), als ein Nachbar sie völlig übersieht. Man könnte annehmen, sie sei, für die Lebenden unsichtbar, aus dem Totenreich wiedergekehrt. Doch löst sich diese Möglichkeit in einem gewöhnlichen Grund auf: Der Nachbar hat seine Brille vergessen.

Nicht jede der Todesanspielungen ist zum Zeitpunkt ihres Auftretens als solche zu identifizieren. Ein Beispiel dafür gibt die Episode vor dem zweiten Besuch bei Zara, in der Maria sich zwischen den weiß blühenden Apfelbäumen im Alten Land verirrt: „Weiße ringsum, wollige Weiße, nicht in Schneebergen, in der Ebene" (T 77). Maria fühlt sich an einen „Friedhof" (T 78) erinnert und spürt den „Sog, sich hineinzustürzen in die lichte Waagerechte, in eine milchige Künstlichkeit und Totenstille" (ebenda). Es sind also Todesanzeichen vorhanden, obwohl der Vorverweis auf den Selbstmord im Schnee, den vorhergehenden Irrlauf im Gebirge (vgl. T 359ff.) erst im Nachhinein erkannt werden kann.[34]) Die Reihe der Weiß-Erlebnisse[35]) beginnt mit der Tischdekoration beim ersten Besuch, „ein Tisch in Hochgebirgsweiß" (T 35), eine „Winterlandschaft" (ebenda), laut Zara dem letzten Anblick eines Sterbenden gleich (vgl. T 37). Beim Betrachten jener Landschaft unterläuft Maria ein Versprecher, der eine metaliterarische Bedeutungsebene aufreißt:

---

33) Zara lädt die Fährfahrt mit Bedeutung auf: „Ich müsse allerdings – sie sah auf die Fliesen, biß sich auf die Lippen – über die Elbe und ich solle – wieder die Pause – unbedingt mit dem Schiff kommen" (T 9). Konterkariert wird diese mythologische Ebene durch den lapidaren Nachsatz: „Normaler HVV-Betrieb [= Hamburger Verkehrsverbund]" (ebenda).

34) Das geht bis zu der Einbildung „etwas riefe, lockte oder umgekehrt, käme aus dem Vagen auf mich zu, würde eine Figur, hier zweifellos etwas Weißhaariges" (T 78), welche die Begegnung mit dem fatalen Tantchen (= Zara) vorwegnimmt (T 361).

35) Für die Ambivalenz und Doppeldeutigkeit der Farbe Weiß stehen die zwei weißen Häuser, das eine Zaras und Leos Domizil, das andere leer stehend, an einer Stelle durch ein Missverständnis verwechselt (vgl. T 54). „Die fälschliche, die Zwillingsvilla [...] leuchtete schneeig oder auch geisterhaft, jedenfalls renoviert, mit *toten* [A.G.] Fensteraugen" (T 133).

Sie sieht Objekte auf der „unbeschrifteten, ich meine, unbefleckten Tischebene" (T 37). Auch dies greift das Schneekapitel auf. Die im Gebirge auftauchende alte Dame erscheint als „kleiner Buchstabe, das o auf einem Blatt Papier krabbelnd" (T 361). Die autoreflexive Farbe ist ambivalent codiert: Sie bezeichnet neben der tödlichen Bedrohung auch Verklärung durch Liebe: Die Paarung der Feenseeschwalben, die ein „noch gleißenderes Weiß" (T 97) hervorbrechen lässt, deutet auf die weißen Blüten der Liebesnächte in Holunderburg voraus (vgl. T 240).

Darüber hinaus wird in der Holunderburg-Szene jener weiße Punkt von Eindeutigkeit gesetzt, der Marias Todtraurigkeit psychologisch begründet: „Wir, ein Mann, ein kleines Kind und ich, fuhren, noch für sehr kurze Zeit alle drei lebendig [...] unter der Blütengischt dahin" (T 243). Die verdrängte Erinnerung an den Autounfall, bei dem Mann und Tochter ums Leben gekommen sind, weckt erstmalig mit ihrem „taktlosen, grausamen, schneidenden Fragen" (T 117f.) die schwarze Sophie: „Und Sie, Maria, seit jeher allein?" (ebenda).

> Verstehen Sie mich nicht falsch. Ich sterbe weiß Gott nicht, wenn ich dieses Unglück meines Lebens nach Jahren erwähne, aber ich habe mich entschlossen, anstatt ununterbrochen davon zu reden, es niemals zu tun. Man hatte mich bezwungen, gezwungen, wollte ich sagen, aus reiner Konvention mir die Mitteilung entrissen. Es geht mir hier nicht, Verzeihung, es handelt sich hier also nicht um Kummer, ach was, sondern um Erbitterung. (T 118)

In dieser Erbitterung schneidet sich Maria die Hand und denkt daran, dass sie nach dem Tod ihrer Familie „fast verhungert [wäre], weil ich das Haus nicht verlassen wollte" (T 126). Ihre engste Vertraute, eine alte Rentnerin, stirbt gegen Ende der Affäre mit Leo. Sie hielt „mit den Totenfingerchen mein bekümmertes Gesicht" (T 386). Maria liebt die „Zwiespältigkeit" des Todes im Gesicht der Greisin, „das doch dieser Landschaft hier ähnelte in ihrer bedrohlichen, lodernden Weiße" (ebenda). Die Todeszeichen, von Anfang an präsent, verdichten sich, je weiter die Erzählung fortschreitet, elliptisch kreisend um Zara einerseits und Marias großen Verlust andererseits. Sie reichen von ersten Fingerzeigen[36]) bis zu Spechts Listen von Selbstmördern (vgl. T 307f.) und Suizidgründen (vgl. T 328). Die Schuldgefühle wegen Spechts suizidaler Depression (vgl. T 403), der Schock nach dem Mord an Leo sind Auslöser für Marias Entschluss zur Selbsttötung, lebensmüde ist sie akut nach dem Tod ihrer Familie, latent seit der „traurige[n] Stimmung" (T 379) vor dem Sturz im EEZ.

III.
Die Altar-Erzählung: zweideutige Präfiguration

Misst man ›Teufelsbrück‹ an dem Begriff des Literarischen, der ihm durch seine poetologische Figurenkonstellation eingeschrieben ist, dann gefährdet die zunehmend eindeutige Todesthematik die zweideutig-erotische Erzählweise. Bevor dies

---

36) „Schon rief der Papagei: ‚Addio!', und Leo sagte, ich solle nur genau hinhören, nachträglich. Ach, da merkte ich es. Das Wort lautete: ‚Maria!'" (T 99).

bis in die letzte Konsequenz des Romans verfolgt werden soll, zeigt eine Interpretation der Altar-Erzählung die dadurch bestimmte Textstruktur auf: die Folge der Präfigurationen.

„30 Seiten beispiellos gewagte und geglückte Prosa“[37]), lobt Baumgart in Anspielung auf Manns ›Tod in Venedig‹ den größeren Abschnitt, der hier analysiert statt bewertet werden soll. Zara Johanna Zoern erzählt ihren Zuhörern – Specht, Maria, Sophie – Geschichten zu insgesamt sieben von ihr so genannten „Altar“-Bildern (vgl. T 141). Diese entsprechen biblischen, christlichen Vorlagen, werden aber durch die Übertragung auf Tiergestalten verfremdet. Zara beginnt mit einer unorthodoxen Figur, der Legende vom heiligen Christophorus bzw. vom Riesengorilla, der ein immer schwerer werdendes Zebu-Kalb über den Fluss trägt (vgl. T 136ff.). Es folgen ein Bär (= Petrus), den das erwachsene Zebu übers Wasser gehen lässt (vgl. 141ff.), die Fußsalbung des Zebus (vgl. T 146 ff.) durch eine junge Katze (= Maria, Schwester Marthas und des Lazarus), viertens das Zebu selbst, einer Giraffe (= Lieblingsjünger Johannes) die Füße waschend (vgl. T 150ff.), fünftens gibt der eifersüchtige Windhund dem Zebu den Judaskuss (vgl. T 157ff.), sechstens verweigert sich das Zebu der Berührung der „Hirschkuh Maria aus Magdala“ (T 160). Das letzte Bild auf der Rückseite des Altars zeigt den Weltenrichter mit den Augen „eines riesigen Uhus“ (T 164). Die rechts davon liegenden Tafeln stellen die Guten dar (die beiden Marias, Christophorus), die links gelegenen die Bösen, so erläutert es Zara, die zudem immer wieder Querverweise zwischen den Bildern herstellt (vgl. T 150, 165), bei der abschließenden Gruppierung: „Ewiger Absturz gestoppt durch beschwichtigendes Flügelfächeln von den Seitenbildern. Jedem steht frei, hier aufzuklappen und zuzuschlagen, was er will“ (T 166).

Die Tiergestalten sind nicht die einzige Abweichung vom biblischen Handlungs- und Figurenmuster: Verfremdend wirkt ebenso die starke Psychologisierung durch die Erzählerin, die etwa den Petrus-Bären oder die Katze Maria aus der Innensicht zeigt und zudem die zentralen Episoden durch Vorgeschichten und Nachläufe anreichert. Erst durch diese narrative Bearbeitung des Prätextes entsteht eine Struktur aus drei Verweisebenen: die profane (Tier-Geschichten), die heilige (Bibel) und schließlich die selbstreferenzielle. Letztere bildet sich dadurch heraus, dass Zaras Erzählungen eine Reihe von Korrespondenzen mit Figurenkonstellation und Szenen des Romans ›Teufelsbrück‹ aufweisen. Realisiert wird diese Interpretationsmöglichkeit explizit durch Kommentare der Erzählerin/Rezipientin Maria: Sie glaubt in Zaras psychologischem Portrait der unwiderstehlichen Giraffe jemanden zu erkennen. „Meinte sie Leo [...]?“ (T 152) Im Falle der Hirschkuh interpretiert Maria wiederum ein vermeintlich eindeutiges Zeichen Zaras: „als sie vom Lebensende der Hirschin sprach, ahmte sie deren Ausstrecken der Arme nach und fixierte dabei so deutlich Sophie, daß zumindest mir klar war: Sie parodiert [...] unsere Persephone“ (T 164). Szenische Ähnlichkeiten bestehen zwischen der Überfahrt ins Alte Land und den Überquerungen von Wasser durch den Gorilla

---

[37]) BAUMGART, Hinüber ins Alte Land (zit. Anm. 8).

und den Bären, weiterhin zwischen der Fußsalbung und Zaras Schönheitsritual mit Maria in der Rolle der bewundernden Zuschauerin (vgl. T 38ff.), ähnlich der kindlichen Katze.[38]) Jene Episoden verwiesen dann auch auf Zara als das Zebu, die Bewunderte, die Über-das-Wasser-Lockende (vgl. T 144). Für die Rolle des Windhundes, des Verräters kommt nur eine eifersüchtige Figur in Frage: Sophie, Specht? Welche Szene allerdings den Judas-Kuss darstellen soll, durch den das Zebu dem Tod ausgeliefert wird, kann an diesem Punkt der Erzählung ›Teufelsbrück‹ noch nicht entschlüsselt werden, weder von Maria und den anderen Zuhörern noch vom Leser des Romans.

Dass die Altar-Narrative uneindeutig bleiben, hat zwei Gründe. Einmal lassen sich für die drei letzten Bilder (Judas-Kuss, Berührungsversuch, Jüngstes Gericht) keine Entsprechungen innerhalb des bis dahin erzählten Geschehens ausmachen, womit die Andeutung einhergeht, es könnten noch solche folgen. Der andere Grund ist die Mehrdeutigkeit der Rollenbesetzung. So gibt es, wie bemerkt, zwei eifersüchtige Windhunde. Könnte nicht der Gorilla sowohl Maria sein, die Zara über das Wasser folgt, als auch Specht, der mit Maria und Sophie ins Alte Land fährt? Bei den ersten zwei Geschichten spricht Zara den Küster an (vgl. T 139), der auch dem unbeholfenen Bären gleicht, wodurch Maria das Zebu wäre, das es ihm angetan hat. Ein kleines Moment bricht die Eindeutigkeit der Giraffe auf: Johannes wird, der Legende nach, zum Evangelisten und diese Rolle des Schreibenden teilt er nun nicht mit Leo, sondern mit Maria! Sie ist Zaras Lieblingsjüngerin, in der erwähnten Ankleideszene ebenso wie auf dem Gesellschaftsabend, wo die Gastgeberin ihr Klatschgeschichten zuflüstert. Das Zebu als begehrte Gestalt, die sich nicht berühren lässt, wird zwar auch von Zara und Maria, am naheliegendsten jedoch von Leo verkörpert.

Wichtig ist, festzuhalten, dass die Identifikation der Romanfiguren mit den Bibel- bzw. Tiergeschichten bei dieser ersten Erzählung noch offen gehalten wird. Dennoch sind dem Altar Zaras Informationen über den zumindest möglichen Fortgang der Handlung und die Bedeutung der Figuren zu entnehmen. Erneut ergibt sich eine Funktionsgleichheit zwischen Maria und Zara, die beide den Part des Zebus übernehmen. Schwerer wiegt aber, dass alle Geschichten tödlich enden und dass in jedem Falle Maria als Hauptfigur einsetzbar ist. Allein der Verrat und der Selbstmord des Judas scheinen nichts mit ihr zu tun zu haben – diese verräterische Identifikation kann erst sehr spät im Text vorgenommen werden, in der Szene, in der Maria zur Zeugin von Sophies Mord an Leo wird und nicht eingreift (vgl. T 463f.). Im Vordergrund steht zwar Sophie als zurückgewiesene Hirschkuh[39]) und sich selbst richtender Windhund, doch wird sie andererseits zur lediglich ausführenden Häscherin, die weiß, dass Maria und Zara sie beobachten:

---

38) Maria erinnert sich daran, dass sie als Kind so ihrer Mutter zugesehen hat (vgl. T 39).

39) „‚Gut!' sagte die Entbrannte und Zurückgewiesene mit der dunkelsten Stimme, die ich je von ihr gehört hatte, ‚Guut'. Es war der klagende Rinderschrei, [...] ein lang gezogenes ‚Muuuh' als Ausdruck ihres Jammers und doch ein knallendes ‚t' am Ende" (T 462).

„Und noch einmal kam mir der Verdacht, sie, Sophie, schiele zu beiden Türspalten und vermutlichen Beobachterposten. Es war fast ein [...] beifallheischender Blick." Innerhalb der tödlich eindeutigen Judas-Szene gibt es Zweideutigkeiten: zwischen den Rollen Sophies, den Türen/Beobachtern, im „vermutlich". Die Eindeutigkeit erhält einen letzten Aufschub, bis Maria ihre passive Schuld nicht mehr erträgt und sich das Leben nimmt. Im Nachhinein wird die Vorausdeutung des Altars unzweideutig zu Marias Tod im Gebirge: „Heulend, gebirgsartig fiel es aus allen Richtungen über ihn her, um ihn zu erschlagen und mit Spalten zu verschlingen. Judas musste fliehen. Also ging er und erhängte sich, damit ihn der Anblick verließe" (T 159).

Nach diesem weiteren Vorgriff auf den Schluss von ›Teufelsbrück‹ ist noch einmal auf die Ambiguität der Altar-Geschichten zurückzukommen. Sie liegt auch in der Anordnung der genannten drei Verweisebenen, wobei Bibel und Tier-Erzählung als zweideutiger Kommentar der selbstreferenziellen Ebene lesbar werden: Wie wird es aus- und weitergehen mit Maria Fraulob und den anderen Figuren? Heilig oder banal? Ein von Maria als ironisch aufgefasstes Signal gibt Zara, denn die hat „einen Strauß Rosen hingestellt, unanfechtbares Symbol der Passion" (T 140). Vom Ende her werden sämtliche Zeichen des Textes die Bedeutung einer Passionsgeschichte der Hauptfigur annehmen. Dass vorerst die literarische Ambiguität gewahrt bleibt, verdankt sich der Erzählweise Zaras, aber auch den Deutungen ihrer Zuhörerin Maria, allegorisch gesprochen: der Literatur und ihrer Interpretation, deren konkrete Figuren in ›Teufelsbrück‹ immer wieder die Rollen tauschen. Dazu spekuliert die Erzählerin, nicht des Altars: „Redete Zara? Dösten wir bloß aufgrund von Stichwörtern und jeder anders?" (T 149). Poetologisch-narrativ dekonstruiert der Roman in solchen Verwechslungen und Reflexionen die Dichotomie von Text und Interpretation.

Die Altar-Erzählung tritt noch ein zweites Mal auf, bevor sie sich – die Dreizahl – in der Haupthandlung erfüllt. Im Verlauf der am vierten Abend erzählten Party nehmen die Gäste nach und nach die Positionen der Altar-Bilder ein: Eine Greisin wankt unter dem Gewicht eines Säuglings (vgl. T 212), auf der Terrasse zwingt ein Mann eine Frau gewaltsam zum Kuss (vgl. T 216), ein korpulenter Mann durchquert betrunken den Raum, ein anderer geht dem „ertrinkenden Herrn" (T 219) entgegen, ein ehemaliges Fußmodel kniet vor einem jungen Mädchen und hilft ihr in den Schuh (vgl. T 223), eine betrunkene Frau streckt einer nüchternen die Hände entgegen (vgl. T 227), Zara geht vor dem Fußmodel in die Knie und hält deren entstellte Füße (vgl. T 231); gegen Ende des Abends erscheint ein Geschwisterpaar, (vgl. T 233), Maria hört kurz davor eine Unterhaltung über „[g]ut und schlecht", [g]ute und schlechte Menschen" (T 232), die beiden Jugendlichen treten als Richter auf (vgl. T 235). Die Reihenfolge weicht von Zaras Version ab, außer im Anfangs- (Christophorus/Gorilla/Greisin) und im Endpunkt (Jüngstes Gericht/Eule/Geschwisterpaar).

Der Bezug auf den Altar ist dadurch überdeutlich, dass sich das Geschehen in der Wahrnehmung des „Publikum[s]" (T 213) – Maria wechselt plötzlich in die Wir-

Perspektive – verlangsamt, bis zum Standbild: „Wir wurden arretiert und eingeschlossen von einer Art vollkommen durchsichtiger Sülze. Auch unsere Augen, die sich alles einprägen wollten, waren fixiert in ihrer Position" (ebenda). Still gestellt wird nicht nur die Handlung, auch der deutende Blick. In Mann und Frau auf der Terrasse sieht Maria „das versteinerte Paar als Gartenplastik" (T 216), angesichts des Betrunkenen heißt es: „Auch wir anderen gerieten in eine Verzögerung, ja, das am ehesten, eine Dehnung. Wir stockten einige Augenblicke mit unserem Leben" (T 220). Der Moment der Schuhanprobe ist „in Bernstein eingeschlossen" (T 223), ein „mitten ins Zimmer gestellte[s] Bild" (T 224). Ein Effekt wie „in Zeitlupe" (T 227) stellt sich ein beim Anblick der betrunkenen Frau, die richtenden Geschwister verursachen „[ü]bertriebene[n] Stillstand" (T 235): „Wir alle unterlagen dieser Beschwörung und Versteinerung" (ebenda). So wird der Stillstand des Erzählten mit Eindeutigkeit in Verbindung gebracht, denn aufgrund der geschilderten Wirkung verweisen die Party-Szenen eindeutig auf die Altar-Bilder. Sogar der Rosenstrauß als Auftakt wird wiederholt (vgl. T 193)! „‚Hat ihnen vorhin meine Scharade in sieben Bildern gefallen, ungebildetes Kind?'", fragt Zara schließlich Maria, als alle Gäste nach Hause gehen.

Zugleich erschließt die Struktur der drei Verweisebenen neue wie alte Ambivalenzen: Obwohl die Akteure der Szenen als betont banal darstellt werden (= Tiergestalten), ist der tödliche Ernst der Passion als Deutungsebene doch vorhanden. In welches Licht rückt die Ebene der Selbstreferenz? Das hängt davon ab, ob man die Dreiheit simultan oder im zeitlichen Nacheinander liest. In der Gleichzeitigkeit bleibt sie ambivalent, in der Abfolge kann nach der Aktualisierung des Banalen nur noch die tödlich endende Leidensgeschichte kommen. Was an der Figur Leos erstmals aufgewiesen wurde, bestätigt sich: Der Roman tendiert in seinem Verlauf immer stärker zur Eindeutigkeit, eine entsprechende Steigerung vom ersten zum zweiten Vorkommen des Altars wurde erkennbar. Am Ende der drei Erzählungen (Altar-Bilder, Party-Szenen, ›Teufelsbrück‹) steht jeweils das Jüngste Gericht, „das große Entweder-Oder": „Es triumphiert nicht länger der Übergang, das Verschwimmen und Betasten, es siegen die Dämonen des Guten und Bösen" (T 165). Gut oder Böse? Die Jugend als Richter erstarrt „mit sowohl klagend und wie auch [sic] erhobenen Armen" (T 235). Eindeutig urteilt erst das Allerjüngste Gericht auf den letzten Seiten des Textes. Was dies für die poetologische Schlussgebung bedeutet, wird zu interpretieren sein.

IV.
Poetologischer Schluss: Aporie

Das Problem, das gemäß dieser Interpretation die Bedeutung und den literaturgeschichtlichen Ort von Brigitte Kronauers Roman ausmacht, lässt sich in ein Experiment umformulieren: Was geschieht, wenn postmodern eine Geschichte erzählt wird, bei der es um die Existenzfragen von Leben, Liebe und Tod geht? Seine

Antwort richtet der Text nach einer narrativ umgesetzten Theorie des Literarischen: Literatur als Zweideutigkeit bzw. -wertigkeit. Im Rückgriff auf die Behandlung der Intertextualität kann man nun hervorheben, dass es tatsächlich postmoderne Bedingungen sind, unter denen jenes Experiment durchgeführt wird. Zu Beginn der Erzählung beobachtet Maria eine alte Frau:

so krumm, dass sie nur noch den Boden ansehen konnte. Sie ist wahrscheinlich von der Last der gesamten und immer noch anwachsenden Literatur so elend verbogen, dachte ich spaßeshalber. Könnte man ihr die Last abnehmen, all diese Tonnen von Romanen und Geschichten: Wie eine junge Palme würde sie in die Senkrechte schnellen. (T 15)

›Teufelsbrück‹ macht es sich nicht so einfach wie seine Protagonistin, der Text wirft die Last der schon geschriebenen Literatur keineswegs ab, sondern versucht, sie erzählerisch so zu handhaben, dass die literarisch unabdingbare Zweideutigkeit nicht in Eindeutigkeit umschlägt. Wie die Figurenkonstellation gezeigt hat, treibt er dies bis in die Paradoxie. Praktiziert und personifiziert wird eine solch uneindeutige, ironisch-erotische Erzählweise durch die Zentralgestalt Zara Johanna Zoern. Sie entwirft den Bilder-Altar, inszeniert dessen Nachstellung auf dem Gesellschaftsabend, lässt sogar die Kenntnis der gesamten Roman-Handlung durchblicken. Zara nimmt es außerdem mit dem Prätext schlechthin auf, der Bibel. Es gelingt ihr, mit narrativen Mitteln trotz der eindeutigen Heiligen Schrift die Zweideutigkeit des Erzählten, des Erzählens herzustellen. Doch die damit einsetzende Reihe von Präfigurationen[40]) samt der unvollständig ausgedeuteten spätromantischen Intertextualität und ihrer existenziellen Thematik erweisen sich als zu große Last für den Roman: Er erreicht den Endpunkt der Eindeutigkeit. Eben diesen gilt es abschließend zu bestimmen.

Genauer betrachtet treffen sich zwei Punkte in einem: der Selbstmord der Erzählerin/Protagonistin und die enthüllte Identität ihrer Zuhörerin Zara. Am neunten Abend erkennt die Zeichen lesende Maria ihr Gegenüber: „Wir können so tun, als wären sie es, oder auch, als wären Sie es nicht. Das ist das Schöne, in solchen Einzelheiten verraten Sie sich“ (T 478). Somit wird die Zweideutigkeit zum eindeutigen Kennzeichen Zaras und gleichzeitig deren Identität noch in der Schwebe gehalten. Jene vorläufig geltende Paradoxie gibt Maria den Anstoß, die Bedeutung ihrer Geschichte bis ins Einzelne festzuschreiben, um somit zu beweisen, „dass ich alles verstanden habe, ihre Winke und Hinweise“ (T 483). Es findet ein weiteres Mal die Schlüsseloperation des gesamten Romans statt: Übertragung der poetologischen Figurenkonstellation auf die Selbstreferenzialität des Textes, wobei die Paarung Maria – Zara die Vermittlungsfunktion übernimmt.

Im vorletzten Kapitel findet sich eine Beschreibung, die auf die existenzielle Bedrohung der Hauptfigur wie auch auf die Anhäufung der eindeutigen „Winke

[40]) Postmodern sind nicht nur Themen und Motive literarisch vorgeprägt, sondern auch die verwendeten Erzähltechniken: Präfiguration kennzeichnet den Roman der Romantik, ›Teufelsbrück‹ nähert sich in seiner Potenzierung von Prätexten der romantischen Ironie. Vorbild der Leitmotivtechnik ist, wie bereits bemerkt, das intertextuell präsente Werk Thomas Manns.

und Hinweise“ bezogen werden kann: die Staumauer des Kraftwerks von Kaprun. Mit der Passion Marias ist dieses vorausdeutende Narrativ dadurch verbunden, dass es auf ihren verstorbenen Mann zurückgeht: „Mein Ingenieur, der erste und einzige, hatte mir alles erklärt.“[41]) (T 451) In der psychologischen Lesart wäre es die aufgestaute und verdrängte Trauer, deren Druck Maria nach dem Dammbruch ertrinken lässt wie die Ratten von Kaprun (vgl. T 453). Dass es sich bei diesem „Wunderwerk der Ingenieurskunst“ (T 446) um eine implizite Poetik des Romans ›Teufelsbrück‹ handeln könnte, liegt in den Reflexionen Marias über die Konstruiertheit des Bauwerks und seine ästhetische Wirkung (vgl. T 447). Folgt man jener selbstbezüglichen Lesart, dann korrespondiert die tödliche Wucht der losgelassenen Wasser dem finalen Deutungsschub, den die Identifizierung Zaras bei der Erzählerin auslöst und mit der sie der konstruierten, lang aufgebauten Zweideutigkeit des Textes den Garaus macht. Maria ist, wie der Roman, reif für die Enthüllung. „‚Schluß jetzt!‘“ (T 502), spricht Zara und nimmt bald darauf ihre Sonnenbrille ab: „Aus weit geöffneten Augen Befehl zum Aufbruch in die offenstehende, eisige Nacht“ (T 504). Es wartet der Tod durch Erfrieren, über den die aus Eulenaugen Verurteilte schon nachgedacht hat (vgl. T 481), der ihr zeichenhaft vorbestimmt ist durch den Hang zum Erröten (vgl. T 336), die in der Kindheit von „chronischen Frostbeulen“ (T 246) verkrüppelten Füße. „Leben, ade“ (T 504).

Mit ihren letzten Worten ergeht sich Maria in einem Schwall literarischer Anspielungen: auf Märchen (Rotkäppchen, Aschenputtel), Hoffmanns ›Goldenen Topf‹ („Hinaus auf den gefleckten Weg? Der streckt und schlängelt sich“ T 504) und natürlich auf ›Teufelsbrück‹ selbst: „weißer Leib, sein Mantel klafft“ (ebenda) zitiert die zitierende Zara, der Duft nach „gebratener Wurst“ (T 504) den romantisch zitierenden Specht. Das literarische Zitat in Potenz fällt zusammen mit der überwältigenden Eindeutigkeit am Ende des Romans. Was heißt dies für den Ausgang des Experiments? Wie beantwortet der Text seine poetologische Fragestellung? Mit einer Aporie: Ja, es ist möglich, in einer postmodern gesteigerten Intertextualität die existenzielle Geschichte von Liebe und Tod zu erzählen, aber nur um den höchsten Preis – Selbstaufhebung der Literatur. Es stirbt nicht allein die Erzählerin; durch ihre enthüllte Identität, durch Böswilligkeit verliert Zara genau jene Attribute, die sie, auch im Sinne von Kronauers theoretischen Schriften, zur Allegorie des Literarischen erhoben haben: Ambiguität, Ambivalenz.[42]) Demnach wäre die Literatur in ihren ernsthaften Absichten verdammt, in ihrer ironischen Haltung gefährdet. Das narrativ verhandelte Problem wird auf seine Unlösbarkeit zugespitzt.

---

41) Man erfährt nun erst den Beruf des Ehemannes, wodurch Marias Nacht mit dem Ingenieur einen nachträglichen Subtext erhält, den diese nicht ungedeutet lassen kann (vgl. T 483).

42) Die Lösung, „Maria (= der Roman ›Teufelsbrück‹) ist tot, Zara (= die Literatur) überlebt“ muss als allzu schlichte allegorische Deutung abgewiesen werden. Mit der hier vertretenen These einer Aporie kommen dagegen die ausgiebig analysierten komplexen Strukturen des Textes zur Geltung.

Und doch kann man fragen, ob nicht eine kleine Zweideutigkeit, noch nach der letzten Eindeutigkeit, die Möglichkeit der Literatur wieder eröffnet. Marias Abschiedszeilen nehmen lyrische Form an: „Wie's singt und ruft, ich fürcht mich nicht, wie süß mich's zieht: Zizirü, zuküth, ziküth, wie süß, wie süß, zirü – –“ (T 505). Trotz der Überfülle bestimmter Bedeutsamkeit am Ende ereignet sich hierin nochmals ein Umschlag ins Zweideutige: Entweder endet das Erzählen in der Sinnfülle der Poesie oder im anderen Extrem des Nonsens, der nicht-bedeutenden Laute, „zirü“. Angesichts dieser ambivalenten Gleichzeitigkeit und obwohl die Erzählung wie das Leben der Erzählerin aufhört, setzen die allerletzten zwei Zeichen des Romans ein Signal der Ambiguität: „– –“.

WER IST GRAF VON DER OHE ZUR OHE?

Überlegungen zum Kapitel „Der Garten" in Daniel Kehlmanns ›Die Vermessung der Welt‹

Von Joachim Rickes (Berlin)

1. Einleitung

Daniel Kehlmanns Roman ›Die Vermessung der Welt‹ hat in der Literaturkritik ganz unterschiedliche Beurteilungen gefunden. Neben vollmundigem Lob vor allem beim Erscheinen des Romans[1]) sind auch sehr herablassende Beurteilungen zu registrieren. Diese scheinen in dem Maße zuzunehmen, in dem das Buch immer mehr Leser und Käufer findet. Charakteristisch ist hierfür die Stellungnahme ›Kein Rätsel Kehlmann‹ von Tilman Krause.[2]) Krause lobt zwar Kehlmanns erzählerisches Geschick bei der Darstellung des 19. Jahrhunderts: „So hat man also, wenn man das Buch gelesen hat, wieder einmal was gelernt. Man hat eine Lektion in Naturwissenschaften und in preußischer Geschichte der nachnapoleonischen Restaurationszeit bekommen." Wesentlich kritischer beurteilt der Rezensent dagegen Kehlmanns Stil, „jene[n] überlegen ironischen, mitunter spöttischen, leicht slapstickhaften Tonfall, den auch Harald Schmidt so gut beherrscht".[3]) Gerade dadurch erweise sich der Verfasser der ›Vermessung der Welt‹ letztlich als „ein Zeitgeist-Phänomen". Zwar sei der Roman „in jenem glatten Sinne ‚gut geschrieben', der heute so hoch im Kurs steht". Aber, so der Kehlmann-Kritiker: „es fehlt doch viel". Neben der im

---

[1]) Vgl. z. B. die Rezension von Martin Krumbholz, Das Glück – ein Rechenfehler, in: Neue Zürcher Zeitung, 18. Oktober 2005, und die Stellungnahme von Gustav Seibt in der ›Süddeutschen Zeitung‹ vom 15. Dezember 2005 [›Daniel Kehlmann: Die Vermessung der Welt. Gelesen von Ulrich Matthes, 5 CDs, Rowohlt bei Deutsche Grammophon Gesellschaft‹].

[2]) Tilman Krause, Kein Rätsel Kehlmann, in: Die Welt, 4. März 2006. Ironisch bezeichnet der Rezensent schon die damalige Zahl von 450.000 verkauften Exemplaren (Stand Juni 2007: 1.000.000) als „hart an der Grenze zur Anrüchigkeit" und fühlt sich hier eher an Autoren wie Michel Houellebecq erinnert. Zwar handele es sich bei Kehlmann „um ernstzunehmende Literatur", allerdings nach Krause „so ernst [...] nun wieder auch nicht, wie es die Bewisperer anderer Gazetten tun".

[3]) Fast hämisch fährt Krause fort: „Ja, Kehlmann ist der Harald Schmidt unter den Schriftstellern der Gegenwart." Ebenda.

SPRACHKUNST, Jg. XXXVIII/2007, 1. Halbband, 89–96

deutschen Roman offenbar unabdingbaren „Welterklärungswucht“ und „Leidenschaft“ wird von Krause vor allem eines vermisst: „Tiefe“.

Über diese Beurteilungskriterien wird man sicher streiten können. Schließlich kann es auch ein Vorzug sein, wenn endlich einmal ein deutscher Schriftsteller darauf verzichtet, zu erklären, was die Welt im Innersten zusammen hält. Ebenso kritisch zu hinterfragen ist die von romantischem Kunstverständnis geprägte Forderung nach „Leidenschaft“. Aufschlussreicher erscheint jedoch die Auseinandersetzung mit Krauses These der fehlenden „Tiefe“ in Kehlmanns Roman. Hat ›Die Vermessung der Welt‹ tatsächlich nur oberflächliches, gefällig erzähltes Historisieren zu bieten? Oder gibt es eine literarische Tiefendimension, die dem Literaturkritiker entgangen ist? Dieser Frage soll im Folgenden anhand der exemplarischen Analyse eines Roman-Kapitels nachgegangen werden.

2. Das Gespräch im Garten – ein close reading

Unter den sechzehn Kapiteln in Daniel Kehlmanns Roman ist das neunte mit dem Titel „Der Garten“ das wohl rätselhafteste – und damit das am stärksten interpretationsbedürftige. Das Handlungsgeschehen ist überschaubar: Der als Landvermesser tätige Gauß klopft spät abends an die Tür eines Herrenhauses in der Lüneburger Heide. Er will dem Besitzer einige Bäume und einen Schuppen abkaufen, die seine Vermessungsarbeit behindern. Da er sich über den Namen des Grafen Hinrich von der Ohe zur Ohe amüsiert, wird er seinerseits vom Diener herablassend behandelt. Der verärgerte Gauß besteht nun darauf, mit dem Grafen zu sprechen, auch wenn dieser dafür aus dem Bett geholt werden muss: „Schlaf sei kein Schicksal. Wer schlafe, den könne man wecken“ (182).[4]) Ebenso nachdrücklich fordert er eine Unterkunft für die Nacht und brüskiert bei seiner kurzen Audienz den Grafen. Gauß’ Freude darüber, dass ihn diese „Leute [...] nie wieder wie einen Domestiken“ behandeln würden, ist jedoch nur von kurzer Dauer. Der Diener weist ihm eine übel riechende, schlecht ausgestattete Unterkunft im Untergeschoss des Hauses zu. Hier verbringt der Landvermesser eine durch merkwürdige Visionen gestörte Nacht:

> Am frühen Morgen weckte ihn ein quälender Traum. Er sah sich selbst auf der Pritsche liegen und davon träumen, daß er auf der Pritsche lag und davon träumte, auf der Pritsche zu liegen und zu träumen. Beklommen setzte er sich auf und wußte sofort, daß das Erwachen noch vor ihm lag. Dann wechselte er in wenigen Sekunden von einer Wirklichkeit in die nächste und wieder nächste, und keine hatte etwas Besseres zu bieten als dasselbe verdreckte Zimmer mit Heu auf dem Boden und einem Wassereimer in der Ecke. (184f.)

Allerdings unterscheiden sich die einzelnen Träume durch rätselhafte Details: „Einmal stand eine hohe, verschattete Gestalt in der Tür, ein andermal lag ein toter

[4]) Dieses und alle weiteren Roman-Zitate nach: Daniel Kehlmann, Die Vermessung der Welt, Reinbek bei Hamburg 2005.

Hund in der Ecke, dann hatte sich ein Kind mit einer hölzernen Maske hereinverirrt, aber bevor er es deutlich sehen konnte, war es schon wieder weg" (185). Beachtenswert erscheint, dass bei Gauß auch nach dem tatsächlichen Erwachen ein Gefühl der Verwirrung zurück bleibt: „Als er schließlich erschöpft auf dem Bettrand saß und in den sonnigen Morgenhimmel sah, konnte er das Gefühl nicht loswerden, daß er jene Wirklichkeit, in die er gehörte, um einen Schritt verfehlt hatte" (185). Der Eindruck des leicht Irrealen verstärkt sich im Folgenden. Nach einem kurzen Gang durch das Herrenhaus gelangt der berühmte Mathematiker durch eine „Gittertür" in einen tropisch anmutenden Garten: „Dieser war mit erstaunlicher Sorgfalt angelegt: Palmen, Orchideen, Orangenbäume, bizarr geformte Kakteen und allerlei Pflanzen, die Gauß noch nicht einmal auf Bildern gesehen hatte." Gauß folgt einem mit Kies bestreuten Weg: „Der Bewuchs wurde dichter, der Weg schmaler, er mußte geduckt gehen. [...] Als er sich zwischen zwei Palmenstämmen hindurchschob, blieb er mit der Jacke hängen und wäre fast in einen Dornenstrauch gestolpert. Dann stand er auf einer Wiese" (185f.). Hier findet Gauß den Grafen in einem Lehnstuhl sitzend beim Teetrinken und es kommt zu einem merkwürdigen Gespräch.

Der Wissenschaftler, der seinen Gastgeber zunächst für einen „alten Dummkopf" hält, muss erstaunt feststellen, dass dieser vieles, praktisch alles über ihn weiß. Das gilt selbst für finanzielle Manöver, die Gauß lieber geheim halten würde. Wie ihm der Graf vorrechnet, macht Gauß mit seinen Vermessungsaquisitionen bei Ankauf und Rückerstattung „einen hübschen Kursgewinn" (188) zum Nachteil seines Auftraggebers. Als Gauß beim Gespräch über den Ankauf von Schuppen und Bäumen vom Grafen Unterstützung des preußischen Staates fordert, wird ihm seine eigene frühere Tätigkeit im Dienste Napoleons vorgehalten: „Patriotismus, sagte der Graf. Interessant. Besonders, wenn ihn jemand einfordere, der bis vor kurzem französischer Beamter gewesen sei" (187). Zugleich weist der Graf darauf hin, dass „[n]icht jeder [...] das Glück gehabt" habe, „vom Korsen geschätzt zu werden" (187). Er selbst sei gerade erst aus dem Schweizer Exil zurückgekehrt. Graf von der Ohe zur Ohe ist bekannt, dass sein Besucher der berühmte Verfasser der ›Disquisitiones Arithmeticae‹ ist. Der Graf hat das Buch gelesen und behauptet überraschenderweise, im Abschnitt über die Kreisteilung Gedanken gefunden zu haben, „von denen sogar er noch habe lernen können" (189). Als der irritierte Gauß ungläubig lacht, wird diese Bemerkung ausdrücklich bestätigt: „Doch doch, sagte der Graf, er meine es ernst." Schließlich folgt eine besondere rätselhafte Aussage: „Er [der Graf] habe gehört, der Herr Geodät wolle ihm etwas sagen" (189). Gauß ist völlig verblüfft und weiß nicht, wovon die Rede ist – schließlich ist ihm Graf von der Ohe zur Ohe bislang völlig unbekannt. Aber sein Gegenüber lässt nicht locker: „Es sei schon eine Weile her. Beschwerden, Ärgernisse. Eine Anklage sogar" (189). Gauß hat „keine Ahnung, wovon dieser Mann" spricht. Dementsprechend bleibt er die Antwort schuldig, worauf sein Gegenüber lapidar anmerkt: „Dann eben nicht". Überraschend stellt der Hausherr schließlich die umstrittenen Bäume und den Schuppen gratis zur Verfügung. Nach den Gründen gefragt, antwortet er ironisch-sarkastisch: „Brauche man immer Gründe? Aus Liebe zum Staat, wie sie einem Bürger wohl anstehe. Aus Wertschätzung für den Herrn Geodäten" (189).

Nicht nur der berühmte Mathematiker, sondern auch der Leser tappt zunächst völlig im Dunkeln, was mit den genannten „Beschwerden, Ärgernissen" und insbesondere der „Anklage" gegen Graf von der Ohe zur Ohe gemeint sein könnte. Dieses Rätsel gewinnt an Bedeutung, wenn man berücksichtigt, dass Daniel Kehlmann das Gartengespräch frei erfunden hat. Im Brief des historischen Carl Friedrich Gauß über den Besuch beim Grafen Peter Hinrich von der Ohe zur Ohe vom 29. September 1822 ist von einem Garten keine Rede. Hier wird lediglich von der geringen Bildung des Grafen und der wenig luxuriösen Ausstattung des Herrenhauses berichtet. Im Rückblick auf den Aufenthalt notiert Gauß:

> Ganz so schlecht, wie ich es gefürchtet hatte, ist der Aufenthalt hier (in Barlhof) doch nicht, ohne Vergleich besser, wie in Ober-Ohe […]. Dort lebt eine Familie, dessen Haupt ‚Peter Hinrich von der Ohe zur Ohe' sich schreibt (falls er schreiben kann), dessen Eigentum vielleicht 1 Quadratmeile groß ist, dessen Kinder aber die Schweine hüten. Manche Bequemlichkeiten kennt man dort gar nicht, z. B. einen Spiegel, einen A[bor]t und dergleichen. […] Gott sei Dank, daß ich den 10tägigen Aufenthalt daselbst überstanden habe …[5])

Schon wegen der von Kehlmann vorgenommenen Einführung des Gartengesprächs ist von einer besonderen Bedeutung der seltsamen Szene auszugehen. Nachfolgend soll versucht werden, interpretatorisch Licht ins Dunkle zu bringen. Genauer betrachtet, lassen sich drei Deutungsmöglichkeiten der Begegnung zwischen Gauß und Graf Hinrich von der Ohe zur Ohe unterscheiden:

1. Die Szene könnte die Funktion haben, Gauß' Schwierigkeiten im Umgang mit seiner noch ungewohnten Berühmtheit zu illustrieren. Nach dem Besuch wird festgehalten: „Der (Graf) hatte also die *Disquisitiones* gelesen! Er [Gauß] hatte sich immer noch nicht ans Berühmtsein gewöhnt. Selbst damals, als in der schlimmsten Kriegszeit ein Adjutant Napoleons Grüße überbracht hatte, hatte er es für ein Mißverständnis gehalten" (190). Der sich verbreitende Ruhm soll im Roman u. a. durch das Gespräch mit einen „kauzigen Aristokraten" (192) verdeutlicht werden. Humoristisches tritt hinzu, wenn sich der Graf für Gauß ungehobeltes Verhalten am Vorabend, insbesondere das unhöfliche Aufwecken, in der Gartenszene rächt. Unter anderem muss der Gast stehen, weil kein weiterer Stuhl vorhanden ist. Im Gespräch folgen spöttische Anspielungen, enthüllende Vorhaltungen und verwirrende Behauptungen. Gauß, dessen besonderes Orientierungsvermögen beim Betreten des Herrenhauses noch betont wurde,[6]) erscheint es bezeichnenderweise beim Verlassen des Gartens „einen Moment, als hätte er die Orientierung verloren" (190).

---

[5]) Kurt-Reinhard Biermann (Hrsg.), Carl Friedrich Gauß. Der ‚Fürst der Mathematiker' in Briefen und Gesprächen, München 1990, S. 103.

[6]) „Sie kamen eine Treppe hinunter, dann wieder hinauf, dann wieder hinunter. Die Anlage sollte wohl Besucher verwirren, und vermutlich funktionierte das bei Leuten ohne geometrische Vorstellungskraft ganz gut. Gauß überschlug, dass sie jetzt etwa zwölf Fuß über und vierzig Fuß westlich vom Haupttor waren und sich in südwestlicher Richtung bewegten" (183).

2. Eine zweite Deutungsmöglichkeit eröffnet sich mit Blick auf Kehlmanns Nähe zur modernen südamerikanischen Literatur. Unter dieser Perspektive könnte eine surreale Szene im Sinne des ‚magischen Realismus‘ vorliegen, d. h. das unauffällige Auftreten irrealer Phänomene in scheinbar realistisch erzählten Texten. Diese Technik wird in ›Die Vermessung der Welt‹ wiederholt eingesetzt, z. B. in der folgende Beschreibung von Humboldts Flussreise: „Immer wieder strichen Spiegelungen von Vögeln übers Wasser, selbst wenn der Himmel leer war“ (110). Mit Blick auf die Gartenszene ist vor allem auf das Phänomen der Gedankenübertragung zu verweisen. Der Graf spricht durchweg über Themen, an die Gauß kurz zuvor gedacht hat: über seine Frau Johanna, über den anrüchigen Geldgewinn usw. Die Funktion dieser Verfahrensweise im Kapitel „Der Garten“ kann gedeutet werden als erzählerische Ironie bzw. Durchbrechung der Wirklichkeitsillusion im Sinne von Kehlmanns Technik des ‚gebrochenen Realismus‘.[7])

3. Die dritte Deutung ist die interpretatorisch anspruchsvollste. Ihr zufolge ist die Garten-Szene allegorisch strukturiert, steht Graf von der Ohe zur Ohe für eine ganz andere Person. Ausgangspunkt einer entsprechenden Allegorese sind jene Beschwerden und die Anklage, auf die der Graf Gauß anspricht. Prüft man in der vorhergehenden Schilderung von Gauß’ Lebensweg nach, gegen wen er Anschuldigungen erhebt, fällt als einziger Adressat von fortgesetzter Kritik Gott selbst auf. Schon der Volksschüler Gauß ist von der Schöpfung ernüchtert: „Warum er traurig war? […] Weil die Welt sich so enttäuschend ausnahm, sobald man erkannte, wie dünn ihr Gewebe war, wie grob gestrickt die Illusion, wie laienhaft vernäht ihre Rückseite“ (59). Dem Pastor gegenüber macht der Gymnasiast später kritische Anmerkungen zur Erbsünde: „Gott habe einen geschaffen, wie man sei, dann aber solle man sich ständig bei ihm dafür entschuldigen. Logisch sei das nicht. […] ihm erscheine das wie eine mutwillige Verkehrung von Ursache und Wirkung“ (60f.). Ähnlich heißt es an einer späteren Stelle:

> Auf dem Grund der Physik waren Regeln, auf dem Grund der Regeln Gesetze, auf deren Grund Zahlen; wenn man diese scharf ins Auge faßte, erkannte man Verwandtschaften zwischen ihnen […]. Einiges an ihrem Gefüge schien unvollständig, seltsam flüchtig entworfen, und nicht nur einmal glaubte er, notdürftig kaschierten Fehlern zu begegnen – als hätte Gott sich Nachlässigkeiten erlaubt und gehofft, keiner würde sie bemerken. (88)

Die deutlichste Gotteskritik findet sich in Gauß’ Reflexionen kurz vor seinem geplanten Selbstmord:

> Er dachte ans Jüngste Gericht. Er glaubte nicht, daß so etwas veranstaltet werden würde. Angeklagte konnten sich verteidigen, manche Gegenfragen würde Gott nicht angenehm sein. Insekten,

---

[7]) Das Phänomen der Gedankenübertragung zeigt sich auch in den Details von Gauß’ Traum während der Übernachtung im Herrenhaus. Während die „hohe, verschattete Gestalt in der Tür“ auf seinen Gastgeber bezogen werden kann, verweisen die Erwähnung eines „tote[n] Hund[es]“ in der Zimmerecke sowie das „Kind mit einer hölzernen Maske“, das sich kurzzeitig ins Zimmer verirrt, deutlich auf Bewusstseinsinhalte Humboldts aus dem sechsten Kapitel „Der Fluß“ (vgl. S. 125f. und 130) sowie dem achten Kapitel „Der Berg“ (s. S. 172f.).

Dreck, Schmerz. Das Unzureichende in allem. Selbst bei Raum und Zeit war geschlampt worden. Falls man ihn vor Gericht stelle, gedachte er, ein paar Dinge zur Sprache zu bringen. (99)[8])

Ohne dass Gauß es erkennt, findet dieses „Gericht" im morgendlichen Gespräch mit Graf von der Ohe zur Ohe statt. Der skurrilen Unterredung ist eine tiefere Bedeutung unterlegt, die nachfolgend aufgeschlüsselt werden soll. Literaturtheoretisch ist für den Nachweis einer allegorischen Bedeutungsebene die schlüssige Übersetzung aller wesentlichen Elemente dieser Szene erforderlich.[9]) Unternimmt man den Versuch einer entsprechenden Allegorese, so steht der tropische Garten mit der engen Pforte für das in die Lüneburger Heide verlegte Paradies, der aus dem Alten Testament geläufige „Dornenstrauch (186) bzw. Dornbusch signalisiert die Anwesenheit Gottes[10]), die merkwürdige Unterredung auf der Wiese bildet das ironisch verkleinerte Jüngste Gericht. Gauß, dem nur scheinbar ein Stuhl angeboten wird[11]), muss barhäuptig[12]) vor dem Herrn des „Herrenhaus(es)" stehen. Der alte Graf, ein „groß[er]" Mann mit „hohle[n] Wangen" und „stechende[n] Augen" (183) ist Gott, der alles über Gauß und seine Sünden weiß. Graf Hinrich von der Ohe zur Ohe erweist sich jedoch als ein *deus absconditus*, der das Interesse an der Welt und seinen Geschöpfen verloren hat. Als der Graf im Gartengespräch von den ›Disquisitiones‹ spricht, zeigt sich Gauß erstaunt, „hier einen Mann mit solchen Interessen zu treffen." Der Graf hält dagegen: „Er solle lieber von Wissen sprechen [...]. Seine Interessen seien sehr beschränkt. Doch er habe es immer für nötig gehalten, seine Kenntnisse weit über die Grenzen seiner Anteilnahme hinaus auszudehnen" (189). Einen weiteren Fingerzeig auf die Identität von Graf von der Ohe zur Ohe gibt der Hinweis auf seinen Gang ins Exil, der durch Bonapartes ablehnende Haltung notwendig wurde. Allegorisch gedeutet, ist Gott durch Atheismus und Naturwissenschaften, für die Napoleon Bonaparte steht[13]), aus Deutschland vertrieben worden. Die Schweiz wird wegen ihrer christlichen Traditionen als Exil genannt. Auch die Rückkehr des Grafen nach Deutschland kann in diesem Sinne gedeutet werden. Mit der konservativ-christlichen Restauration konnte er nach Preußen zurückkehren, denn „jetzt hätten die Dinge sich vorübergehend geändert" (186).

---

[8]) Zu beachten ist, dass die hier genannten drei Hauptkritikpunkte „Insekten, Dreck, Schmerz." auch beim Besuch im Herrenhaus eine Rolle spielen: „Der Diener brachte ihn in ein fürchterliches Loch. Es stank, auf dem Boden lagen Reste von fauligem Heu, ein Holzbrett diente als Bett [...]. Stöhnend zwängte sich Gauß auf die Holzpritsche. [...] Er hoffte nur, dass es hier nicht noch fremdartige Insekten gab" (183–186).

[9]) Vgl. dazu: Gerhart Kurz, Metapher, Allegorie, Symbol, Göttingen 2004.

[10]) Vgl. Exodus 3–4 sowie: Joseph Ratzinger, Einführung in das Christentum, München 1968, S. 84–89. („Das Problem der Geschichte vom brennenden Dornbusch").

[11]) „Ob der Herr Geodät sich nicht setzen wolle? Gauß sah sich um. Es gab nur einen Stuhl und in dem saß der Graf. Nicht unbedingt, sagte er zögernd. Ja nun, sagte der Graf. Dann könne man gleich verhandeln" (186).

[12]) Bei der Beschreibung von Gauß' Gang durch den Garten heißt es: „[...] eine Liane streifte ihm die Mütze vom Kopf" (185).

[13]) Vorausdeutend findet sich im siebten Kapitel „Die Sterne" der Hinweis: „Er [Gauß] durfte es keinem sagen, aber dieser Bonaparte interessierte ihn. [...] Einst hatte er eine vorzügliche Abhandlung über das Problem der Kreisteilung mit festgestelltem Zirkel verfaßt" (152).

Wie das Wort „vorübergehend" zeigt, weiß Gott allerdings genau, dass im Zeitalter von Gauß und Humboldt seine Zeit abläuft.

Bezeichnenderweise empfindet Gauß während des Gartengesprächs immer mehr Unbehagen: „Die Sonne kam ihm zu hell vor, und die Pflanzen beunruhigten ihn" (188). Die Ironie der Szene liegt darin, dass der atheistische Naturwissenschaftler nicht erkennt, mit wem er spricht. In dieser Konstellation ist unschwer die Umkehrung einer thematisch verwandten weltliterarischen Szene zu erkennen. Der Großinquisitor in Dostojewskis Roman ›Die Brüder Karamasov‹ erkennt zwar nach anfänglichem Zögern den wiedergekehrten Christus, will seine Rückkehr in die Welt aber nicht akzeptieren.[14]) Insofern wird an der Gartenszene exemplarisch deutlich, dass Kehlmanns Roman zumindest in diesem Kapitel eine literarische Tiefendimension vorzuweisen hat. Die Szene kann unter ‚mehrfacher Optik'[15]) gelesen werden: als humorvoll-realistische Darstellung der Auswirkungen von Gauß' Ruhm, als Anknüpfung an den „realismo magico" der südamerikanischen Literatur, aber auch als allegorisches Vexierspiel mit dem weltliterarischen Motiv des Gottesgesprächs.[16]) Die scheinbar realistische Unterredung mit dem vermeintlichen „Dummkopf" erweist sich zugleich als surreales, scheiterndes Gespräch zwischen dem weltabgewandten, abdankungswilligen christlichen Gott und dem rationalistischen Naturwissenschaftler, der Gott nicht erkennen kann, weil er nicht an ihn glaubt.[17]) Mehr noch: durch seine Vermessung der Welt trägt Gauß – wie Humboldt – dazu bei, die Abkehr von Gott zu beschleunigen.

3. Schlussbemerkungen

Wie die vorhergehende Interpretation zeigt, ist im Kapitel „Der Garten" eine bisher unbeachtet gebliebene Gehaltsebene nachzuweisen. Von ihr ausgehend, erscheint es notwendig, den Roman insgesamt einer eingehenden Untersuchung zu unterziehen. Denn es ist wenig wahrscheinlich, dass Daniel Kehlmann nur in dieser einen Szene mit ‚mehrfacher Optik' gearbeitet haben sollte. Auch von seiner Struktur her verdient ›Die Vermessung der Welt‹ eine genauere Betrachtung, als diesem Text bisher gewidmet wurde. Exemplarisch kann darauf hingewiesen werden, dass die Konstruktion von Kehlmanns Romans einer Denkfigur Walter Benjamins

---

[14]) Natürlich liegt in der genannten Kehlmann-Szene ebenso ein Bezug zu verschiedenen Erzählungen von Franz Kafka vor.

[15]) Vgl. dazu: Joachim Rickes, Der sonderbare Rosenstock. Eine werkzentrierte Untersuchung von Thomas Manns Roman ›Königliche Hoheit‹, Frankfurt/M. u. a. 1998, bes. S. 188f.

[16]) In seinen Göttinger Poetikvorlesungen hat Daniel Kehlmann – in der Form eines ironischen Zwiegesprächs des Autors mit sich selbst – eine entsprechende allegorische Auslegung der Garten-Szene zugleich angedeutet und ironisiert. Vgl. Ders., Diese sehr ernsten Scherze. Poetikvorlesungen, Göttingen 2007, S. 33f.

[17]) Diese Doppelbödigkeit ist z. B. Hubert Winkels entgangen, der in seiner Besprechung des Romans ausdrücklich den „Verzicht aufs Metaphysische, aufs Irrationale, auf den Einbruch des Anderen in die vermessene Welt" kritisiert. Vgl. Ders., Als die Geister müde wurden, in: Die Zeit, 13. Oktober 2005.

entspricht. In seiner Untersuchung ›Der Ursprung des deutschen Trauerspiels‹ empfiehlt Benjamin als Voraussetzung der Erkenntnis des ‚Ideals' eines Problems die „Richtung aufs Extreme"[18]. Die Begründung lautet: „Das Empirische [...] wird um so tiefer durchdrungen, je genauer es als ein Extremes eingesehen wird."[19]) Als Beispiel führt Benjamin die Herrscherfiguren im barocken Trauerspiel an: „Tyrann und Märtyrer sind im Barock die Janushäupter des Gekrönten. Sie sind die notwendig extremen Ausprägungen des fürstlichen Wesens."[20]) Ähnlich werden die Frauengestalten der deutschen Barockdramen von ihm unter den Extremen ‚Heilige' oder ‚Hure' betrachtet. Humboldt und Gauß, der Weltreisende und der Weltfremde, entsprechen in ihrer absoluten Gegensätzlichkeit wohl nicht zufällig dem Benjamin'schen Ansatz.

Es erscheint lohnend, diese Spur in ›Die Vermessung der Welt‹ weiterzuverfolgen. Das gilt gerade im Hinblick auf das zugrunde liegende ‚Ideal' des Problems. Schließlich geht es jenseits der eingängigen Oberflächenhandlung um gewichtige Themen: um die Weimarer Klassik im naturwissenschaftlichen Zeitalter, um das Verhältnis von Aufklärung und Aberglauben, um deutsche Geschichte *und* Gegenwart, nicht zuletzt um die Illusion des Exports von Vernunft und Humanität in andere Erdteile bei gleichzeitiger polizeistaatlicher Unterdrückung in Preußen. Dieses widersprüchliche Weltgeschehen ohne jede „Welterklärungswucht" und übertriebene „Leidenschaft", vielmehr so heiter-entspannt und unaufdringlich-doppelbödig zu vermitteln, dass es auch hauptberufliche Literaturkritiker leicht überlesen, charakterisiert die poetische Tiefe von Daniel Kehlmanns unterschätztem Roman.

---

18) Walter Benjamin, Ursprung des deutschen Trauerspiels, Frankfurt/M. 1963, S. 45.
19) Ebenda, S. 26.
20) Ebenda, S. 60.

VERWISCHTE INSCHRIFTEN

Zu Thomas Hardys ›During Wind and Rain‹

Von Peter Krahé (Berlin)

> What are song, laughter, what the footed maze,
> Beside the good of knowing no birth at all?[1])

›During Wind and Rain‹ aus dem Band ›Moments of Vision‹ von 1917 ist eines der meistanthologisierten Gedichte Thomas Hardys und vielleicht der englischen Literatur überhaupt. Sein Hintergrund wird dokumentiert und kommentiert in der autobiographischen Skizze ›Some Recollections‹,[2]) die seine erste Frau, Emma Lavinia Gifford, kurz vor ihrem Tode im November 1912 niedergeschrieben hat. Bilder ihrer Jugend im Kreise der Familie sind mit Charme in dieser kleinen Schrift zusammengetragen, die Einblicke in Hardys Produktionsweise erlaubt und zeigt, wie er vorgefundenes Material als Inspirationshilfe für eigene Werke zu nutzen verstand. Ein Großteil der Details des späteren Gedichts und auch die Retrospektive mit ihrer Thematik von Wandel und sich ankündigendem Unheil sind hier bereits vorgebildet: „The heavens poured down a steady torrent on our farewells, and never did so watery an omen portend such dullnesses, and sadnesses and sorrows as this did for us".[3]) Das Gedicht selbst ist jedoch am Ende erheblich mehr als die Summe seiner Teile. Der Titel ›During Wind and Rain‹ erscheint schon andeutungsvoll und schicksalhaft, bevor man seiner Herkunft aus Festes Lied mit dem „With hey-ho, the wind and the rain" in Shakespeares ›Twelfth Night‹ gewahr wird.[4]) Seine Beliebtheit bezieht es aus diesem Anspielungsreichtum: Bedeutungen zeichnen sich ab, obwohl das Gedicht auf der wörtlichen Ebene vielfach im Unbestimmten

---

[1]) Thomas Hardy, Thoughts from Sophocles, in: The Complete Poems, hrsg. von James Gibson, London 1976, S. 936. Alle weiteren Nachweise erfolgen nach dieser Ausgabe als eingeklammerte Seitenzahlen im Text.

[2]) Ausführlich dargelegt in: Emma Hardy, Some Recollections, hrsg. von Evelyn Hardy, Robert Gittings, Oxford 1979.

[3]) Ebenda, S. 21; Darstellung der Herausgeber: S. 42f.

[4]) William Shakespeare, Twelfth Night, or What You Will, hrsg. von M. M. Mahood, Harmondsworth 1968, repr. 1977 [New Penguin Shakespeare], S. 131f. [V.I.386ff.].

SPRACHKUNST, Jg. XXXVIII/2007, 1. Halbband, 97–107

verharrt, gemäß Hardys Selbstaussage „the author loved the art of concealing art".[5]) Obgleich er die naheliegende und ihm oft zugedachte Bezeichnung als Pessimist in der Nachbarschaft Schopenhauers zurückwies und sich selbst gern als ‚meliorist' betrachtete,[6]) sind die düsteren Züge seines Werkes unleugbar fast allgegenwärtig. Die klassischen Assoziationen von Regen und Wind in der englischen Literatur mögen dem geübten Leser vor Augen stehen,[7]) werden aber von vornherein nicht unterstützt. Die Szenerie einer stürmischen, regnerischen Heide aus ›King Lear‹ kontrastiert mit den hellen und fröhlichen Genrebildern der einzelnen Strophen, bevor sie jeweils in den beiden refrainartigen Schlussversen mit unheilvollen Bedeutungen jenseits des Geborgten aufgeladen werden. Bevor es dabei zu den unvergesslich-zitablen Schlussversen des Gedichts kommt, ist immer wieder Hardys vertraute Strategie feststellbar, den Leser auf eine falsche Verständnisfährte zu locken. Bereits auf der untersten formalen Ebene einzelner Verse wird das Deutungsmuster seiner Weltsicht im großen deutlich: ›Life's Little Ironies‹ nach einer seiner Lieblingsformulierungen wie einem Band von Erzählungen.[8]) Gerade in ›During Wind and Rain‹ wird Hardys Fähigkeit, den Verstehensprozess des Lesers zu steuern und mit vorgeblicher Unbestimmtheit Bedeutungsvielfalt zu erzeugen, eindrucksvoll belegt. Während die Dichtung dem Zwischenreich des Ambivalenten angehört und jedes Recht dazu hat, andeutungsweise und mehrdeutig vorzugehen, liegt die Aufgabe der Philologie in der Auslegung. Dementsprechend versucht der folgende Beitrag, behutsam die Unbestimmtheitsstellen zu füllen, Andeutungen zu erhellen und mit Respekt vor der Geschlossenheit des Kunstwerks das Implizite explizit zu machen.

So wie die Titelzeile von ›During Wind and Rain‹ keine geschlossene Sinneinheit darstellt, sondern die Frage provoziert, was während Regen und Wind geschehe, erscheint das Gedicht selbst inhaltlich als eine Aneinanderreihung von Unbestimmtheitsstellen, formal im Kontrast dazu allerdings überaus streng gebändigt: Vier Strophen, weitgehend den vier Jahreszeiten zugeordnet, dem gleichen Bauschema unterworfen, bei einzeln betrachtet unregelmäßiger Versform und achtundzwanzig Verszeilen gleich den Tagen des Wintermonats Februar. Vier schildernde Episoden als Auftakt schlagen jeweils in den letzten beiden Versen von aufsteigender Länge in eine elegisch-beschwörende Klage über das unaufhaltsame Verrinnen der Zeit um, wobei der Wendepunkt graphisch durch drei Punkte markiert ist: für den

---

[5]) Florence Emily Hardy [i.e. Thomas Hardy], The Life of Thomas Hardy 1840–1928, London, repr. 1975, S. 300f.

[6]) Michael Millgate, Thomas Hardy. A Biography Revisited [2004], Oxford 2006, S. 379: „[...] my practical philosophy is distinctly meliorist. What are my books but one plea against ‚man's inhumanity to man' – to woman – and to the lower animals?" – Die Forschung sieht ihn heute gemeinhin als „deeply and unshakeably a humanist": Deanna K. Kreisel, Thomas Hardy, in: The Oxford Encyclopedia of British Literature, hrsg. von David Scott Kastan, Oxford u. a. 2006, 5 Bde.: Bd. 2, S. 502–509, hier: S. 509.

[7]) „[...] rain and wind (desire) have always been connected with physical love in English literature": Ad. de Vries, Dictionary of Symbols and Imagery, 2nd Ed., Amsterdam 1976, S. 38.

[8]) Thomas Hardy, Life's Little Ironies [1894], hrsg. von Claire Seymour, London, repr. 2002.

Leser ein sichtbares Signal innezuhalten, dem Zuhörer dagegen nur durch eine gedankenschwere Pause vermittelbar. Wie nebenbei bezieht Hardy hiermit Position im immer währenden dichtungstheoretischen Streit darüber, ob Lyrik zu stiller Lektüre oder lautem Vortrag bestimmt sei: Überraschend vertritt seine eigene Haltung entschieden beides zugleich und verrät in ihrer Durchformung, dass ihr Urheber nicht nur Lyriker und Romancier, sondern auch Architekt war. Man erinnert sich an Versuche Gottfried Benns, bei Dichterlesungen den Zuhörern die äußere Form seiner Gedichte zu veranschaulichen, indem er wie in einer Regieanweisung anzukündigen pflegte: „[...] jetzt kommt ein Gedicht von beispielsweise vier Strophen zu acht Reihen – das optische Bild unterstützt meiner Meinung nach die Aufnahmefähigkeit.“[9])

Die Szenerie von ›During Wind and Rain‹ lässt zu Beginn den Leser nicht nur mit symbolisch-existentiellem Unwetter rechnen, sondern auch ein typisch atlantisches Wetter erwarten, während es sich die Menschen bei einer Lieblingsbeschäftigung zuhause behaglich machen: „They sing their dearest songs –“. (495) Der Versauftakt ist unvermittelt, wer gemeint ist, bleibt verschwiegen. Größere Bestimmtheit wäre vielleicht von positivistischem Interesse, würde jedoch dem offenkundigen Streben des Gedichts nach einer allgemeineren Aussage zuwiderlaufen. Schließlich bezieht sich auch der Titel selbst nicht auf ein bestimmtes, kalendarisch wie geographisch festleg- und messbares Tiefdruckgebiet, sondern besitzt einen unverkennbar symbolischen Bezugsrahmen. Evoziert wird mithin eine viktorianisch-häusliche Innenraumszene, Musizieren im engen Familienkreis, entsprechend den ‚gender roles‘ der Zeit hierarchisiert von Mann zu Frau und den Kindern hinab. Keine Zahl wird genannt, doch Vollzähligkeit hervorgehoben und vorläufig beschlossen durch einen Ausruf, der zum absoluten Sinnwort der populären Kultur einer viel späteren Zeit werden sollte. In einem Lied der frühen 1960er Jahre fordern The Beatles mittels dieser Interjektion das Publikum auf, sich in wortloser Übereinstimmung zu einem dürren Hinweis alles weitere selbst hinzuzudenken: „She loves you, yeah, yeah“. Hardys ‚yea‘ bildet demgegenüber neben der Bekräftigungsformel ein Gelenk und einen Neueinsatz: Nachdem in asyndetisch-dichter Reihung die Gesamtheit der Familie und des Gemeinschaftserlebnisses angesprochen ist, folgt in lyrischer wie musikalischer Variation die polysyndetische Ausmalung: Frauen- und Männer-Stimmlagen mit abnehmender Höhe, jetzt formal anspruchsvoll chiastisch überkreuzt angeführt und dadurch Zusammenhalt suggerierend. Der Chiasmus ist bekanntlich in der Literatur traditionell die Stilfigur engster menschlicher Bindungen.[10]) Eine anfänglich als typisch viktorianisch aufgefasste Rangfolge der

---

[9]) Gottfried Benn, Probleme der Lyrik [1951], in: Gesammelte Werke, hrsg. von Dieter Wellershoff, Wiesbaden, München, repr. 1977/78, 4 Bde.: Bd. 1, S. 494–532, hier: S. 529.

[10]) Vgl.: „[T]hou to me | Art all things under heav'n, all places thou“. John Milton, Paradise Lost, in: Poetical Works, hrsg. von Douglas Bush, London, repr. 1970, S. 458f. [XII, Z. 617f.]

Geschlechter und implizierten Kinder wird dadurch wirkungsvoll ausgehebelt: Das Gedicht ist moderner, als es den Anschein hat, selbst wenn die Darbietung der Hausmusik erst durch ein zeitgenössisches Begleitinstrument vervollständigt wird, wieder in Andeutung belassen. Man wird das Bild im zeittypischen Sinne ergänzen können und dem Text keine Gewalt antun, indem man ein Klavier als häufigstes viktorianisches Begleitinstrument erwartet: „No self-respecting middle-class home was without a piano; few daughters were not taught to play [...]".[11]) Das Klavier war ein Statussymbol der aufsteigenden englischen Mittelschicht, selbst wo diese sich seiner nur als unvollkommen mächtig erwies und es folglich mehr dem sozialen Renommieren, der Zurschaustellung von Wohlstand und weiblicher Kultiviertheit als der ernsthaften Musikpflege diente.[12]) In den späteren, nicht unproblematischen Jahren ihrer Ehe beanspruchte auch Emma als Tochter eines Anwalts und Schwägerin eines Pfarrers gegenüber dem Maurersohn Hardy eine gewisse soziale Überlegenheit.[13])

Vor dem Umschlag am Strophenende wird die Szenerie in ihrer durch Kerzenschein erzeugten zeitlosen Stimmungshaftigkeit ausgemalt. Der Beobachter sieht vom Kerzenlicht um das Gesicht eines jeden einen warmen Schimmer gleich einem Mond geworfen, ein bildstarker Eindruck, aber die sprachliche Kühnheit des als Partizip gefassten ‚mooning' verschleiert dabei den traditionellen symbolischen Bezug, dass der Mond für Schicksalhaftigkeit, Wandelbarkeit und kommendes Unheil steht. Jede Schulgrammatik erläutert die Vereinzelung im Kollektiven durch die Bevorzugung von ‚each' gegenüber ‚every'. Die folgenden Auslassungspunkte stehen für einen unüberbrückbaren Abgrund: Obwohl das Gedicht zur Gänze im Präsens gehalten ist, stellt sich das dargestellte Familienidyll als längst und unwiederbringlich vergangen dar. Die abschließende Zeitklage, fomal wirkungsvoll mit Binnenreim und in konzentrierten Monosyllabeln gehalten, lässt hieran keinen Zweifel mehr: „Ah, no; the years O! | How the sick leaves reel down in throngs!" Diese Strophe schließt nicht allein mit einem Bild des Herbstes, auf den im Zyklus der Jahreszeiten nach dem Winter bekanntlich ein neuer Frühling folgen würde, sondern die fallenden Blätter sind ‚sick' – wie einstens Blakes Rose. Das gesamte Bild erinnert an einen trunkenen Tanz, der überlange Vers wirkt quälend eindringlich. Hier verrät sich die Steuerung der Leserwahrnehmung durch den Sprecher unmittelbar, denn keine herbstlich-bunten Blätter sinken sacht in ihrer Pracht. Es geht nicht vorzugsweise um den Herbst als Jahreszeit, sondern, von dichterischer Gestaltung in analytische Deutlichkeit übersetzt und damit trivialisiert, suggeriert

---

[11]) Christopher Hibbert, The English. A Social History 1066–1945, London 1988, S. 625.

[12]) Vgl. Thomas Hardy, The Well-Beloved. A Sketch of a Temperament [1897], hrsg. von J. Hillis Miller, Edward Mendelson, London, repr. 1979, S. 151: „‚Avice! You are fairly well provided for – I think I may assume that?' He looked round the room at the solid mahogany furniture, and at the modern piano and show bookcase." – Holme schildert anschaulich, wie Carlyle bei der Arbeit durch inferiore Hausmusik zur Weißglut gebracht werden konnte. Thea Holme, The Carlyles at Home, Oxford, repr. 1979, S. 62–64.

[13]) Millgate, Thomas Hardy (zit. Anm. 6), S. 242; 249; 326.

der Vers: Das Leben ist nichts als eine Krankheit zum Tode. Als gelte es, einen Euphemismus zu bewahren, wird der Tod selbst jedoch, der am Ende aller Vergänglichkeit steht, in diesem Gedicht niemals beim Namen genannt; ‚sick' ist da schon ein andeutungsstarker Begriff. Erstaunlich wirkt, wie die einfachen Worte der Zeitklage unter Visualisierung durch den Klagelaut O eine geradezu barock anmutende emotionale Tiefe erlangen können. An dieser Episode der Hausmusik werden die biographische Grundlage und der Wert der Jugenderinnerungen für Emma Hardy noch nach vier Jahrzehnten offenbar. In seinem eigenen Lebensabriss erwähnt Hardy, wie diese Bilder für seine Frau Wochen vor ihrem Tode noch einmal lebendig geworden sein müssen, bevor sie sich endgültig von ihnen abwandte: „Strangely enough, she one day suddenly sat down to the piano and played a long series of her favourite old tunes, saying at the end she would never play any more."[14]) Sein nachdenklicher Kommentar in ›The Last Performance‹, aus dem Umkreis des elegischen Zyklus ›Poems of 1912–13‹, lautet dazu nach ihrem plötzlichen Tode:[15]) „And I felt she had known of what was coming, | And wondered how she knew" (487).

Jede Strophe von ›During Wind and Rain‹ bringt einen Neueinsatz, heißen doch die Jahreszeiten im Italienischen ‚stagiones'. Es wirkt wie Bildschnitte in filmischer Technik: Nach dem Musizieren wird die Familie bei der gemeinsamen Gartenpflege gezeigt. War es eben der Geschlechterkontrast, also der zeitliche Querschnitt, auf den abgehoben wurde, so ist es jetzt mit „Elders and juniors" die Staffelung der Generationen im Längsschnitt. Es drängt sich der Verdacht auf, dass gerade die offenkundige Trivialität der Verrichtungen, ihre genügsame Alltäglichkeit im Kontrast zur herzzerreißenden Klage führt. Wieder bezieht Hardy wirkungsvoll Position gegen ein berühmtes poetologisches Konzept: Bei seinen Personen gibt es keine Ständeklausel, keine Fallhöhe ist vonnöten. Der unerbittliche Ablauf der Geschehnisse kann gewiss nicht tragisch im Sinne der griechischen Tragödie genannt werden, und dennoch wird die menschliche Situation als Ganzes wie in Hardys Romanen als tragisch empfunden. Wieder steht mit dem Gärtnern eine verbreitete englische Vorliebe im Mittelpunkt, in ihrer Kombination von Ordnungsvorstellungen, bescheidenen ästhetischen Gestaltungsmöglichkeiten und gesunder Bewegung im Freien bis heute insbesondere der Mittelschicht am Herzen liegend. Einzig das den Garten alliterierend charakterisierende ‚gay' hat seit Hardy eine Bedeutungsveränderung im sozialen Gefüge erfahren, die belegt, wie das Generalthema von Zeit und Wandel auch an literarischen Texten nicht vorübergeht. Man täte jedoch dem Gedicht Gewalt an, wollte man die seit 1951 aktenkundige neue Bedeutung als sexuelle Orientierung berücksichtigen.[16]) Im Unterschied zur vorangegangenen unterliegt diese zweite Strophe von vornherein der subversiven Gegenbewegung

---

[14]) Life of Thomas Hardy (zit. Anm. 5), S. 359.

[15]) Vgl. dazu: Peter Krahé, Verlusterfahrung als Inspirationsquelle: Thomas Hardys ›Poems of 1912–13‹, in: Germanisch-Romanische Monatsschrift, N. F. 54 (2004), S. 41–62.

[16]) Vgl. Chambers Dictionary of Etymology, Edinburgh 1988 [Barnhart Dictionary of Etymology], S. 425. So hat eine Zeile des alten Weihnachtsliedes ›Deck the Hall‹ in seinem Aufforderungscharakter einen ganz neuen Bezugshorizont gefunden: „Don we now our gay apparel".

des Vergänglichen, das sich scheinbar unmerklich einschleicht. Wenig spektakulär, wie die Beseitigung von Moos anmuten mag, handelt es sich dabei als Bodendecker doch um typischen Grabbewuchs, und die angesprochenen Wege gemahnen an die Passagen zwischen Grabstätten. Selbst der mußevolle und einigermaßen philiströs wirkende schattige Gartensitz – die zeitgenössische Mittelschicht im wilhelminischen Deutschland schätzte seit 1853 als Familienzeitschrift die passend benannte ›Gartenlaube‹ –, gewinnt vor diesem Hintergrund neue und unheilvolle Bedeutung. Es bedarf kaum der ominösen Auslassungspunkte, um in dem „shady seat" eine Anspielung auf die letzte Ruhestätte zu erkennen. Der Schatten des Todes legt sich über die Familie, während sie in Gemeinsamkeit lebensbejahenden Alltagsverrichtungen nachgeht, eine Variante der überkommenen Vorstellung des „In the midst of life we are in death". Hier präsentieren die Schlussverse eine formal wirkungsvolle Abwandlung der ersten Strophe. Der Klagelaut O wird durch eine Wiederholung von „the years, the years" abgelöst, was den Eindruck von Beschleunigung und Zuspitzung erweckt. Das wäre ein dramatisches Element, wie es der Titel nahegelegt hatte,[17]) und dramatisch wirkt der Schlussvers in seiner mahnenden Aufforderung und dem unverhohlen Unheil verkündenden Tenor, die jetzt auch auf den Wind Bezug nimmt: „See, the white storm-birds wing across!" Da Sturmvögel vor dem eigentlichen Sturm herziehen, sind sie sichtbare Vorboten des herannahenden Unwetters, unmittelbar, bevor das Unheil sich selbst zerstörerisch bemerkbar macht. Der einleitende Ausruf ist an den Leser gerichtet oder eine monologische Selbstaufforderung des Sprechers, denn die Figuren der Episode sind unerreichbar. Es wirkt, als wolle ein Kinozuschauer eine arglose Filmfigur vor einer drohenden Gefahr warnen. Wiederum in theoretischen Termini wird das vom Leser inzwischen als Element dramatischer Ironie erkannt: Sprecher und Publikum verständigen sich über die Köpfe der betroffenen Personen hinweg, die offenkundig ahnungslos ihrem unspektakulär-behaglichen Leben obliegen.

Die Momentaufnahme der dritten Strophe zeigt ein Frühstück im Freien: Hier verlaufen die unheilvollen Entwicklungen unterschwellig hinter Sommerfreuden; nach der Familie und den Generationen werden die Geschlechter in ihrer gegenseitigen lebensbejahenden Anziehungskraft angesprochen, „Men and maidens". Wieder wirkt beeindruckend, mit wie wenigen einfachen Worten Hardy zwischen den Polen von Panoramablick und Detailansicht des Gartens bildstark die Atmosphäre eines Picknicks heraufbeschwören kann, malerischen Seeblick in der Ferne, zutrauliches Geflügel in der Nähe. Es erwächst ein Eindruck unbefangener Eintracht von Natur und Kreatur, die scheinbar von nichts getrübt werden könnte. Umso härter kontrastiert das ‚memento mori'; zum zweiten Mal beschreibt der klagende Binnenreim auch graphisch eine Kreisbewegung, die kein Ausbrechen zulässt. Nach kranken Blättern und Unheil kündenden Sturmvögeln kommt ein episch-lakonischer Aussagesatz nun formal mit Alliterationen und Einsilbern in

---

[17]) Vgl.: „Listen to the rain and the wind. They do the crying. They are your epitaph" vom Ende des Dramas von Frank McGuinness, There Came a Gypsy Riding, London 2007, S. 78.

seiner Wirkung geradezu aggressiv daher: „And the rotten rose is ript from the wall.“[18]) Damit ist Blakes ›Sick Rose‹ vollständig angesprochen.[19]) Man muss nicht zu Goethes volksliedhaftem ›Heidenröslein‹ zurückgehen,[20]) um die violent-sexuellen Untertöne zu erfassen. Der Vers im Passiv hat einen ungenannten Urheber von aktivem Übelwollen, der böswillig und gewaltsam die Rose herunterreißt, ihr in Fäulnis übergegangener Zustand entspricht gesteigert der Fülle kranker Blätter der ersten Strophe. Diese Konnotationen wie der Wechsel von Aktiv zu Passiv bedeuten einen Zugewinn an Konzentration, aber vielleicht auch an Pathos gegenüber dem neutraleren Vers im ursprünglichen Manuskript „And the wind-whipt creeper lets go the wall“ (963).

Zieht sich Veränderung als Leitmotiv durch ›During Wind and Rain‹, in Momentaufnahmen der Menschen wie der umgebenden Natur, so erscheint der Begriff ‚change‘ selbst erstmals genannt zu Beginn der abschließenden Strophe anlässlich des Umzugs in ein neues, im Sinne viktorianischer Fortschrittsauffassung wie des sozialen Aufstiegs größeres Haus. In wortgetreuer Wiederholung sind die Personen der ersten Strophe erneut beisammen, im zeitlichen Sinne noch immer „all of them“, was eigentlich der Düsternis der Gegenbewegung von ihrer Virulenz nehmen sollte, indem es kontrastiv einen stabilen Faktor betont: Die Auflösung der Familien erfolgt in viktorianischer Zeit noch nicht, wie seit den 1960er Jahren zunehmend, von innen heraus. Unvollständige Familien sind im 19. Jahrhundert gemeinhin auf Schicksalsschläge, nicht wie heutige Ein-Eltern-Familien auf Trennung oder nie stabilisierte Bindungen zurückzuführen.[21]) Die besondere Herausforderung und Unordnung der Verlagerung eines kompletten Hausstandes wird geradezu mit einem Anflug von Humor und Heiterkeit angedeutet, zum einzigen Mal in diesem Gedicht und wieder rasch den düsteren Momenten weichend, wenn nicht von vornherein vor dem Hintergrund des Gesamten das „high new house“ als unaufdringliche Metapher von Grab und ortstypischer Grabstele verstanden werden sollte. Diese Lesart wird durch das Bekräftigungspartikel ‚aye‘ unterstützt, das als Zeitadverb Permanenz bedeutet. Zwischen Strophenauftakt und -ende finden sich die irdischen Besitztümer im Freien aufgehäuft, übergangsweise aufgrund des gegebenen Anlasses, aber auch transitorisch ob des dominanten Generalthemas. Unauffällig wird die Reihe strahlender Habseligkeiten von Uhren angeführt, die

---

[18]) Hardy zieht das auch optisch abruptere ‚ript‘ dem üblicheren ‚ripped‘ vor, so wie er ›Bereft‹ (206; auch 381) den Vorzug vor dem wohllautenderen und verharmlosenden ‚bereaved‘ gibt.

[19]) William Blake, The Sick Rose, in: Complete Writings [1957], hrsg. von Geoffrey Keynes, London, repr. 1971, S. 175; 213.

[20]) Johann Wolfgang von Goethe, Heidenröslein, V. 17ff.: „Röslein wehrte sich und stach, | Half ihm doch kein Weh und Ach, | Mußt’ es eben leiden.“ Weimarer Ausgabe I,1, S. 16: Gedichte. Erster Theil.

[21]) „Thereafter divorce rather than death became the great disrupter of marriages, producing in the 1980s disruption rates very similar to those caused by death in the early nineteenth century“. Pat Thane, Women since 1945, in: Twentieth-Century Britain: Economic, Social and Cultural Change, hrsg. von Paul Johnson, 3rd Ed. London 1996, S. 392–410, S. 393.

verrinnende Zeit nicht nur symbolisieren, sondern auch darstellen und messen. Der schwache Begriff ‚things', der wie in Ermangelung eines prägnanteren Ausdrucks daherkommt, betont in Wirklichkeit das Beliebige irdischer Güter, und das ihnen im Superlativ beigegebene Adjektiv ‚bright' kann unmittelbar vor dem endgültigen Umschlag in die Dunkelheit des Todes nur ironisch wirken, auch weil es im alltäglichen Sprachgebrauch vielfach in der Kollokation ‚bright prospects' erscheint.

An einer knappen Auswahl harmonischer Familienbilder kann Hardy das Unheilvolle der Vergänglichkeit wahrnehmen und herausstellen. Die Abfolge unspektakulär-erfreulicher Stationen im Leben seiner Gestalten sollte wenigstens zeitweilig Lebensfreude vermitteln und damit dem Moment Wert verleihen können. Schließlich wusste auch Schopenhauer, als Sprecher der Pessimisten, des Lebens bescheidene Annehmlichkeiten zu schätzen, ungeachtet er gemeinhin die Mephistophelische Auffassung teilte „Drum besser wär's, daß nichts entstünde."[22]) In ›During Wind and Rain‹ folgen vier Momentaufnahmen aufeinander, jeweils in der Geborgenheit eines intakten sozialen Umfelds dargestellt, Musizieren im Familienkreis, gemeinsame Gartenarbeit, ein Frühstück aller im Freien und der erwartungsfrohe Neuanfang in einem stattlichen Heim. Doch mit einem gewissen Defätismus unterminiert der Sprecher auf formaler und inhaltlicher Ebene mit beträchtlichem dichterischen Geschick und unter Aufbietung all seines handwerklichen Könnens die naheliegende Freude an glücklichen und harmonischen Erfahrungen. Ausschlaggebend hierfür erscheint die Perspektive aus der Rückschau: Alles, was beschrieben wird, gehört der tiefen Vergangenheit an, und alle Beteiligten sind lange tot. Das legt rückschauend für Hardy den Schatten des Todes zwangsläufig bereits über die hellen Stunden. Ihm wird der Aufenthalt in diesem wohlsituierten Paradies der Vergangenheit dadurch verleidet, dass er um seine Endlichkeit weiß, sich deshalb selbst daraus vertreibt und dennoch wie magisch immer wieder von der Vergangenheit angezogen fühlt, die ihm Stoff und Inspiration für seine Werke gibt.

Die Forschung hat von einem „Donne-like leap in meaning" gesprochen,[23]) an dieser Stelle wie eine mutwillig abgerissene Seitenecke wirkend,[24]) bevor die Schlussklage einsetzt: „Ah no; the years, the years; | Down their carved names the rain-drop ploughs." Damit rundet sich der Titel ›During Wind and Rain‹ zu voller Bedeutung, wo er aber von Gleichzeitigkeit ausging, erscheint er nun in einer räumlichen Abwärtsbewegung begriffen. Der Wechsel des Eröffnungsverses der vierten Strophe war zeitweilig, am Ende wird die zwangsläufige Wandlung zur Dauerhaftigkeit des Todes vielschichtig ausgesprochen. Ihr Sinn enthüllt sich dem Betrachter stufenweise. Zunächst verweisen die gemeißelten Namen auf einen Grabstein, der Wind und Wetter ausgesetzt ist. Waren die Personen das ganze Gedicht über durch

---

[22]) Johann Wolfgang von Goethe, Faust. Erster Theil, V. 1341. Weimarer Ausgabe 1,14, S. 67.

[23]) Trevor Johnson, A Critical Introduction to the Poems of Thomas Hardy, London 1991, S. 169.

[24]) Tom Paulin, Thomas Hardy. The Poetry of Perception, London 1975, S. 208.

Personalpronomina oder generische Bezeichnungen anonym geblieben, so ist ihre Identität jetzt endgültig durch den Gleichmacher Tod, ‚Death the Leveller', eingeebnet. Es fällt allein das Wort ‚names', die Namen sind nicht inhaltlich gefüllt und bereits äußerlich durch den Verwitterungsprozess auf dem Wege, unleserlich zu werden gleich den Namen der Arundels in Philip Larkins Gedicht ›An Arundel Tomb‹ (1956), die nur noch erblickt, nicht mehr entziffert werden können.[25]) Hardys Manuskriptblatt trägt als letzten Vers: „On their chiselled names the lichen grows" (963). Mit dieser Textvariante würden sich beträchtliche Bedeutungsunterschiede gegenüber dem schließlichen Wortlaut der ›Collected Poems‹ ergeben. In der ursprünglichen Form wären die Flechten eine Anspielung auf das „creeping moss" des zweiten wie auf den „wind-whipt creeper" des gestrichenen Schlussverses der dritten Strophe. Durch die Konnotationen von ‚chiselled' wäre eine größere Trennschärfe und damit bessere Entzifferbarkeit gegenüber dem neutraleren oder handwerklich gröberen ‚carved' bewirkt, und das Gedicht endete mit einer robusten Manifestation niedrigen botanischen Fortbestands: „lichen grows". Damit ergäbe sich ein geradezu versöhnlicher Abschluss, ähnlich der Vorstellung des Baumes im südlichen Afrika, zu dem der getötete ›Drummer Hodge‹ an Ende mit „breast and brain" wird (91). Berücksichtigt man, wie viel Sorgfalt Hardy gemeinhin auf die Schlussgestaltung seiner Gedichte verwendete und wie ›During Wind and Rain‹ von vornherein als Klage über die unerbittlich zerstörerische Zeit angelegt ist, kann ein solches Ende nicht seiner Absicht genügt haben, und aus Gründen innerer Stimmigkeit stellt die endgültige Fassung eine Verbesserung und Verdeutlichung gegenüber der Manuskriptversion dar.

Die Rezeption konnte nicht umhin, die Wirkung des letzten Verses unter Rückgriff auf ihre eigene Metaphorik zu bewerten: „The last line [...] drives a deep grove in the memory".[26]) Es ergibt sich eine Tiefenstaffelung der Aussage: Zunächst wird ein Bild des Grabsteins evoziert und von Regentropfen, die ‚pflügen'. Das erscheint als ungewöhnliches Prädikat, Tropfen rinnen gewöhnlich, Pflügen bleibt einer harten Pflugschar aus Metall vorbehalten. Allein in sehr langer zeitlicher Perspektive kann durch Regen auf Stein eine Einwirkung erzielt werden, die dem Pflug auf einem Acker gleichkommt. In einem kühnen Bild pflügt somit der Regentropfen in Anklang an ein deutsches Sprichwort wie ein Zitat des Ovid – „gutta cavat lapidem" –[27]) tatsächlich den Stein. Regen wie Pflug aber sind auf den Feldbau bezogene Metaphern von Fruchtbarkeit. Andererseits wird der Tod vielfach als Schnitter personifiziert, im Englischen als ‚Grim Reaper'. Hier treffen Fruchtbarkeit – als Vitalität

[25]) Philip Larkin, Collected Poems, hrsg. von Anthony Thwaite, London 1988, S. 110. – Vgl. Peter Krahé, Sepulchralkultur. Philip Larkins ›An Arundel Tomb‹, in: Sprachkunst 27 (1996), 2. Halbband, S. 307–314.

[26]) Poetry 1900 to 1975, hrsg. von George MacBeth, Harlow, London 1979, repr. 1986, S. 18.

[27]) Epistulae ex Ponto, 4.10.5: Ovidius Naso, Briefe aus der Verbannung – Tristia – Epistulae ex Ponto, Lateinisch-Deutsch, übertr. von Wilhelm Willige, hrsg. von Niklas Holzberg, München und Zürich, 1990, S. 518.

und Weiterleben – und Tod in der Metaphorik aufeinander. Gräber und Pflug lassen sich auch in der alten Vorstellung des Gottesackers belegen, ein Begriff, der in manchen Sprachen belegt ist, etwa im Camposanto des Italienischen. ‚Gottesacker' ist im Mittel- und Süddeutschen geläufig und offenbar von dort durch englische Reisende während der Frühen Neuzeit nach England eingeführt worden.[28]) Die Entsprechung ‚God's acre' scheint sich seit Beginn des 17. Jahrhunderts verbreitet zu haben.[29]) Ihre Bedeutung bedarf kaum der Erläuterung: Der Acker Gottes drückt vor dem Vorstellungshintergrund einer ländlichen Welt die Hoffnung auf Auferstehung aus, den Kreislauf von Aussaat, landwirtschaftlicher Pflege und Ernte.[30]) Das umreißt aber nicht die volle Bedeutung dieses vielschichtigen Verses. Wenn es nach einer verbreiteten abergläubischen Vorstellung heißt: „Träume vom P[flügen] bedeuten Tod",[31]) dann wird man wiederum von der religiösen Metaphorik weg- und näher an Hardys Gedicht herangeführt. Stein und Pflug können trotz des Fruchtbarkeit spendenden Regens auch in Hardyesker Langzeitperspektive nur Unfruchtbarkeit hervorbringen, alles andere wäre eine absurde Vorstellung. Gleichwohl bleibt die beschwerte Stellung von ‚ploughs' am Strophen- und Gedichtende zu erklären. Sie kennzeichnet eine genuin menschliche Möglichkeit und verweist auf den Mythos vom Sisyphos, auch das Nicht-zu-Leistende und absurd Erscheinende immer erneut in Angriff zu nehmen und in dieser Haltung einen Sinn zu erblicken: „Credo, quia absurdum." Tennyson als repräsentative Gestalt des englischen 19. Jahrhunderts scheint Ähnliches am Ende seines berühmten Gedichts ›Ulysses‹ (1833) mit viktorianischer Sprachmelodik, ungebrochenem Pathos und Wortgewalt zum Ausdruck gebracht zu haben, doch zwingt hier die Rhetorik den Erfolg förmlich herbei, und die abschließende Proklamation von Unnachgiebigkeit wirkt demgegenüber wie ein Absturz: „Made weak by time and fate, but strong in will | To strive, to seek, to find, and not to yield."[32]) Die sehr viel sperrigere Tonlage Hardys, sein unheroischer, geradezu biedermeierlicher Erzählrahmen wie die weit weniger eindeutige Botschaft belegen eindrucksvoll, wie groß die Kluft bei sehr ähnlicher Thematik von „time and fate" zwischen diesen beiden Dichtern geworden ist, die eine so lange Zeitgenossenschaft verbindet. Tennysons Verse eignen sich, wie später Rupert Brookes Sonett ›The Soldier‹ (1915), vorzüglich als kulminierendes Zitat für Festreden zu Schulabschlussfeiern, worauf im Falle von ›During Wind and Rain‹ schwerlich jemand verfallen würde.

So bleibt von diesem Schlussvers zunächst dreierlei im Gedächtnis: der Begriff der Hoffnung, von Pflug und Regen hervorgerufen, die Vorstellung vom uner-

---

[28]) Jacob und Wilhelm Grimm, Deutsches Wörterbuch [1854–1961], Nachdruck, München 1999, 33 Bde.: Bd. 8, Sp. 1201f.

[29]) Ebenda (1605) oder Encyclopædia Britannica 2005, Ultimate Reference Suite, DVD: 1617.

[30]) In säkularisierter Form hat Hardy den Ewigkeitsbezug dieser ländlichen Welt in dem Kriegsgedicht ›In Time of ‚The Breaking of Nations'‹ (543) im Jahre 1915 beschworen.

[31]) Handwörterbuch des deutschen Aberglaubens, hrsg. von Hanns Bächtold-Stäubli, Berlin 1927–1942, repr. 1987, 10 Bde.: Bd. 7, Sp. 2.

[32]) Alfred Lord Tennyson, The Poems, hrsg. von Christopher Ricks, London und Harlow, 1969, S. 561–566.

bittlichen Zeitablauf und verbunden damit Einebnung und Auslöschung durch die Verwitterung, letztlich wiederum eine beklemmend-vergebliche Klage um Unabwendbares.[33]) Doch eine zusätzliche Deutungsmöglichkeit schließt sich an, wenn man die Betrachtungsebene vom Gegenstand der Dichtung auf diese selbst verlagert, was Hardy selbst durch die in ›During Wind and Rain‹ wiederholt angesprochenen dichtungstheoretischen Bezüge nahelegt:[34]) Wo zeitverfallener Mensch und dauerhafter Stein gleichermaßen vergehen, da bleibt paradoxerweise das Allerflüchtigste und Immaterielle bestehen. Noch einmal kommt Hardy hier zu einer poetologischen Aussage, mit der er sich in ›During Wind and Rain‹ einer der ältesten und stolzesten Aussagen zum Anspruch von Dichtung überhaupt anschließt. Dauerhafter als ein Monument aus Erz ist nur die Dichtung: „Exegi monumentum aere perennius" lautet ausdrücklich der Anspruch des Horaz.[35]) Im Falle des Römers hat sich das durch die Zeiten als zutreffend erwiesen. Wie ehrgeizig Hardy selbst ist, lässt sich daran ersehen, dass es ihn drängte, sich mit Festes berühmtem Lied aus ›Twelfth Night‹ zu messen, mit dem das Publikum aus der Welt der Komödie in den unwirtlichen Alltag entlassen werden soll. Hardy braucht hier erkennbar den Vergleich mit Shakespeare nicht zu scheuen. In sein Gedicht eingeschlossen aber überdauern auch die anonymen Figuren – „all of them – aye" -, deren Kurzlebigkeit in ›During Wind and Rain‹ doch so wortmächtig betrauert worden ist.

In ›During Wind and Rain‹ entsteht somit gewissermaßen ein synoptisches Bild, das mehrere Zeitstufen gleichzeitig zeigen kann. Man ist an des Präraffaeliten William Holman Hunt Gemälde ›The Shadow of Death‹ (1870–1873) erinnert, das den jugendlichen Christus darstellt, dessen betend ausgebreitete Arme unverkennbar den Schatten des ihn erwartenden Kreuzes werfen.[36]) Ist das Kreuz jedoch gemäß christlichem Verständnis das Symbol von Erlösung und Auferstehung schlechthin, so macht der Skeptiker Hardy, nach eigener Einschätzung „a harmless agnostic", wie so viele seiner Generationsgenossen davor halt. Dagegen lässt er Gott leibhaftig in ›Channel Firing‹ (1914) in einem theaterhaften Beiseitesprechen innerhalb einer stilistisch und inhaltlich ungottgemäßen, teilweise geradezu jargonhaften Rede zu den vom Geschützdonner des Übungsschießens der Schiffsartillerie aus ihren Gräbern hochgeschreckten Toten tröstend vermerken: „„([...] for you are men, | And rest eternal sorely need)'" (305). Damit ist für Hardy der Tod das Ziel, elegisch betrauert, aber nicht selten als ewige Ruhe eine willkommene Vorstellung.

---

[33]) Vgl. die etwas lieblose Zusammenfassung von Tomalin: „[...] a surreal and lyrical lament for the Giffords, calling up scenes at their Plymouth home described by Emma: how they had to leave it, and how the years brought everything bright to an end for them, as they do for everyone. The last verse goes [...]". Claire Tomalin, Thomas Hardy. The Time-Torn Man, London 2006, S. 323.

[34]) Tomalin verweist auf Hardys „ability to believe several conflicting things at once". Ebenda, S. 224.

[35]) Carmina 3.30.1: Horaz, Sämtliche Werke, hrsg. von Hans Färber, München, repr. 1970, S. 176.

[36]) Präraffaeliten. Ausstellungskatalog, hrsg. von Günter Metken und Klaus Gallwitz, 2. Aufl., Baden-Baden 1974, S. 97.

„HOW DO YOU SAY AIDS IN CREE?"

Zur Darstellung von Kulturkontakt und Transkulturalität in Sky Lees ›Disappearing Moon Cafe‹ (1990) und Tomson Highways ›Kiss Of The Fur Queen‹ (1998)[1])

Von Martin Löschnigg (Graz)

„There is an argument to be made that the canon in Canada has been, from the first, a creation of women and ‚minorities.'"[2]) Diese Behauptung der kanadischen Literaturwissenschaftlerin Linda Hutcheon darf einige Gültigkeit für sich beanspruchen, denn tatsächlich erscheint die kanadische Literatur in besonderem Maß von Angehörigen einer oder beider dieser Gruppen geprägt. Autorinnen und Autoren, die ethno-kulturellen Minderheiten im Land angehören, haben vor allem der jüngeren anglokanadischen Literatur seit den 1970er-Jahren ihren Stempel aufgedrückt. In ihren Werken zeigt sich nun seit dem Ende des 20. Jahrhunderts ein bemerkenswerter Paradigmenwechsel: Während in den 1970er- und 80er-Jahren diese Autorinnen und Autoren vornehmlich Probleme des Zusammenlebens verschiedener Gruppen in einem Land thematisierten, das sich seit den 1960er-Jahren rapide von einem bi- zu einem multikulturellen Gemeinwesen entwickelte, erlangte seit den 1990er-Jahren die Gestaltung transkultureller Phänomene zunehmende Bedeutung. Gleichzeitig wenden sich neuere anglokanadische ‚Minoritätenromane' (aber auch Werke von Angehörigen des gesellschaftlichen *mainstream*) vermehrt der historischen Entwicklung der diversifizierten kanadischen Gesellschaft zu und zeigen, dass das gerne propagierte Bild Kanadas als eines multikulturellen Musterlandes zumindest in der Vergangenheit durchaus nicht immer zutraf.

---

1) Der vorliegende Beitrag ist die überarbeitete Fassung eines Vortrags gehalten im Rahmen des Habilitationskolloquiums zur Erlangung der Lehrbefugnis für das Fach „Englische Philologie: Literaturwissenschaft" an der Geisteswissenschaftlichen Fakultät der Universität Graz am 31. Januar 2006.

2) Linda Hutcheon, Multicultural Furor: The Reception of Other Solitudes, in: Winfrid Siemerling und Katrin Schwenk (Hrsgg.), Cultural Difference and the Literary Text. Pluralism and the Limits of Authenticity in North American Literatures, Iowa City 1996, S. 10–17; hier: S. 13. – Vgl. auch Dies. und Marion Richmond (Hrsgg.), Other Solitudes: Canadian Multicultural Fictions, Toronto 1990.

SPRACHKUNST, Jg. XXXVIII/2007, 1. Halbband, 109–122

Im Folgenden soll zuerst der kultur- und gattungstheoretische Rahmen abgesteckt werden, in dem sich heutige anglokanadische ‚Minoritätenromane' bewegen. Im zweiten Teil dieses Beitrags werden sodann Aspekte des Kulturkontakts und der Transkulturalität in zwei ausgewählten Romanen der 1990er-Jahre behandelt, die hier stellvertretend für das Literaturschaffen zweier bedeutender Gruppen im kanadischen ethno-kulturellen Spektrum stehen sollen. Diese Romane stammen von Sky Lee, einer Sino-Kanadierin der dritten Generation, und von Tomson Highway, einem Cree, also einem Angehörigen der indigenen Völker Kanadas. Lees chinesisch-kanadische Familiensaga ›Disappearing Moon Cafe‹ (erschienen 1990) und Highways ›Kiss of the Fur Queen‹ (1998), beide von der Kritik viel beachtet, konzentrieren sich auf jene sozialen, kulturellen und besonders auch historischen Faktoren, die individuelle und kollektive ethno-kulturelle Identitäten beeinflussen.[3]) Der Hinwendung zur Familiengeschichte bzw. zur Geschichte der kanadischen Gesellschaft kommt in diesen Romanen daher eine Schlüsselfunktion zu. Eine solche Hinwendung zur Geschichte ist für die zeitgenössische kanadische Literatur durchaus charakteristisch,[4]) und es ist vielleicht kein Zufall, dass der Begriff der ‚historiographischen Metafiktion' zur Bezeichnung einer in jüngerer Zeit hervorgetretenen meta-fiktionalen bzw. meta-historischen Spielart des Geschichtsromans von einer Kanadierin, nämlich der bereits zitierten Linda Hutcheon, geprägt wurde.[5])

Im Zusammenhang mit der Darstellung des Kulturkontakts unterstreichen ›Disappearing Moon Cafe‹ und ›Kiss of the Fur Queen‹ die Signifikanz vermischter

[3]) Entsprechend betont Enoch Padolsky, dass auch die wissenschaftliche Beschäftigung mit der Literatur von Minoritäten diesen Gegebenheiten Rechnung tragen muss: „[T]he study of minority writing must encompass the full range of historical, social and cultural realities which have an impact on individual (and group) ethnicity". (Enoch Padolsky, Cultural Diversity and Canadian Literature: A Pluralistic Approach to Majority and Minority Writing in Canada, in: International Journal of Canadian Studies/Revue internationale d'études canadiennes 3 (1991), S. 111–128; hier: S. 122.

[4]) Zeitgenössische kanadische Romane, die sich aus historischer Sicht mit den Themen der Migration, des Kulturkontakts und den Problemen multi-ethnischer Gesellschaften befassen, sind z. B. Rudy Wiebes ›The Temptations of Big Bear‹ (1973), ›A Discovery of Strangers‹ (1994) und ›Sweeter than All the World‹ (2001), ein Roman über die Wanderbewegungen der Mennoniten, mit deren Geschichte sich auch Sandra Birdsells Roman ›The Russlander‹ (2001) beschäftigt. Weiters zu nennen sind Jane Urquharts ›Away‹ (1993) und ›The Stone Carvers‹ (2001) über die Geschichte irischer bzw. deutscher Einwandererfamilien in Kanada. Joy Kogawas mittlerweile zum Klassiker gewordener Roman ›Obasan‹ (1981) beleuchtet die Internierung und Enteignung japanischstämmiger Kanadier während des Zweiten Weltkriegs, und mit Hiromi Gotos ›Chorus of Mushrooms‹ ist 1994 ein weiterer viel beachteter Roman erschienen, der anhand einer Familiengeschichte die Situation dieser Bevölkerungsgruppe beleuchtet. Michael Ondaatjes 1987 veröffentlichter Roman ›In the Skin of a Lion‹ erzählt von jenen vergessenen Arbeitern, darunter zahlreichen Immigranten, die das moderne Toronto aufzubauen halfen.

[5]) Vgl. Linda Hutcheon, Narcissistic Narrative: The Metafictional Paradox, London und New York 1984 [1980], S. xiv und Dies., A Poetics of Postmodernism: History, Theory, Fiction, New York 1988, Kap. 7: Historiographic Metafiction: ‚The Pastime of Past Time', S. 105–123; vgl. auch Dies., The Canadian Postmodern, Toronto 1988.

oder transkultureller anstelle von vermeintlich ‚authentischen' ethno-kulturellen Identitäten. Seit dem Ende des 20. Jahrhunderts hat der von dem kubanischen Soziologen Fernando Ortiz geprägte Begriff der Transkulturalität neben dem der Multikulturalität entscheidend an Bedeutung gewonnen, wenn es gilt, die Komplexität und Heterogenität moderner Gesellschaften zu beschreiben. Während der Begriff der ‚Multikulturalität' die parallele Existenz distinktiver, autonomer und exklusiver Kulturen in einem übergeordneten politischen Ganzen bezeichnet und der Multikulturalismus als Gesellschaftsform die Notwendigkeit der Akzeptanz ethnischer und kultureller Differenzen als Voraussetzung für das gedeihliche Zusammenleben verschiedener Gruppen innerhalb des gesellschaftlichen Spektrums moderner Staaten betont,[6]) bezeichnet ‚Transkulturalität' den wechselseitigen Austausch divergierender kultureller Elemente auf verschiedenen Ebenen. Im Besonderen umfasst der Begriff ‚Transkulturalität' jene Phänomene der kulturellen Hybridität, die dann entstehen, wenn sich unterschiedliche ethno-kulturelle Hintergründe überschneiden bzw. vermischen. Während der Multikulturalismus dazu tendiert, kollektive Identitäten innerhalb einer Gesellschaft zu unterstreichen und zu verfestigen, sind transkulturelle Identitäten mehrschichtig und wandelbar. Betrachtet Multikulturalität das gesellschaftliche Ganze als ein Mosaik verschiedener ethnokultureller Gruppen, so betont der Begriff der Transkulturalität die ethno-kulturelle Fragmentierung des Einzelnen innerhalb einer Gesellschaft. Solche Identitätsauffassungen beziehen sich daher vornehmlich auf Bürger einer globalisierten Welt, deren transitorische Identitäten nationale, kulturelle und häufig auch ethnische Grenzen überschreiten.[7]) Die beiden Begriffe Multi- und Transkulturalität betonen also unterschiedliche Aspekte des Kulturkontakts bzw. handelt es sich um zwei verschiedene Formen so genannter Interkulturalität.[8])

Dass der Begriff der Transkulturalität besonders für die Beschreibung der heutigen kanadischen Gesellschaft attraktiv ist, rührt zum Teil auch daher, dass dem

---

[6]) Vgl. Ghassan Hage, Locating Multiculturalism's Other: A Critique of Practical Tolerance, New Formations 24 (1994), S. 19–34; hier: S. 19: „[M]ulticultural tolerance should be understood as a mode of spatial management of cultural difference". Diese Spatialisierung, so Hage, geschehe aber zumeist im Interesse der dominanten Kultur; es handle sich also letztlich um „the practice of accepting and positioning the Other in the dominant's sphere of influence according to their value (for the dominant)" (S. 32).

[7]) Vgl. Geoffrey V. Davis, Peter H. Marsden, Bénédicte Ledent und Marc Delrez (Hrsgg.), Towards a Transcultural Future. Literature and Society in a ‚Post'-Colonial World, Amsterdam und New York 2004 (= Cross/Cultures 77, ASNEL Papers 9.1).

[8]) Damit befinde ich mich im Gegensatz zu Bernd Schulte, der Interkulturalität als ein drittes, gleichgeordnetes Paradigma neben Multi- und Transkulturalität betrachtet. Interkulturalität resultiert für Schulte aus der Überlappung und Diffundierung oder aus Konflikten verschiedener Kulturen, d.h. sie ist Folge des Aufeinandertreffens, nicht der Synthese von Kulturen, und durch Instabilität und Dynamik charakterisiert (vgl. Bernd Schulte, Die Dynamik des Interkulturellen in den postkolonialen Literaturen englischer Sprache, Heidelberg 1993, S. 34). Diese Definition vereinigt Elemente dessen, was hier (und ebenso bei Schulte selbst) als multi- und transkulturell bezeichnet wird. Es scheint also sinnvoller, ‚Interkulturalität' als übergeordnetes Paradigma zu begreifen.

institutionalisierten Multikulturalismus des Landes verschiedentlich eine segregierende Tendenz vorgeworfen wurde. Schon 1965 hatte der Soziologe John Porter die Diskrepanz zwischen der politischen Betonung der Bedeutung ethnischer Pluralität und der sozialen Realität im Land kritisiert. In Anspielung auf das häufig gebrauchte Bild vom kanadischen gesellschaftlichen Mosaik, mit dem man sich vom US-amerikanischen Schmelztiegel abheben wollte, spricht Porter von einem „vertical mosaic", d.h. einer zwar anti-assimilationistischen Gesellschaft, in der es aber doch eine deutliche hierarchische Ordnung der einzelnen ethnischen Gruppen gab. Während Multikulturalität, so Porter, häufig auf eine folkloristische Dimension reduziert wurde, blieben soziale und wirtschaftliche Ungleichheiten zwischen den Bevölkerungsgruppen bestehen. 1995, also 30 Jahre nach Porter, verurteilte Neil Bissoondath den ‚offiziellen' kanadischen Multikulturalismus als den „Verkauf von Illusionen".[9]) Wie Porter und Bissoondath, jedoch in einem weiter gefassten Kontext, kritisierte auch Homi K. Bhabha in ›The Location of Culture‹ (1994) das Konzept des Multikulturalismus als einen ‚Exotizismus' ohne politische Konsequenzen[10]) und betonte demgegenüber die Bedeutung kultureller Hybridität sowie dessen, was er als „dritten Raum" bezeichnet, d. h. die Übergangszone zwischen zwei Kulturen. Diese transkulturelle Übergangszone, so Bhabha, sei nämlich jener Bereich, der für das kulturelle Selbstverständnis einer Gruppe von großer Bedeutung sei: „[...] we should remember that it is the ‚inter' – the cutting edge of translation and negotiation, the *inbetween* space – that carries the burden of the meaning of culture."[11]) Für die Literatur ethno-kultureller Minderheiten erscheint dieser Befund von besonderer Bedeutung, denn diese Literatur ist, wie der kanadische Autor und Kritiker Eli Mandel betont, an eben solchen kulturellen Schnittstellen angesiedelt: „[Ethnic writing exists] at an interface of two cultures, a form concerned to define itself, its voice, in the dialectic of self and other and the duplicities of self-creation, transformation, and identities."[12])

Wenn der Roman als die geeignetste literarische Gattung erscheint, um die von Mandel betonte Duplizität der Welt- und Selbsterfahrung, aber auch die Vielfältigkeit und Wandelbarkeit moderner Identitäten auszudrücken, so hat dies vornehmlich zwei Gründe. Erstens hängen kulturelle Sinnstiftung und die Konstruktion individueller und kollektiver Identitäten (einschließlich ethno-kultureller

---

[9]) Vgl. John Porter, The Vertical Mosaic: An Analysis of Social Class and Power in Canada, Toronto 1965; Neil Bissoondath, Selling Illusions: The Cult of Multiculturalism in Canada, neu bearb. Aufl., Toronto 2002 [1994].

[10]) In diesem Zusammenhang ist auch die Ansicht Fredric Jamesons, Graham Huggans und anderer zu erwähnen, dass das Konzept der Ethnizität im postmodernen Zeitalter vielfach zu einer Art „yuppie phenomenon" geworden sei, wie Jameson es formuliert, „a matter of fashion and the market" (Fredric Jameson, Postmodernism: Or, The Cultural Logic of Late Capitalism, Durham/NC 1991, S. 341); vgl. auch Graham Huggan, The Postcolonial Exotic: Marketing the Margins, London 2001.

[11]) Homi. K. Bhabha, The Location of Culture, London 1994, S. 39.

[12]) Eli Mandel, Ethnic Voice in Canadian Writing, in: Ders., Another Time, Erin/Ont. 1977, S. 99.

Identitäten) untrennbar mit Erzählungen zusammen, und hier wiederum ist es die literarische Großform des Romans, die dieser narrativen Sinn- und Identitätsstiftung den meisten Raum bietet. Zweitens ist der Roman die vielleicht flexibelste und wandelbarste Literaturform, „[the] most freakish, hybrid and metamorphic of forms“,[13]) wie Salman Rushdie es ausdrückt. Damit erscheint der Roman als kongeniale Gattung für die narrative Darstellung von Heterogenität, Hybridität und kulturellem Wandel. Die bereits von Bachtin konstatierte Polyphonie des Romans ist überdies dazu angetan, den konkurrierenden und sich überlagernden ‚Stimmen‘ einer diversifizierten Gesellschaft auch auf einer formalen Ebene Ausdruck zu verleihen. Dies betont auch Rushdie, der hier nochmals zitiert werden soll:

> [The novel] has always been about the way in which different languages, values and narratives quarrel, and about the shifting relations between them, which are relations of power. The novel does not seek to establish a privileged language, but it insists upon the freedom to portray and analyse the struggle between the different contestants for such privileges.[14])

Romane sind daher von besonderem kulturwissenschaftlichen Interesse, da bereits ihre Struktur Aufschlüsse über die ihnen jeweils zu Grunde liegenden Ideologien und Weltsichten sowie allgemein über die kulturelle Bedingtheit und Signifikanz von Erzähltechniken bietet[15]) – eine Einsicht, die die gedankliche Basis einer in jüngster Zeit sich entwickelnden kulturwissenschaftlich orientierten Narratologie bildet.

Im folgenden Teil meines Beitrags sollen nun Aspekte des Kulturkontakts und der Transkulturalität in den beiden Romanen Sky Lees und Tomson Highways besprochen werden. Die Handlung von Lees ›Disappearing Moon Cafe‹, des bisher zweifellos bedeutendsten chinesisch-kanadischen Romans,[16]) spielt vor dem Hintergrund zentraler Ereignisse der chinesisch-kanadischen Geschichte.[17]) Insbesondere geht es um die Folgen kanadischer Immigrationsgesetze von 1885 und 1923, durch die eine weitere Einwanderung von Chinesen unterbunden wurde, nachdem zuvor eine große Zahl chinesischer Arbeiter für den Bau der transkontinentalen

---

[13]) Salman Rushdie, Is Nothing Sacred?, in: Ders., Imaginary Homelands: Essays and Criticism 1981–1991, London 1992, S. 425.

[14]) Ebenda, S. 420.

[15]) Mit Bezug auf ausgewählte kanadische Romane der Gegenwart führt dies z. B. Gabriele Helms in ihrer Studie Challenging Canada: Dialogism and Narrative Techniques in Canadian Novels, Montreal 2003 vor.

[16]) Zur Literatur chinesischstämmiger Kanadier bzw. Nordamerikaner vgl. Lien Chao, Beyond Silence. Chinese Canadian Literature in English, Toronto 1997; – Cynthia Wong, Reading Asian American Literature: From Necessity to Extravagance, Princeton/NJ 1993; – Ron Hatch, Chinese-Canadian Writing: The Silence of Gum San, in: Hans Braun und Wolfgang Klooss (Hrsgg.), Multiculturalism in North America and Europe: Social Practices – Literary Visions, Trier 1995, S. 169–179.

[17]) Vgl. dazu die informative Kurzdarstellung von Susanne Hilf, Writing the Hyphen. The Articulation of Interculturalism in Contemporary Chinese-Canadian Literature, Frankfurt/M. u. a. 2000 (= European University Studies, Reihe 14, Bd. 378), Kap. 2.1.: „Socio-historical Background – Chinese Migration to Canada“, S. 27–36.

Eisenbahn ins Land geholt worden war.[18]) Eine der Auswirkungen der Immigrationsakte war, wie Lee anhand der chinesischen Gemeinde Vancouvers zeigt, eine Ghettoisierung der Chinesen als Reaktion auf die feindselige Haltung der weißen Mehrheit und in gewissem Maß auch als Folge freiwilliger Segregierung. Eine weitere Folge war die Entstehung einer *bachelor society*: „„[...] Chinatown in 1924 [...] had become a self-contained community of men'".[19]) Wie der Roman deutlich macht, ist jene fehlende Assimilationsbereitschaft, die den Chinesen damals vorgeworfen wurde, nicht im Festhalten an konfuzianischen Traditionen begründet, sondern ist im Wesentlichen die Folge eines strukturellen bzw. institutionalisierten Rassismus, dessen Ziel es war, im Sinne des Schlagworts „Keep Canada White!" die Zahl der nicht-europäischstämmigen Bevölkerung des Landes gering zu halten.[20])

Vor diesem historischen Hintergrund erscheint einer der wichtigsten Handlungsstränge des Romans, nämlich das Bemühen um einen Erben für die zweite Generation der Familie Wong, von besonderer Signifikanz, denn letztlich geht es auch um das Überleben der ethnischen Gruppe. Nachdem die mit großem finanziellen Aufwand aus China eingeführte Braut des Sohnes anscheinend unfruchtbar ist, verfällt ihre Schwiegermutter der Idee, dem Sohn eine Konkubine zuzuführen, deren – hoffentlich männliches – Kind dann als legitimer Erbe ausgegeben werden soll. Dies führt in der Folge zu genealogischen Verwicklungen und – in der dritten Generation der Familie – zu einer vermeintlichen und einer tatsächlichen inzestuösen Beziehung. Letztere endet, als das Verwandtschaftsverhältnis bekannt wird, im Selbstmord. Diese melodramatische Handlung wird von der Ich-Erzählerin Kae Ying Woo, einer Angehörigen der vierten Generation, mit viel Ironie bezüglich der eigenen Familiengeschichte dargestellt, einer Ironie, die besonders auf jene Verbindung von Akzeptanz und Widerstand gegen rassistische und sexistische Imperative abzielt, die diese Familiengeschichte kennzeichnet. Die Rolle der Erzählerin ist die einer Archäologin eher als einer Historikerin,[21]) da ihr Bericht verschüttete bzw. verdrängte Elemente der Familiengeschichte zu Tage fördert (vgl. Kap. 1: „Waiting for Enlightenment"). Das Genre der Familiensaga, dem der Roman angehört und auf das bereits der dem Text vorangestellte Stammbaum der Wongs verweist, wird in Lees Roman aber auch in anderer Weise variiert bzw. konterkariert: So steht am Beginn des Romans weder Hochzeit noch Geburt, sondern die Suche Gwei Changs, des Begründers der Familie Wong, nach Überresten der beim Eisenbahnbau umgekommenen Chinesen. Die historisch belegte, von chinesischen Clan-

---

[18]) Vgl. dazu LISA LOWE, Immigrant Acts. On Asian American Cultural Politics, Durham/NC und London 1996.

[19]) SKY [= SHARON KWAN YING] LEE, Disappearing Moon Cafe, Vancouver und Toronto 1990, S. 92. Im Folgenden Seitenangaben im Text.

[20]) Vgl. dazu KAY J. ANDERSON, Vancouver's Chinatown: Racial Discourse in Canada, 1875–1980, Montreal 1991 sowie RONALD B. HATCH, Chinatown Ghosts in the White Empire, in: VERA und ANSGAR NÜNNING (HRSGG.), Intercultural Studies: Fictions of Empire, Heidelberg 1996 (= anglistik & englischunterricht 58), S. 193–210.

[21]) Vgl. HILF, Writing the Hyphen (zit. Anm. 17), S. 104.

Verbindungen organisierte Suche und ‚Repatriierung‘ der Gebeine, die Lee hier thematisiert, entspringt jener Ahnenverehrung, die Teil sowohl der buddhistischen als auch der taoistischen und konfuzianischen Lehre ist.[22]) Interessant ist in diesem Zusammenhang, dass bereits am Beginn von Lees Roman mit der Beziehung Gwei Changs zu der Indianerin Kelora jenes transkulturelle Thema angesprochen wird, das sodann in der Folge in verschiedener Variation wiederholt wird. Im Gegensatz zu den weißen Kanadiern, so zeigt der Roman, die die Chinesen zwar als billige Arbeitskräfte ins Land holten, sie aber nicht zu einem permanenten Teil Kanadas werden lassen wollen, begrüßen die Autochthonen die Asiaten.[23]) Gwei Chang jedoch verlässt Kelora, um sich mit einer Chinesin zu verbinden. Er ist wie die meisten anderen Figuren des Romans von einem Verlangen nach ethno-kultureller Reinheit getrieben, das sich auch im Wunsch einer Rückkehr nach China manifestiert – eine Sehnsucht, die selbst die bereits in Kanada geborenen Familienmitglieder erfüllt.

Die Begebenheiten des Romans werden mittels einer höchst komplexen Erzähltechnik dargestellt. Multiperspektivität spiegelt das Motiv der Suche nach Identität, der häufige Wechsel zeitlicher Ebenen vermittelt die Durchdringung von Vergangenheit und Gegenwart. Die Ich-Erzählerin Kae nähert sich deutlich einer heterodiegetischen Erzählinstanz an, da ihr Diskurs die Perspektiven aller Charaktere mit einschließt und damit die epistemologischen Grenzen realistischer Ich-Erzählung überschreitet. Diese eklektische und synkretische Technik ist auch im Zusammenhang mit dem Thema des Kulturkontakts bedeutsam, denn sie erscheint typisch für Autorinnen und Autoren, die von einem interkulturellen Standpunkt aus schreiben und daher mit verschiedenen Bezugssystemen konfrontiert sind.[24]) Ein zweites ‚hybrides‘ Element des Romans besteht neben der Verbindung von Homo- und Heterodiegese im Anknüpfen an orale Traditionen. Die hiefür kennzeichnenden Strukturelemente, die sich auch an Lees Roman beobachten lassen, beschreiben Ashcroft u.a. wie folgt: „The technique of circling back from the present to the past, of building tale within tale, and persistently delaying climaxes [...].“[25]) Drittens schließlich äußert sich in der Einbeziehung dramatischer Elemente ein zusätzlicher hybrider Zug dieses Romans. Damit sind in diesem Fall nicht primär das Vorhandensein eines Prologs und Epilogs und die generelle Tendenz zu szenischer Darstellung gemeint, sondern Beschreibungen von Proxemik, Gestik und Mimik der Figuren, die an die klassische Peking-Oper erinnern sollen. Dem narrativen Diskurs des Romans wird auf solche Weise ein kulturspezifischer Subtext unterlegt, der im thematischen Zusammenhang des Werkes selbstredend von besonderer Signifikanz ist:

---

22) Vgl. Donald C. Goellnicht, Of Bones and Suicide: Sky Lee's ›Disappearing Moon Cafe‹ and Fae Myenne Ng's ›Bone‹, Modern Fiction Studies 46, 2 (2000), S. 300–330.

23) Darauf verweist auch das Bild des Raben, der Kwei Chang im Traum erscheint, einer zentralen Tiergestalt indigener Mythen der kanadischen Pazifikküste.

24) Vgl. Schulte, Die Dynamik des Interkulturellen (zit. Anm. 8), S. 40.

25) Bill Ashcroft, Gareth Griffiths und Helen Tiffin, The Empire Writes Back: Theory and Practice in Post-Colonial Literatures, 2. Aufl. London 2002 [1989], S. 184.

Tyrannized by her own helplessness, [Fong Mei] cowered on the floor in front of her mother-in-law and wept piteously. Mui Lan sat at the secretary in her bedroom and stared at her daughter-in-law, a sneer frozen on her mouth, her plump, slippered feet tucked so neatly under her chair that she gave the appearance of being a cruel court eunuch in an opera. (S. 77)

Die chinesischen Figuren des Romans bewegen sich in einem Rahmen, der von den Normen der dominierenden europäischstämmigen Bevölkerung Kanadas abgesteckt wird. Im segregierten Raum der Chinatown Vancouvers versuchen sie gleichsam im Gegenzug, eine ‚authentische' chinesische Identität zu bewahren. Angesichts der rassistischen Haltung des Staates bzw. der weißen Mehrheit herrscht auch auf Seiten der Asiaten ein Rassismus, der sich in der sprachlichen Verteufelung des ‚Anderen' manifestiert und z. B. auch dazu führt, dass die Wong-Familie den Mischling Ting An, den Sohn Gwei Changs und Keloras, sowie dessen Sohn ablehnt. Lees Roman zeigt, wie auf beiden Seiten, der europäischstämmigen Kanadier ebenso wie der Chinesen, ein Gefühl der Überlegenheit auf der Basis ethnischer Prämissen mit fehlgeleiteten Vorstellungen kultureller Authentizität Hand in Hand geht. Solche essentialistischen Vorstellungen von ‚Authentizität' werden im Roman übrigens auch durch ein sinnfälliges Detail, nämlich das seltsam hybride Restaurant der Familie Wong, unterminiert: Von heimwehkranken Chinesen ebenso frequentiert wie von weißen Außenseitern auf der Suche nach fernöstlicher Exotik, besteht das „Disappearing Moon Cafe" des Titels zwar zum einen Teil aus dem Nachbau eines traditionellen chinesischen Teehauses, zum anderen aber aus einer modernen Theke und Nischenbänken, die nichts spezifisch Chinesisches an sich haben:

[...] Choy Fuk liked the more modern counter-and-booth section better. He loved the highly polished chrome and brightly lit glass, the checkerboard tiles on the floor, the marble countertop. And except for the customers, his mother, and perhaps the cacti, there was nothing chinese [sic!] about it. (S. 43)

Die Erzählerin Kae erkennt, dass die Obsession ihrer Familie mit einem ‚authentischen' ethnischen Erbe ein Fehler war, der letztlich den Niedergang dieser Familie herbeigeführt hat.[26]) Ebenso erkennt sie, dass das Schweigen der Chinesen gegenüber rassistisch motivierten Ungerechtigkeiten der dominanten Kultur in die Hände spielt: „Maybe this is a chinese-in-Canada [sic!] trait, a part of the great wall of silence and invisibility we have built around us. I have a misgiving that the telling of our history is forbidden" (S. 242). Was zu Zeiten restriktiver Immigrationsgesetze wichtig war, nämlich unauffällig zu sein, wird von den neuen Generationen in einem negativen Licht gesehen. Chinesisch-kanadische Identität gilt v.a. den Angehörigen der jüngsten Generation der Familie Wong als hybrid, plural und heterogen. Unter dem Druck des Kulturkontakts brechen traditionelle, in der Kultur herrschende Wertvorstellungen auf. Das heißt aber nicht, dass dieser Generation dadurch die Akkulturation leichter fällt. Im Gegenteil ist die kennzeichnende Gefühlslage dieser Generation die einer tiefgreifenden Desorientierung – die jüngste Generation steht zwischen der China-Nostalgie der Eltern und dem Verlangen nach

---

[26]) Vgl. dazu auch Goellnicht, Of Bones and Suicide (zit. Anm. 22), S. 316.

einer ‚kanadischen‘ Identität: „Chineseness made me uncomfortable“ (S. 89), verrät die Erzählerin über sich, und an anderer Stelle wird die allen Sino-Kanadierinnen geläufige Maxime „You can take the girl out of Chinatown,/but you cannot take Chinatown out of the girl“ zitiert (S. 220 f.). Die Dämonisierung der Mutter durch die Tochter-Erzählerin ist Ausdruck dieser kulturübergreifenden Spannungen, wie überhaupt speziell im Werk chinesisch-nordamerikanischer Autorinnen kulturelle Unsicherheit auf die Mutter als Repräsentantin der ‚alten Heimat‘ bzw. der traditionellen Kultur projiziert wird.[27]) Die Erzählerin in Lees Roman schwankt zwischen chinesischen Traditionen und einer modernen beruflichen Karriere. Ihre Suche nach Identität endet schließlich in der Befreiung vom Zwang der Tradition – Kae wird Schriftstellerin und geht daran, ihre kulturelle Identität bzw. das, was Roy Miki als „Asiancy“[28]) bezeichnet hat, in einem transkulturellen Sinn neu zu definieren.

Im Gegensatz zu Lees Roman, der das Problem kultureller Segregierung und die Notwendigkeit ihrer Überwindung in den Vordergrund rückt, beschreibt Tomson Highways ›Kiss of the Fur Queen‹ transkulturelle Identitäten, die letzten Endes das Resultat erzwungener Assimilation sind. Die beiden Hauptfiguren, die Cree-Brüder Champion und Ooneemeetoo Okimasis, werden ihren Eltern entrissen und in einem katholischen Internat erzogen, eine Praxis, die in Kanada bis in die 1960er-Jahre durch Parlamentsakte (*Indian Act*) legitimiert war und die vor Highway z. B. Beatrice Culletons 1983 erschienener Roman ›In Search of April Raintree‹ angeprangert hatte.[29]) Im Internat werden die beiden Brüder in Jeremiah und Gabriel umbenannt, und der Gebrauch ihrer indianischen Muttersprache wird ihnen verboten.[30]) Die Folge ist eine zunehmende Entfremdung von ihrer Familie – wie der Roman z. B. deutlich macht, sprechen ihre Eltern kein Englisch (vgl. S. 92). Gleichzeitig aber bleibt den beiden auch die ihnen oktroyierte christliche Kultur im Grunde fremd. Die Tatsache, dass beide Brüder von Pater Lafleur, dem Leiter

---

27) Vgl. Mari Peepre, Resistance and the Demon Mother in Diaspora Literature: Sky Lee and Denise Chong Speak Back to the Mother/land, International Journal of Canadian Studies 18 (1998), S. 79–92.

28) Roy Miki, Asiancy: Making Space for Asian Canadian Writing, in: Gary Y. Okihiro u. a. (Hrsgg.), Privileging Positions: The Sites of Asian American Studies, Pullman 1995, S.131–151. – Vgl. auch Aparajita Nanda, Identity Politics and the Voice of Autobiography in Sky Lee's ›Disappearing Moon Cafe‹, in: Sabine Coelsch-Foisner und Wolfgang Görtschacher (Hrsgg.), Fiction and Autobiography: Modes and Models of Interaction, Frankfurt/M. 2006 (= Salzburg Studies in English Literature and Culture 3), S. 245–253.

29) Zu Highways Roman im Kontext dieser Gegebenheiten vgl. Richard Lane, Surviving the Residential School System: Resisting Hegemonic Canadianness in Tomson Highway's ›Kiss of the Fur Queen‹, in: Marc Maufort und Franca Bellarisi (Hrsgg.), Reconfigurations: Canadian Literatures and Postcolonial Identities/Littératures canadiennes et identités postcoloniales, Brüssel 2002, S. 191–201; – Sam McKegney, Claiming Native Narrative Control: Tomson Highway on Residential Schooling, in: James Gifford und Gabrielle Zezoulka-Mailloux (Hrsgg.), Disability Studies & Indigenous Studies, Edmonton 2003, S. 66–74.

30) Vgl. Tomson Highway, Kiss of the Fur Queen, Toronto 1998, S. 63. Im Folgenden Seitenangaben im Text.

des Internats, sexuell missbraucht werden, symbolisiert im Kontext des Romans auf sehr plakative Art und Weise die ‚Vergewaltigung' indigener Spiritualität durch ein missionarisches Christentum. Highways Roman vermischt christliche und indigene spirituelle Symbole und Rituale sowie konfligierende Kosmologien,[31]) wobei die Darstellung indigener Weltanschauung in erster Linie auf eine Unterminierung des hegemonialen Anspruchs christlich-abendländischen Denkens abzielt.[32]) Auf jeden Fall aber spiegelt die Vermischung von Welterklärungsmodellen und Wertsystemen die tiefe Verunsicherung und das Gefühl der Fragmentierung ihrer Identität auf Seiten der beiden Hauptfiguren.

Eine wesentliche Rolle inmitten der kulturellen und spirituellen Verwirrungen des Romans spielt der Cree-Trickster Weesageechak. Trickster sind bekanntlich wandelbare, listenreiche Figuren, die in den Mythen vieler Völker, besonders aber der autochthonen Völker Nordamerikas vorkommen.[33]) In Highways Roman erscheint Weesageechak hauptsächlich als jene mysteriöse „Fur Queen" des Titels, Siegerin eines regionalen Schönheitswettbewerbs – und nachdem wir uns im subarktischen Norden Manitobas befinden, tragen die Bewerberinnen keine Bikinis, sondern Pelz. Der magische Kuss dieser Schneekönigin bzw. indianischen ‚Venus im Pelz', der die Handlung des Romans in Gang setzt, gilt dem Vater der beiden Okimasis-Brüder, der soeben die Weltmeisterschaft im Hundeschlittenrennen für sich entschieden hat. Wie der Leser aus einer einleitenden Notiz des Autors erfährt, kann der Trickster entweder männliche oder weibliche Gestalt annehmen, so wie auch die Sprache der Cree kein grammatikalisches Geschlecht kennt. Eine der Erscheinungsformen Weesageechaks bzw. der Fur Queen ist daher jener androgyne Tänzer, der Ooneemeetoo in eine weiße Federboa einhüllt, so als wolle er ihn, wie es heißt, mit einem Sprühregen aus geweihtem Wasser taufen, „as though baptizing Gabriel with sprays of holy water". Zugleich erscheint dieser Tänzer aber auch als eine Schamanin, „a sorceress, a priestess, clandestinely reviving a sacrament from some dangerous religion" (S. 168). In ähnlicher Weise kehrt der von der Fur Queen überreichte Siegespokal in abgewandelter Form als Taufkelch der beiden Brüder und als Kommunionskelch in der Internatskapelle wieder. Pater Lafleur, Vertreter eines Glaubens, dessen Kommunionsritus den Indigenen als Kannibalismus erscheint,[34]) wird im Roman wiederholt mit einem Weetigo

---

[31]) Vgl. Mark Shackleton, Tomson Highway: Colonizing Christianity versus Native Myth – From Cultural Conflict to Reconciliation, in: Gerhard Stilz (Hrsg.), Missions of Interdependence: A Literary Directory, Amsterdam 2002 (= Cross/Cultures: Readings in the Post/Colonial Literatures in English. ASNEL Papers. 58), S. 41–51.

[32]) Dies betont auch Coral Ann Howells, Tomson Highway: ›Kiss of the Fur Queen‹, in: Dies. (Hrsg.), Where Are the Voices Coming From? Canadian Culture and the Legacies of History, Amsterdam 2004, S. 83–92.

[33]) Zur Figur des Trickster bzw. ‚göttlichen Schelms' in der europäischen Tradition vgl. unlängst Peter von Matt, Die Intrige. Theorie und Praxis der Hinterlist, München und Wien 2006, S. 277–287.

[34]) Vgl. S. 184: „‚Christianity asks people to eat the flesh of Christ and drink his blood – shit, Jeremiah, eating human flesh, that's cannibalism. What could be more savage – ?'"

verglichen,[35]) dem menschenfressenden bösen Geist der Cree-Mythologie. Zum ersten Mal erscheint dieser Vergleich, als Jeremiah nachts im Schlafsaal eine Gestalt über das Bett seines Bruders gebeugt sieht:

> [...] Gabriel was not alone. A dark, hulking figure hovered over him, like a crow. Visible only in silhouette, for all Jeremiah knew it might have been a bear devouring a honey-comb, or the Weetigo feasting on human flesh.
> As he stood half-asleep, he thought he could hear the smacking of lips, mastication. Thinking he might still be dreaming, he blinked, opened his eyes as wide as they would go. He wanted – needed – to see more clearly.
> [...] He took two soundless steps forward, craned his neck.
> When the beast reared its head, it came face to face, not four feet away, with that of Jeremiah Okimasis. (S. 79)

Indem sich dieser Weetigo an menschlichem Fleisch gütlich tut („feasting on human flesh"), sprich: indem er sich an Gabriel vergeht, legt er den Grundstein zu dessen promiskuitiver Homosexualität und ist somit letztlich dafür verantwortlich, dass Gabriel sich mit dem HIV-Virus infiziert. AIDS erscheint somit im thematischen Zusammenhang des Romans nicht nur als Krankheit der modernen Welt, sondern auch als Manifestation des Weetigo. Denn, so lautet die Frage, die Gabriel an seinen Bruder richtet, „„How do you say AIDS in Cree, huh? Tell me, what's the word for HIV?"" (S. 296). Als Ooneemeetoo/Gabriel am Ende des Romans seiner Krankheit erliegt, taucht folgerichtig auch wieder das Bild des Weetigo-Priesters auf: „[...] the cannibal spirit [...] had the face of Father Roland Lafleur" (S. 299f.).

Nach der Internatsschule gehen beide Okimasis-Brüder nach Winnipeg, wo sie ein isoliertes Leben am Rande der weißen urbanen Gesellschaft führen. Gelegentliche Besuche zu Hause, im nördlichen Manitoba, erinnern den Vater der beiden schmerzlich daran, wie sehr sich seine Söhne ihm entfremdet haben: „The signs had not escaped him: visit by visit, word by word, these sons were splintering from their subarctic roots, their Cree beginnings" (S. 193).[36]) Ob und wie die beiden am Ende zu sich selbst finden, scheint wesentlich davon abzuhängen, ob sie in der Lage sind, an ihre indigenen Wurzeln und die spirituelle Kraft ihrer Kultur anzuknüpfen und diese mit ihrer ‚modernen' urbanen Existenz zu verbinden. Einen ersten Schritt in diese Richtung setzt Champion/Jeremiah, der eine vielversprechende Karriere als Pianist für eine Weile hintanstellt und zum Sozialarbeiter und Lehrer unter den Angehörigen seiner Nation in Winnipeg wird. Ooneemeetoo/Gabriel feiert als Tänzer Triumphe in den kulturellen Zentren des Landes, indem er Elemente indigener Mythen und Legenden in die Choreographie seiner Aufführungen integriert. Nach ihrer Erfahrung doppelter Entfremdung gelangen die beiden Brüder so letztlich zu

---

35) Zu Highways Verwendung dieser indigenen Sagengestalt vgl. Cynthia Sugars, Weetigos and Weasels: Tomson Highway's ›Kiss of the Fur Queen‹ and Canadian Postcolonialism, Journal of Commonwealth and Postcolonial Studies 9, 1 (2002), S. 69–91.

36) Zum Motiv von Heimkehr und Entfremdung in der indigenen Literatur Nordamerikas vgl. Mark Shackleton, The Return of the Native American: The Theme of Homecoming in Contemporary Native North American Fiction, Atlantic Literary Review 3, 2 (2002), S. 155–164.

einer Bejahung vermischter, transkultureller Identität. Wiederum spielt der Trickster eine wesentliche Rolle als treibende Kraft hinter dem Verlauf der Ereignisse. In einer dem Roman vorangestellten Anmerkung zur Figur des Tricksters betont Highway, dass ohne diese außerordentliche Gestalt das Kernstück indianischer Kultur für immer verloren wäre („[w]ithout the continued presence of this extraordinary figure, the core of Indian culture would be gone forever"). Demnach stellt also Wandelbarkeit ein zentrales Element dieser Kultur dar, denn der Trickster verkörpert die Vereinigung von Gegensätzen. Und obwohl er (oder sie) durchaus destruktiv sein kann, wendet diese Figur letztlich eher doch alles zum Guten. In einer zentralen Episode des Romans erinnern sich die Brüder an eine Erzählung, in der der Trickster den Weetigo tötet, indem er in Gestalt eines Wiesels in dessen Anus kriecht und das Monster von innen auffrisst (vgl. S. 118–121). Wie unschwer zu erkennen, handelt es sich hier um eine Chiffre für Analverkehr, für Christen eine „Todsünde", wie Gabriel von niemand anderem als Pater Lafleur, dem ‚Weetigo' selbst, gehört hat (S. 118). Im Kontext des Romans jedoch erscheint Weesageechaks Akt als ein Sieg über jene repressiven Mächte, die zur psychischen und, im Falle Ooneemeetoos, auch zur physischen Krise der Okimasis-Brüder geführt haben. Der Triumph des Tricksters zeigt, dass in Highways Roman einerseits zwar eine Rückbesinnung auf indigene Spiritualität postuliert wird, andererseits aber auch Wandel und Vielfalt begrüßt werden. Interessant ist in diesem Zusammenhang, dass in beiden Romanen, Lees und Highways, die indigene Kultur Nordamerikas als diejenige dargestellt wird, die eine solche Vielfalt bereitwillig zu akzeptieren scheint, während auf Seiten der europäischstämmigen Kanadier ebenso wie der Chinesen Lees zwangsweise Assimilation und Segregierung die dominanten Haltungen sind.

Die Vermischung indigener und westlich-christlicher kultureller Elemente findet in ›Kiss of the Fur Queen‹ aber nicht nur auf einer thematischen, sondern auch auf der strukturellen Ebene statt. Highway versucht, in seinem schriftlichen Medium das Echo einer indigenen mündlichen Erzähltradition gleichsam hörbar werden zu lassen. Dies geschieht im Bewusstsein dessen, dass die Geschichten von Weesageechak eben nun einmal dazu bestimmt sind, gehört und nicht gelesen zu werden, und dass überdies natürlich auch viel von ihrer besonderen Qualität, vor allem von ihrem zuweilen recht derben Humor, in der Übersetzung verloren geht. So bemerkt denn auch Jeremiah zu seinem Bruder über jene vorhin erwähnte Geschichte: „‚You could never get away with a story like that in English'" (S. 118). Highway thematisiert diesen Verlust, indem er den Leser auf Formen der Variation und Übersteigerung aufmerksam macht, wie sie für indigenes Erzählen kennzeichnend sind, auf „the Cree way of telling stories, of making myth" (S. 38), wie eine der Figuren bemerkt. Er versucht den Verlust aber auch bis zu einem gewissen Grad zu kompensieren, indem er eine Reihe verschiedener Erzählmodi verwendet, die Lesern postmoderner Romane bestens vertraut sind: das Fantastische, das Burleske und vor allem Ironie. Die ironische Grundhaltung postmoderner Literatur[37]) liegt

[37]) Vgl. dazu unlängst Susanne Reichl und Mark Stein (Hrsgg.), Cheeky Fictions. Laughter and the Postcolonial, Amsterdam und New York 2005.

für den Minoritätenroman auf Grund der Duplizität der Welt- und Selbsterfahrung in der Literatur von Minderheiten (vgl. die eingangs zitierte Auffassung Eli Mandels) besonders nahe – denn Ironie beruht bekanntlich ja auf einer Duplizität des Sprechens. Wie Linda Hutcheon betont hat, kommt dieser Doppelzüngigkeit in den Werken von Minderheitenautorinnen und -autoren eine besondere Funktion zu, da sie ihnen erlaubt, die dominante Kultur gleichsam von innen zu konterkarieren – „[to] address the dominant culture from within that culture's own set of values and modes of understanding, without being co-opted by it and without sacrificing the right to dissent, contradict and resist.“[38]) Highway geht es auf der formalen Ebene seines Romans jedoch hauptsächlich darum, die Kluft zwischen der indigenen mündlichen Tradition und dem ‚europäischen' literarischen Genre des Romans zu überbrücken. Wie Thomas Kings ›Green Grass, Running Water‹ (1993) und andere Romane indigener kanadischer Autoren ist ›Kiss of the Fur Queen‹ daher durch eine spezifische transkulturelle Qualität gekennzeichnet, die neben thematischen auch formale Aspekte beinhaltet.

Die beiden hier besprochenen Romane Lees und Highways zeigen sich kritisch gegenüber zentralistischen oder dualistischen Modellen kultureller Identität, wie sie in der historischen Entwicklung der multikulturellen kanadischen Gesellschaft auszumachen sind.[39]) Während Lee die Folgen eines fehlgeleiteten Versuchs der Bewahrung kultureller Authentizität thematisiert und eine gemischte, chinesisch-kanadische Identität propagiert, rückt Highway zunächst die Problematik erzwungener Assimilation in den Vordergrund, um letztlich Wandelbarkeit und transkulturelle Dynamik als Grundlagen einer modernen indigen-kanadischen Identität zu begrüßen. Damit werden in beiden Romanen Identitäten jenseits binärer Zuordnungen oder indigener bzw. immigratorischer Selbstdefinition skizziert. Wie ich versucht habe zu zeigen, steht in den hier besprochenen Romanen nicht die ‚authentische' Darstellung ethno-kultureller Besonderheit im Vordergrund, sondern vielmehr das Thema des Kulturkontakts. Es werden vorrangig interkulturelle und besonders transkulturelle Phänomene thematisiert. Kulturelle Zwischenräume im Sinne Bhabhas bzw. kulturelle Kontaktzonen[40]) werden ebenso erkundet wie die fragmentierte oder hybride Identität der Protagonisten, die sich in diesen Kontaktzonen bewegen. In beiden Romanen äußert sich die Betonung des Transkulturellen überdies auch auf der formalen Ebene in einer spezifisch hybriden, synkretischen Erzähltechnik, die anstelle einer einzelnen, ethno-kulturell spezifischen Erzählstimme eine Multiplizität der Stimmen vermittelt und dabei auch Elemente mündlichen Erzählens mit einschließt. Einen solchen, kulturelle Pluralität bekräftigenden Diskurs hat Christopher Balme als „inventive syncretism“

---

[38]) Linda Hutcheon, Splitting Images. Contemporary Canadian Ironies, Toronto 1991, S. 49.

[39]) Vgl. dazu Wilson Harris, The Womb of Space: The Cross-Cultural Imagination, Westport/CT 1983.

[40]) Den Begriff führte Marie Louise Pratt in die kulturwissenschaftliche Diskussion ein (vgl. Imperial Eyes. Travel Writing and Transculturation, London und New York 1992).

bezeichnet, eine der wenigen positiv zu verzeichnenden Folgen, wie Balme betont, jener Geschichte des kolonialen Kulturkontakts, die ansonsten in der Regel von der kulturellen Marginalisierung der kolonisierten Gruppe geprägt ist: „one of the positive results of what has been the fundamentally destructive process of direct or indirect colonisation and cultural imposition.“[41])

---

[41]) Christopher Balme, Inventive Syncretism: The Concept of the Syncretic in Intercultural Discourse, in: Ders. und Peter O. Stummer (Hrsgg.), Fusion of Cultures?, Amsterdam 1996 (= Cross/Cultures 26, ASNEL Papers 2), S. 9–18: hier: S. 14.

REVISION IMPOSSIBLE

›La migration des cœurs‹, Maryse Condés ‚Lektüre' von Emily Brontës ›Wuthering Heights‹

Von Martina Stemberger (Wien)

I.
(Un)Möglichkeiten der Revision

Maryse Condé, frankophone Schriftstellerin karibischer Herkunft[1]), veröffentlichte im Jahr 1995 den Roman ›La migration des cœurs‹. Der Widmung zufolge handelt es sich dabei um eine ‚Lektüre' eines klassischen Texts der englischen Literatur: Emily Brontës ›Wuthering Heights‹. Auf den ersten Blick schreibt sich Condés Roman in die Tradition des postkolonialen Revisionismus ein; der kritischen, subversiven Revision meist klassischer Texte der kolonialen Epoche aus der Perspektive der in diesen Texten historisch, kulturell, psychologisch und narrativ marginalisierten, unterdrückten, verdrängten *Anderen.* Die postkoloniale Revision war zum Zeitpunkt des Erscheinens von Condés Text (1995) allerdings bereits in gewissem Grad trivialisiert; es handelte sich um ein längst konventionalisiertes, beinahe schon stereotypisiertes narratives Modell:

> [...] revisionism is now a commonplace move: be it the Tara plantation, or going back to Manderley and telling Rebecca's side of the story, revisionism has become the intellectual property of even the most nondescript and inconsequential writers [...] The revisionist move, such an

---

[1]) Maryse Condé, geboren 1937 in Pointe-à-Pitre/Guadeloupe, hat in Paris studiert, seit 1960 in Afrika (vor allem in Ghana und im Senegal) gelebt, bis sie 1973 nach Frankreich zurückkehrte. Derzeit lebt sie auf Guadeloupe und in den USA, wo sie an der Columbia University lehrt. Ihr erster Roman ›Hérémakhonon‹ erschien 1976 (neu aufgelegt unter dem Titel ›En attendant le bonheur‹, 1988); es folgten ›Une Saison à Rihata‹ (1981), die Ségou-Dilogie (›Ségou: Les murailles de terre‹, 1984 und ›Ségou: La Terre en miettes‹, 1985), ›Moi, Tituba, sorcière noire de Salem‹ (1986), ›La Vie scélérate‹ (1987), ›La Traversée de la Mangrove‹ (1989), ›Les derniers Rois mages‹ (1992), ›La Colonie du Nouveau Monde‹ (1993), der hier analysierte Roman ›La Migration des cœurs‹ (1995), ›Desirada‹ (1997), ›Célanire cou-coupé‹ (200), ›La Belle Créole‹ (2001), ›Histoire de la femme cannibale‹ (2003) und Condés bislang letzter Roman, ›À la Courbe du Joliba‹ (2006). Neben diesen zahlreichen Romanen und ihren wissenschaftlichen Publikationen hat Condé auch dramatische Werke, Kurzprosa und Kinderbücher verfasst.

SPRACHKUNST, Jg. XXXVIII/2007, 1. Halbband, 123–155

attractive option for postcolonial writers in the past, has become so familiar, so obvious, so calculated, it might be argued, that little or no case can be made for its "innovative" or "resistant" possibilities.[2])

Vielleicht ist Condés (allzu) späte Revision nicht nur als Reproduktion eines stereotypisierten narrativen Schemas zu lesen, sondern vielmehr auch als Revision (des Konzepts) der Revision, als Reflexion über die (Un)Möglichkeiten der Revision – seine Unoriginalität könnte durchaus strategisch intendiert sein; Bongie schlägt vor, ›Migration‹ als „pastiche of the postcolonial revisionist novel" zu lesen.[3]) ›Migration‹ ist ein Text über die Unmöglichkeit der Rückkehr zum geschriebenen Text; ein Text aber auch über die Unmöglichkeit, sich der Notwendigkeit, ja der Obsession dieser Rückkehr zu entziehen.[4]) Condés Roman ist dabei kein aufdringlich theoretischer Text; er ist jederzeit auch ‚naiv' lesbar, als spannender Liebesroman, der unabhängig vom Original und ohne jegliche Reflexion über diverse intertextuelle Komplikationen zu fesseln vermag. Gleichzeitig stellt dieser Text aber auch eine Reflexion über die (Un)Möglichkeiten dar, längst erzählte Geschichten aus ihrer kolonialen Logik herauszulösen. Condés Text ist durchsetzt mit intertextuellen Referenzen; er kehrt nicht nur zu Brontë (nicht ganz) zurück, sondern auch zu anderen kanonischen Autoren. Aufschlussreich ist vor allem das Wechselspiel zwischen den intertextuell inspirierten Titeln einzelner Abschnitte des Romans und dem Inhalt der betreffenden Kapitel. Hier entsteht ein Zwischenraum *innerhalb* von Condés Text – die „Table des matières" fügt diesem eine weitere, narrativ und auch theoretisch produktive Schicht hinzu; sie entwirft ein System von Spuren *möglicher* Lektüren, das den ganzen Text durchzieht.[5]) Diese Leseanleitungen *en miniature* mit ihren intertextuellen oder auch narratologischen Versatzstücken (vgl. „Le temps retrouvé" oder „En guise de premier épilogue") bleiben aber von bemerkenswerter Ambivalenz; ohne eine imaginäre ‚naive' Leserin weiter zu irritieren, machen sie die ebenso imaginäre ‚gebildete' Leserin immer wieder auf die Komplexität des Textes aufmerksam (womit sie das Vergnügen am Text quasi theoretisch legitimieren). Ein Titel wie „Noces barbares" evoziert – naiv gelesen – den Reiz einer ‚barbarischen' Erotik; er ist aber auch als subtiler Hinweis auf eine mögliche *subversive* Interpreta-

---

[2]) Chris Bongie, Exiles on Main Stream: Valuing the Popularity of Postcolonial Literature, in: Postmodern Culture 14.1 (2003), *http://www3.iath.virginia.edu/pmc/issue.903/14.1bongie.html* (2. November 2006), hier: Abschnitt Nr. 40.

[3]) Ebenda, Abschnitt Nr. 43.

[4]) Die Revision wird als solche auch auf diegetischer Ebene problematisiert. Manche Geschichten, die Condés Figuren sich und anderen erzählen, werden konsequent mit der bzw. einer anderen ‚Realität' gegengelesen, in ihrer Widersprüchlichkeit enthüllt und zugleich gerechtfertigt („Là-dessus, elle lui avait raconté une histoire qu'il connaissait lui aussi, mais d'un point de vue différent." MC 296).

[5]) Die Ambivalenz des Textes – zwischen Popularität und subversivem Anspruch – wird nicht zuletzt durch die Schichtung dieser beiden Ebenen realisiert. Am Rande sei bemerkt, dass die äußere Aufmachung des Romans, zumindest in der mir vorliegenden Edition (Paris, Laffont 1999), offensichtlich auf den so genannten Massengeschmack orientiert ist; der sehr bunten, naiv ‚exotisch' stilisierten Titelseite entsprechen die Anpreisungen auf der Rückseite: „Une variation libre, pleine de violence et de sensualité. Une réussite!" etc.

tion des betreffenden Kapitels zu lesen. Dieses stellt die Opposition von Zivilisation und Barbarei implizit in Frage: der eigentlich ‚barbarische' Partner ist hier der europäisch gebildete, (fast) weiße Junge, der ein indisches Mädchen zu vergewaltigen versucht, nachdem er es ausführlich beschimpft hat (MC 189ff.).[6])

Der Titel des Romans ›La migration des cœurs‹ konzentriert diese Ambivalenz zwischen der subversiven Infragestellung (post)kolonialer Narrative und dem Tribut an das populäre Genre ‚exotischer Liebesroman'. *Migration* steht in diesem Text metaphorisch für Erlebnisse und Beziehungen aller Art, für das Leben selbst, für den Tod („[...] la mort n'est que nuit. Elle est migration sans retour"; MC 95). Fast alles ist hier *Migration*: die Metapher der Wanderung selbst wandert von Kontext zu Kontext – und wird damit zur leeren Chiffre. Die *Migration* ist schließlich auch als Metapher *en abîme* zu lesen: die Metapher als/der Metapher, eine sich selbst verfehlende Metapher; eine Metapher, die ihr eigenes Scheitern, ihr Versagen – im doppelten Sinn – inszeniert. Neben der *Migration* steht das *Herz* als trivialisiertes Versatzstück einer organischen Metaphorik der Menschlichkeit. Diese Metapher wird hier jedoch reaktualisiert: das *Herz* evoziert auch ein problematisch gewordenes Subjekt als Montage aus einzelnen Bestandteilen, die sich verselbständigen – die *wandernden Herzen* dieses Romans wären unheimliche, in ihrer Autonomie geradezu monströse Objekte. Schon im Titel selbst wird damit jene Ambivalenz erzeugt, die den Text insgesamt prägt. Mit der Motivik der *Migration* und jener der *Herzens* prallen zwei sehr unterschiedliche Vorstellungswelten bzw. metaphorische Systeme aufeinander; die – auf den ersten Blick – banale, ja geradezu clichéhafte Metapher der *Herzen* wirkt auf die – auf den ersten Blick – subversive, postkoloniale Metapher der *Migration* zurück – und umgekehrt. Wenn Condé in ihrem Text mittlerweile klassische, als postkolonial kategorisierte narrative Elemente wie Mehrstimmigkeit, Hybridität etc. (re)inszeniert, reflektiert und problematisiert sie zugleich diese Inszenierung des ‚selbstverständlich subversiven' Postkolonialen. Dieses narrative – und auch narratologische – Doppelspiel ist in ›Migration‹ etwa an der erzählerischen Polyphonie zu beobachten. Condés Roman gibt zahlreichen Figuren eine *eigene* Stimme, eine *eigene* Erzählung sowie ein Forum, zu dem sie sprechen können – aber gleichzeitig problematisiert der Roman die Illusion tatsächlich autonomer Erzählungen. Es reicht nicht, symbolisch dominierte Figuren einfach zu Wort kommen zu lassen; diese werden – von innen – von den Stimmen ihrer Unterdrücker heimgesucht; sie sprechen nie (nur) mit ihrer eigenen Stimme, sondern mit mehreren – einander oft genug widersprechenden – Stimmen zugleich. ›Migration‹ reflektiert die doppelte Dynamik dieses nur auf den ersten Blick autonomen *récit*: es geht hier nicht zuletzt um Erzählungen als unheimliche Subjekte, von denen die Figuren ihrerseits erzählt werden.

---

[6]) Sämtliche Seitenangaben zu ›La migration des cœurs‹ (jeweils direkt im Text in eckigen Klammern nachgestellt) beziehen sich auf folgende Edition: Maryse Condé, La migration des cœurs, Paris (Laffont) 1999 [Sigle: MC]; jene zu ›Wuthering Heights‹ auf: Emily Brontë, Wuthering Heights, London (Penguin) 1994 [Sigle: WH].

II.
(Post-)Kolonialismen

Das narrative Modell der Revision reproduziert eine binäre Logik der Opposition des Kolonialen und des Postkolonialen. Condé lässt sich nicht auf dieses Spiel nach etablierten Regeln ein; sie stellt ihrem Roman eine Widmung an Emily Brontë voran und beschwört die englische Autorin dergestalt als einen jener – in diesem Fall wohlwollenden – Geister, die ihren Text bevölkern („*À Emily Brontë qui, je l'espère, agréera cette lecture de son chef-d'œuvre. Honneur et respect!*"; MC, Widmung). Der Text Condés ist nicht *gegen* Brontës Roman geschrieben; er verweigert Imitation wie direkte Opposition (die ihrerseits nichts als eine Imitation ex negativo darstellt). Condé *revidiert* ihren Intertext nicht; sie deplaziert ihn vielmehr, sie entfaltet ihn, sie faltet ihn neu, sie bringt ihn auf neue Weise zum Sprechen – in einem völlig anderen kulturellen, politischen, narrativen Kontext. Ihre ‚Lektüre' beginnt mit einer Hommage an Brontë und inszeniert ihr eigenes Versagen bei der Rückkehr zum Original. Ihr Text verliert sich – absichtlich – in einer Serie von Divagationen, die weit weg von diesem Original führen. Condé versucht zu zeigen, dass Brontës Geschichte immer schon auch in einem anderen Kontext funktionieren kann; dass sie ihre volle Entfaltung vielleicht erst durch die Wanderung erfährt. Es ginge hier also darum, einen Text der kolonialen Epoche auf neue Weise zu sich selbst kommen zu lassen, sein Potential an universaler Menschlichkeit zu zeigen. Im Text selbst formuliert eine weiße Frau die Einsicht in die prinzipielle Universalität menschlicher Emotionen (MC 21f.). Der Weg zum Universalen führt dabei nicht über die Abstraktion, sondern über soziale, historische, kulturelle Kontextualisierung; über konsequente Reflexion der Position, von der aus eine Geschichte erlebt und erzählt wird. Der pseudo-universale, nur scheinbar objektive Standpunkt wird hier dekonstruiert; der abstrakte, „substitutive" durch einen konkreten, „interaktiven" – wie man mit Seyla Benhabib[7]) formulieren könnte – oder auch kontextuellen Universalismus ersetzt. Das Denken fast aller Figuren Condés funktioniert freilich in Kategorien der absoluten Differenz – zwischen den ‚Rassen', zwischen den Kulturen; unabhängig davon, welche Rasse, welche Kultur jeweils höher eingeschätzt, als vollwertige bzw. sogar einzig wahre Realisierung eigentlicher Menschlichkeit angesehen wird. In die Falle dieses Essentialismus der ‚rassischen' Differenz gehen gerade auch jene Figuren, die im Gegensatz zu ihrer Umgebung die gesellschaftliche Privilegierung alles – mehr oder weniger – Weißen und die Unterdrückung alles – mehr oder weniger – Schwarzen nicht ohne weiteres hinnehmen – wie Irmine de Linsseuil, die, in ‚Rassenfragen' bewusster als die anderen weißen Figuren, dennoch an eine absolute Differenz zwischen den ‚Rassen' glaubt und diese Differenz nur sehr bedingt in ihrem historischen Kontext reflektiert, sie allenfalls aus einer Geschichte des Leidens, die die Anderen wiederum auf ihre Rolle als passive Opfer festschreibt, heraus erklärt (MC 108).

---

[7]) Vgl. Seyla Benhabib, Selbst im Kontext. Gender Studies. Frankfurt/M. 1995, S. 183.

Zahlreiche Sujet-Elemente aus Brontës Text werden bei Condé entfaltet – doch stets Spuren nach, die im Originaltext vorgezeichnet sind. In Brontës Text ist etwa wiederholt von der *Schwärze* des Findelkindes, das unter dem Namen *Heathcliff* in die Familie Earnshaw aufgenommen wird, die Rede. Die ‚rassische‘ Zugehörigkeit der Figur wird nicht erörtert – „gipsy“ (WH 45) stellt weniger eine konkrete ethnische Zuordnung als eine allgemeine Chiffre der Fremdheit, der kulturellen, aber auch der sozioökonomischen Marginalität dar. Die dunkle Haut- und Haarfarbe (WH 21, WH 90, WH 155) funktioniert als Indikator der Andersartigkeit der Figur; weitere ‚barbarische‘ Attribute komplettieren das Bild des bedrohlichen und abstoßenden Fremden (so seine „Kannibalen-Zähne“; WH 155, WH 159). Die *Schwärze* der Figur wird über das konkrete physische Attribut hinaus metaphorisch aufgeladen, sie nimmt sogar diabolische Konnotationen an („[...] it's as dark almost as if it came from the devil“; WH 45). Die physische Andersartigkeit der Figur, konzentriert in ihrer metaphorisch überhöhten *Schwärze*, erscheint nicht zuletzt auch als Rechtfertigung der ‚natürlichen‘ Idiosynkrasie anderer Figuren dem Fremden gegenüber. Der äußeren *Schwärze* der Haut korrespondiert die diabolische *Schwärze* der Gedanken und Gefühle, die implizit die Verachtung und den Hass zu rechtfertigen scheinen, die dem *Schwarzen* entgegengebracht werden: die allzu dunkle Haut verrät ein nicht minder dunkles Innenleben („[...] the longer he stood, the plainer his reflections revealed their blackness through his features“; WH 159). Eine bestimmte Tradition postkolonialer Lektüren hat auch nicht versäumt, diese nicht weiter definierte *Schwärze* von Brontës Figur als Indiz einer verdrängten rassischen Problematik zu lesen, Heathcliff selbst als *Schwarzen* zu betrachten.[8]) Bei dieser Lesart handelt es sich freilich um eine nicht ganz unproblematische Vereindeutlichung des Textes, der in diesem Punkt in der Schwebe bleibt (Stoneman spricht von „Heathcliff's racial ambiguity“)[9]). Heathcliff ist zwar dunkel, aber doch kein ‚richtiger‘ Schwarzer, wie der folgende Konditionalsatz suggeriert („A good heart will help you to a bonny face, my lad [...] if you were a regular black [...]“; WH 61). In Condés Text wird diese unbestimmte *Schwärze* zu einem komplexen System der konkreten und symbolischen Farbgebungen und Farb-Benennungen entfaltet – hier wird klar, was Farben *bedeuten* („ce que la blancheur signifiait depuis le temps“; MC 56). Auch bei Condé wird die ethnische Zugehörigkeit der Figur nicht eindeutig geklärt. Razyé, Condés Heathcliff, ist zwar *schwarz*, aber nicht einfach ein ‚Neger‘ („Un enfant de sept ou huit ans, sale et repoussant [...] nègre ou *bata-zindien*. Sa peau était noire, mais ses cheveux bouclés s'emmêlaient jusqu'au milieu de son dos“; MC 28). Razyé erinnert an einen „héros indien“ (MC 30); seine Mutter könnte eine Inderin, eine Schwarze, eine Mulattin gewesen sein (MC 45f.). Seine *Schwärze* verliert hier, im karibischen Kontext des Romans, jedenfalls

---

[8]) Vgl. die zusammenfassende Darstellung postkolonialer Interpretationen von ›Wuthering Heights‹ bei Patsy Stoneman (Ed.), Emily Brontë. Wuthering Heights, New York 1998, S. 150ff.

[9]) Ebenda, S. 151.

ihren singulären Status – und gewinnt ein neues symbolisches und auch politisches Gewicht:

Il a relevé la tête en criant, et je m'aperçus que ses yeux étaient pleins d'eau.
– Ah, qu'est-ce que j'aimerais être blanc! Blanc avec des yeux bleus! Blanc avec des cheveux blonds sur ma tête!
J'ai haussé les épaules.
– Quand vous allez à l'église, est-ce que vous n'entendez pas le curé dire en chaire que la couleur de la peau n'a aucune importance et que seule compte celle de l'âme?
– *Menti-a'y!* Si j'étais blanc, tout le monde me respecterait! (MC 36)

In ›Migration‹ löst sich der klare Gegensatz von Schwarz und Weiß in einer Vielzahl von feinen Farbnuancen auf; die meisten Figuren Condés sind nicht einfach *weiß* oder *schwarz*. Die Farb-Attribute, mit denen einzelne Figuren beschrieben werden, sind oft überaus phantasievoll, sehr *sinnlich*[10]). Fast alle Figuren sind von einer regelrechten Obsession der eigenen und der fremden Farbe beherrscht, wobei nicht nur die reale Hautfarbe einer Person, sondern auch deren symbolische Färbung eine Rolle spielt: *schwarze* Figuren sind bemüht, zumindest durch Verwandtschaft mit *Weißen* oder durch Kontakte mit der *weißen* Sphäre – quasi durch die Magie der Berührung – ihre eigene Farbe symbolisch aufzuhellen („Les gens les plus noirs se vantent d'avoir des parents blancs, c'est une manière d'éclaircir leur couleur"; MC 175). Das Motiv des *Weißwaschens* (und *Weißerzählens*) der eigenen Haut, der eigenen Identität durchzieht den ganzen Text und verweist auf ein altes Trauma: die afrikanische Ahnin einer der zentralen Erzählerinnen (Lucinda Lucius, deren hellem, ja leuchtendem Namen vielleicht die Spur ebendieses Traumas eingeschrieben ist) wurde vor langer Zeit von Sklavenhändlern entführt, als sie gerade dabei war, ihre weiße Wäsche in einem Fluss zu waschen (MC 73). Je *weißer*, desto besser, desto schöner, lautet das scheinbar unumstößliche Gesetz („le plus beau, le plus blanc"; MC 161), während ein *schwarzes* bzw. *nicht-weißes* Äußeres per se nicht schön sein kann (MC 30); dagegen aber sehr wohl sexuell attraktiv (MC 29, MC 141). Die *nicht-weißen* Figuren des Textes vollziehen in diesem Punkt eine perfekte Mimesis an die idealtypisch *weiße* Perspektive, ja hypertrophieren diese noch: sie sind in ihrem Urteil bezüglich der superioren Qualität des *Weißen* beinahe noch kompromissloser als die Weißen selbst. Elterliche Liebe gilt dem *weißesten* unter den Kindern; MC 205); auch die Partnerwahl folgt dem Gesetz des *möglichst Weißen*. Die Heirat mit einem *schwärzeren* Partner stellt eine „dégradation" (MC 48) bzw. sogar einen gesellschaftlichen Skandal dar (MC 54). Das Angst-Phantasma der skandalösen ‚Mischung' beherrscht die Imagination der Weißen:

Est-ce que c'était la fin du monde qui s'annonçait? Est-ce que, les unes après les autres, les familles allaient s'allier à des mulâtres comme les Linsseuil le faisaient aujourd'hui? Ou pire encore à des

[10]) Vgl. etwa „un mulâtre couleur de suif" (MC 25); „de la couleur du sirop qu'on vient de sortir du feu et qu'on refroidit au plein air" (MC 25); „Une négresse d'origine Nago, noire comme le fond d'un canari et haute comme une touffe d'herbes de Guinée" (MC 54); „Noire comme un fond de chaudière" (MC 105); „la peau aussi noire qu'une nuit sans lune" (MC 118); „Mon papa, noir comme le charbon de campêche qu'il brûlait" (MC 238).

nègres? Et, qui sait, un jour, à des Zindiens? Est-ce que la Guadeloupe allait devenir un vaste *manjé-kochon* où on ne distinguerait plus ni les couleurs ni les origines? (MC 56)

Die Horrorvision eines karibischen ‚Schmelztiegels' wird hier – aus der Perspektive der frankophonen Weißen – mit einem kreolischen Wort bezeichnet („manjé-kochon"); der Text selbst (re)inszeniert derart das Phantasma der Vermischung, des Eindringens des Fremden in den bisher *rein* gehaltenen Bereich des Eigenen, der Kultur. Der ‚Selbstwegwurf' an einen *schwärzeren* Partner wird mit allgemeiner Verachtung gestraft (MC 110, MC 273); im ‚Normalfall' sucht man nach einem *möglichst weißen* Partner, der die *Aufhellung* und damit den sozialen Aufstieg der eigenen Kinder garantieren soll – und einen selbst konkret und metaphorisch *weißwäscht* („D'ici peu, on te trouvera une fille à marier, assez blanche pour éclaircir la race, et tes péchés de jeunesse seront pardonnés ..."; MC 333). Die richtige offizielle Verortung auf der gesellschaftlichen Farbenskala ist umso wichtiger, als sogar der vermeintlich offensichtlichen Hautfarbe nicht zu trauen ist: hinter einem scheinbar *weißen* Gesicht kann sich *schwarzes* Blut verbergen und umgekehrt. Figuren können im Lauf ihres Lebens *schwarz* werden; sie können sich noch nach ihrem Tod als eigentlich doch *nicht weiß* entpuppen – die ‚rassische' Zugehörigkeit wird hier zur höchst fragwürdigen Größe. Nachträglich kündigt der Körper der toten Cathy seine Zugehörigkeit zur weißen ‚guten Gesellschaft' auf; der „sang nègre" setzt sich durch:

Ah non! malgré ses objets pieux et ses mains religieusement croisées, personne n'aurait pu la confondre avec une vraie dame. D'abord, la couleur de sa peau n'était pas assez blanche. On aurait dit que le sang nègre, qu'elle ne pouvait plus contenir, prenait sa revanche. Victorieux, il l'envahissait. Il épaississait les traits de sa figure, il distendait sa bouche [...] Il faisait éclater ses formes. On se demandait ce que cette descendante d'Africaine faisait là, par quel mystère elle était allongée sur ce drap, entourée de ces békés qui se forçaient à prendre des mines de circonstance. (MC 89)

Zu Lebzeiten gilt es um jeden Preis zu vermeiden, *schwarz* oder noch *schwärzer* zu werden, wobei die Obsession des *Weißen* vor allem eine Einschränkung des weiblichen Lebensraumes bedeutet (MC 120). (Wieder) *schwarz* zu werden, ist ein fataler Anachronismus, eine Rückkehr in eine ‚barbarische' Vergangenheit, die ihrerseits die Zukunft vorschreibt („[...] un hâle déjà foncé l'obscurcissait, comme si elle était remontée dans le temps à la recherche d'une généalogie oubliée. Cela lui préparait un bel avenir!" MC 92). Dabei *schwärzen* sich die ohnedies schon *Schwarzen* auch noch gegenseitig an, konkret und metaphorisch („les mulâtres et les nègres, surtout, toujours là à se déchirer, à se dénigrer"; MC 55). Die Diskussion über die Zugehörigkeit der einen oder anderen Person zu den *Schwarzen* oder zu den *Weißen* nimmt im Leben und Denken der Figuren viel Raum ein, ohne dass man jemals zu einem in seiner Eindeutigkeit befriedigenden Resultat gelangte. Am ehesten funktioniert noch die Farb-Definition ex negativo, jemand kann als *nicht weiß* oder *nicht schwarz* beschrieben werden. Trotz aller konkreten und symbolischen Vorsichtsmaßnahmen ändert sich bei vielen Figuren im Laufe ihres Lebens die Farbe in schockierender Weise – und damit auch ihre Position im sozialen Gefüge, ja sogar im vermeintlich geschützten familiären Mikrokosmos (MC 143ff.). Der Körper revoltiert gegen scheinbar unwiderrufliche ‚rassische' Zuschreibungen, er gerät außer Kontrolle und damit in Konflikt mit der gesellschaftlichen Position seiner Trägerin – wie bei Cathy II, die, aufgewachsen als Tochter einer wohlhabenden weißen Familie, mit Eintritt der Pubertät *schwarz* wird („[...] personne ne savait plus trop comment se conduire avec elle, surtout depuis que la puberté lui avait noirci le teint comme ce n'est pas permis. À tout moment, les parents hésitaient, partagés entre un reste de tendresse et l'horreur de ce qu'elle représentait." MC 226). Der Roman skizziert zahllose Möglichkeiten, *nicht (ganz) weiß, nicht (ganz) schwarz* zu sein. Das aus naiv eurozentrischer Sicht in sich geschlossene *Andere* wird hier geöffnet; seine künstliche Homogenität zerstört. *Schwarz* ist nicht gleich *schwarz* – und damit *weiß* auch nicht mehr gleich *weiß*. Problematisiert wird in ›Migration‹ auch die allzu einfache Opposition von Tätern und Opfern des Kolonialismus. Dieser Text schildert paradoxe kolonialisierte Subjekte/Objekte, Nachkommen von Sklaven, die ihrerseits ‚frei' sein könnten – und doch auch wieder nicht, da sie längst zu Komplizen ihrer Unterdrücker geworden sind. So Lucinda Lucius, die sich selbst aus einer Position paradoxer Autonomie heraus freiwillig als zutiefst fremdbestimmt, als ewige „négresse à Blancs" beschreibt („Ah non! l'esclavage n'était pas fini pour une personne comme moi. Je resterais toujours et toujours une négresse à Blancs." MC 115).

Diesen gespaltenen, auch psychisch kolonisierten[11]) Subjekten gegenüber steht der vermeintlich privilegierte Weiße, der von der Komplexität und inneren Widersprüchlichkeit dieser ‚seiner' Anderen völlig überfordert ist und gerade mit seinen naiven Bemühungen um Toleranz und Menschlichkeit auf Widerstand stößt:

C'était un bon maître et même un très bon maître, un des meilleurs du pays. Il avait été l'un des premiers à faire installer des moulins à vapeur. Ses cases à nègres peintes en vert bouteille sous des toits de tôle galvanisée passés au minium étaient des modèles du genre. [...] Aymeric venait de faire mettre debout [...] une école [...] À côté de l'infirmerie vétuste et mal équipée d'antan, il s'apprêtait à faire construire un dispensaire [...] Malgré cela, dans le domaine, personne ne l'aimait. Les figures se renfrognaient quand il apparaissait à cheval. Ils disaient qu'il était toujours sur leur dos et ne les laissait pas en paix. (MC 59)

Aymeric de Linsseuil ist der Protoyp des naiv paternalistischen „guten Weißen" („le modèle du bon Blanc, du bon patron"; MC 242), der vagen Träumen von einem humanistischen Paradies auf Erden nachhängt (MC 91). Gerade dieser anti-rassistische – und in seinem bemühten Anti-Rassismus manchmal erst recht rassistische – Weiße ist sein Leben lang An- und Übergriffen von Schwarzen ausgesetzt – ökonomisch, politisch, aber vor allem privat und sexuell. An dieser Figur illustriert der Text die Schwierigkeit, ein adäquates Verhältnis zum Anderen *als Anderem* zu finden, auf dem schmalen Grat zwischen rassistischer Verachtung und paternalistischer Vereinnahmung; das Versagen einer von gutem Willen geprägtem, aber naiven anti-kolonialistischen Position, die weder von den Weißen noch von den Schwarzen, die doch endgültig ‚befreit' werden sollen (allerdings auch von sich

[11]) Zu diesem Begriff vgl. Kelly Oliver, The Colonization of Psychic Space. A Psychoanalytic Social Theory of Oppression, Minneapolis und London 2004.

selbst: noch die Erinnerung an Sklaverei und Unterdrückung, aber auch die Erinnerung an jenes mythische Afrika, das für eine paradox zeitlose Vergangenheit steht, soll buchstäblich ausgelöscht werden), ernst genommen wird. Aymeric de Linsseuil erkennt die *Anderen* nur insofern an, als er sie für im Grunde *gleich* hält; er räumt Angehörigen aller ‚Rassen' das Recht ein, so zu werden wie er selbst, wie der prototypische ‚gute Europäer', implizit dem zivilisierten Menschen, ja dem Menschen an sich gleichgesetzt – wobei die eigene Geste der kulturpädagogischen Großzügigkeit niemals in Vergessenheit gerät. Gleichwertigkeit ist hier nur als Gleichheit, das Andere nur als immer schon Identes denkbar. Der Gedanke, dass auch ein freier Anderer ihm selbst gerade *nicht* gleichen könnte, womöglich nicht gleichen möchte, ist ihm unerträglich. Im Gegensatz dazu verfügen die meisten symbolisch dominierten Figuren in Condés Text über eine ausgeprägte sozionarrative Sensibilität: sie begreifen sich selbst und andere in ihrer fundamentalen Determiniertheit durch eigenen und fremde Geschichten.

Im Folgenden sollen die wichtigsten narrativen Strategien von Condés *lecture* bzw. *re-écriture* analysiert werden; es sollen einige Reflexionen angestellt werden über die Methoden, mit denen Condé ihren Intertext gleichsam ‚explodieren' lässt.

III.
Narrative Explosionen

Condé sprengt das ‚Original' – den diesem Original eingeschriebenen Spuren, seinen Bruchlinien entlang; sie bringt seinen latenten historischen und politischen Text[12]) zum Vorschein. Die Vervielfältigung von Figuren, Motiven, ganzen Mini-Narrativen ist das dominierende Strukturprinzip ihres Textes. Hier ist eine Logik der Ablösung am Werk, eine Logik des Schwärmens, des Ausschwärmens – von Wörtern, Namen, Figuren. In Condés Roman wird der Rahmen der Handlung aufgebrochen: ›Migration‹ hat keinen ‚richtigen' Anfang und kein ‚richtiges' Ende mehr. Die Erzählung beginnt *im Abseits*, weitab vom Originaltext, weitab auch von den späteren Zentren der Handlung. Die Geschichte endet nicht mit einer Passage im *discours indirect libre*, sie wird weder perspektivisch noch inhaltlich geschlossen. Der Text selbst bleibt *traversée*, Fragment aus einem potentiell unendlichen narrativen Kontinuum. An diesem Ende, das kein Abschluss ist, steht noch einmal der Verzicht der narrativen Instanz auf ihre potentielle Allmacht und Allwissenheit:

> Premier-né n'écoutait pas la marmaille, prudemment retranchée derrière les palissades, qui chantait en le voyant, comme au temps de carnaval:
> – *Mi guiab'là dero, kayiman!*
> Il s'absorbait dans la pensée d'Anthuria. Une si belle enfant ne pouvait pas être maudite.
> (MC 337)

---

12) „[…] *Wuthering Heights* disguises its own historicity […]", schreibt Stoneman (Stoneman, Emily Brontë. Wuthering Heights, zit. Anm. 8, S. 178).

Dieses Ende mit seiner oszillierenden Perspektive impliziert eine schwebende – bis ans Ende und darüber hinaus ungewisse – Aufhebung der narrativen und sozialen Automatik, in der die Figuren gefangen sind. Eine Aufhebung, deren politische Implikationen Bongie wie folgt beschreibt:

This is no ending at all. It is only the beginning – an errant beginning that may or may not be "cursed" by the past and its erroneous legacies. Whom are we to believe? The narrator who seemingly asserts? The character whose nervous question is masked by a defiant assertion? The author who both asserts and questions? How we answer this unanswerable question will, unquestionably, depend upon how much belief we can place in a truly postcolonial future, one liberated from the accursed, inhuman entanglements of the post/colonial.[13])

1. De-Zentralisierungen: (Zwischen-)Räume

Zunächst ist die Sprengung des ‚Originals' an der räumlichen (Des)Organisation des Romans zu beobachten. ›Migration‹ ist in fünf große Teile gegliedert; diese tragen sämtlich topographische Überschriften und liefern damit auf den ersten Blick konkrete Verortungen des jeweiligen Abschnittes: *Cuba, La Guadeloupe, Marie-Galante, Roseau, La Guadeloupe* – *Guadeloupe*, das dezentrierte Zentrum der Handlung, in dem *L'Engoulvent* (*Engoulvent*, statt der französischen Standard-Übersetzung *Hauts de Hurlevent*, ist Condés Name für *Wuthering Heights*) und *Belles-Feuilles* (= *Thrushcross Grange*) angesiedelt sind, wiederholt sich in dieser Serie, rahmt die anderen Orte der Handlung aber nicht; die topographische Organisation bleibt asymmetrisch. Schon auf den zweiten Blick fällt auf, dass diese Verortungen nicht funktionieren – das heißt nicht funktionieren sollen: unter dem Titel *Cuba* findet schon die erste Wanderung statt. Auch im zweiten Abschnitt, *Guadeloupe*, bricht die Erzählung in zahlreichen analeptischen und anatopischen Passagen aus ihrem zeitlichen und räumlichen Rahmen aus. *Marie-Galante*, das Zentrum des dritten Abschnittes, dient ebenfalls nur als Ausgangspunkt für eine Sequenz von Erinnerungen, Träumen, Phantasien, die Figuren und Lesende an eine Reihe von anderen Orten entführen. Der vierte Abschnitt, *Roseau*, mündet in eine „Saison de migration" (MC 305ff.). Im letzten Abschnitt wird noch einmal eine doppelte verfehlte Rückkehr inszeniert – auf diegetischer Ebene wie auf der Ebene des Textes insgesamt. Die Orte der Erzählung *überschreiben* einander; zwischen den großen Textblöcken bildet sich ein Zwischenraum. Der Text stiftet prekäre Verortungen und löst sich im nächsten Augenblick wieder daraus; in diesen Wanderungen löst er sich auch vom Original. ›Wuthering Heights‹ spielt buchstäblich auf engstem Raum, räumlich und psychologisch. Die Unendlichkeit des Raums wird allerdings phantasmatisch in diese Enge projiziert (WH 165) – bei Condé wird sie in den Text geholt; das Meer, der scheinbar unendliche Raum umschlingt, verschlingt hier metaphorisch das trügerische Festland (L'Engoulvent selbst ähnelt einem Schiff, verloren im wilden Meer; MC 48). In ›Migration‹ wird das Zentrum des

---

[13]) Bongie, Exiles on Main Stream: Valuing the Popularity of Postcolonial Literature (zit. Anm. 2), Abschnitt Nr. 50.

Textes – ja die Möglichkeit eines Zentrums – mehr als fraglich. Der Raum ist sich selbst nicht mehr gleich, er kann seine identitätsstiftende Funktion nicht mehr erfüllen. Zwischen Brontës und Condés Text findet ein unübersehbarer räumlicher Perspektivenwechsel statt. Brontës Roman ist ein *zentrierter* Text; die Handlung ist auf ein Stück ‚England' zwischen Wuthering Heights, Thrushcross Grange und der Ortschaft Gimmerton konzentriert. Der narrative Fokus bleibt stets auf diesen beschränkten Raum gerichtet: jenseits seiner Grenzen sind die Figuren unsichtbar, wird ihre Geschichte gar nicht bzw. sehr rudimentär (nach)erzählt.[14]) Bei Condé ist dagegen eine radikale De-Zentralisierung der räumlichen Perspektive zu beobachten: der narrative Fokus folgt hier meist jenen, die das imaginäre Zentrum, die ungewisse Heimat verlassen haben, den – vorübergehend oder endgültig – verlorenen Töchtern und Söhnen, den Flüchtlingen, den Wanderern. Auch diese konsequente Verschiebung des narrativen Fokus ist als ambivalente Strategie der – inszenierten und in dieser Inszenierung problematisierten – ‚Kreolisierung' zu lesen: der karibische Raum wird (re)imaginiert als eine Sphäre von immer schon Exilierten; hier ist der *beheimatete*, der *behauste* Mensch der Ausnahmefall, nicht der *Fremde* wie bei Brontë. Condés Roman beginnt weit *draußen* an der Peripherie, in Heathcliffs Exil; nicht bei denen, die *zu Hause* geblieben sind; diese Bewegung der Verfremdung des narrativen Raums wird im Text mehrmals wiederholt. ›Migration‹ ist ein Text der *traversées*; nicht nur diegetisch, sondern auch narratologisch bewegt sich dieser Text, geschrieben *zwischen* Brontë und Condé, in *Zwischenräumen*. Das Zentrum gleitet hinüber ins *Dazwischen*; vom Dazwischen her werden die beiden unmöglichen ‚Originale' (de)strukturiert.

2. *De-Zentralisierungen: Perspektiven*

Die Transformationen, die Condé an Brontës Roman vornimmt, lassen sich als fast systematische Sprengung des ‚Originals' beschreiben – auf räumlicher, aber vor allem auch auf narrativer und psychologischer Ebene; in Condés Text ist eine ‚explosive' Vervielfältigung von Figuren, Perspektiven, Geschichten zu beobachten. Die Personenkonstellation etwa wird aus der bei Brontë heraus entfaltet – und wesentlich erweitert. Die wenigen Erzähler-Positionen, die Brontës Text vorschreibt, werden vervielfacht: die Rolle der Haushälterin Ellen Deen, die bei Brontë einen Großteil der Geschichte von ›Wuthering Heights‹ erzählt, wird bei Condé auf mehrere weibliche Dienstboten verteilt (darunter Ellen Deens Namensschwester Nelly Raboteur). Diese Multiplikation der handelnden und vor allem der erzählenden Personen erlaubt indirekt auch eine stärkere soziale Verankerung des Sujets.

---

[14]) Heathcliff taucht quasi aus dem Nichts auf, die Begegnung in Liverpool liefert keinerlei Hinweise auf seine Herkunft, seine Geschichte; ebenso *im Dunklen* bleibt die Zeit seiner späteren Abwesenheit, jene drei Jahre, nach deren Ablauf er als reich gewordener Rächer wiederkehrt.

Nicht nur räumlich, sondern vor allem auch psychologisch ist in Condés Roman eine konsequente Inversion der Perspektive zu beobachten. Bei Brontë wird Heathcliff, der *Fremde*, niemals aus der Innenperspektive geschildert – meist sogar aus einer extrem verfremdenden Außenperspektive; diese narrative Technik stützt die dämonische Stilisierung der Figur. Condés Heathcliff, Razyé, verfügt dagegen über eine sehr starke Innenperspektive, die den Text über weite Strecken dominiert. Die Mechanismen der Dämonisierung Heathcliffs bzw. Razyés als des radikal *Anderen* werden im Text explizit thematisiert und psychologisch motiviert: so erscheint Heathcliffs bzw. Razyés unheimlicher Tod bei Condé nicht als dämonische Realität wie in ›Wuthering Heights‹ (WH 268ff.), sondern als Angst-Phantasie der Ehefrau und des Dienstmädchens (MC 262ff.) oder als Hass-Traum Cathys II (MC 256f.). Diese Inversion der Perspektiven verleiht der Figur des Razyé sogar eine gewisse perspektivische Priorität: einzelne Sujet-Elemente tauchen zuerst in seiner Erinnerung oder in seiner Phantasie auf, werden also durch das Prisma seines Bewusstseins gebrochen dargestellt, bevor sie auf der Ebene der diegetischen Realität erzählt werden – so die Szene, in der Cathy die „dégradation" erläutert, die eine Ehe mit Razyé für sie bedeuten würde (MC 48): hier spricht das Echo der Erinnerung Razyés vor der eigentlichen Stimme (MC 20).

Die narrative Organisation von ›Migration‹ ist weiters durch eine radikale De-Hierarchisierung der Erzählstruktur charakterisiert. Brontës Roman folgt einem hierarchisierten narrativen Schema mit wenigen erzählenden Stimmen: den Rahmen des Textes bildet die Erzählung des neuen Mieters von Thrushcross Grange, Mr. Lockwood; seine Erzählung enthält *en abîme* die Erzählung der Haushälterin Ellen Dean. In Ellen Deans Geschichte eingebettet erscheint die Erzählung der Dienstbotin Zillah (WH 244ff.).[15]) In dieser narrativen Hierarchie beurteilt jeder Erzähler die ihm untergeordneten Sprecher (Stoneman spricht von den „normative voices" Lockwoods und Ellen Deans[16])); nicht allen Figuren wird die gleiche narrative Kompetenz zugestanden, nicht alle können das gleiche gesellschaftliche Gewicht für die eigene Erzählung beanspruchen. Auf der obersten sozialen – und narrativen – Ebene bewegt sich Lockwood, der temporäre Eremit, ein offenbar wohlhabender, gebildeter Mann der Gesellschaft – um die Gesellschaft fliehen zu wollen, muss man ihr zumindest potentiell angehören –, der seine Gedanken und Gefühle selbstverständlich ernst genug nimmt, um sie ausführlich nachzuerzählen und zu reflektieren. Nur auf Lockwoods Aufforderung hin wird auch die Haushälterin zur Erzählerin. In Zeiten der Einsamkeit und/oder der Krankheit wünscht der Hausherr amüsiert und abgelenkt zu werden (WH 42). Der sozial dominante Zuhörer hat die Autorität über diese fremde Erzählung, er bestimmt ihren Zeitpunkt und ihren Rahmen („I am too weak to read; yet I feel as if I could enjoy something

---

[15]) Daneben kommen punktuell, in spezifisch markierten Text-Genres, weitere Figuren zu Wort; vgl. die Tagebucheinträge von Catherine I, gelesen von Lockwood (WH 32ff.) oder den Brief Isabella Lintons an Ellen Dean (WH 124ff.).

[16]) Stoneman, Emily Brontë. Wuthering Heights (zit. Anm. 8), S. 147.

interesting. Why not have up Mrs. Dean to finish her tale?" WH 88). Ellen Dean beginnt in quasi entschuldigendem Ton zu erzählen („[...] with your leave, I'll proceed in my own fashion, if you think it will amuse and not weary you." WH 88) und unterbricht ihre Geschichte immer wieder mit narrativer Selbstkritik („But you'll not want to hear my moralising, Mr. Lockwood [...]"; WH 162). Ihr Zuhörer und Nach-Erzähler Lockwood kommentiert die Qualität ihrer Erzählung („She is, on the whole, a very fair narrator [...]"; WH 139). Ellen Deans eigene Geschichte ist narrativ irrelevant. In der narrativen Struktur von ›Wuthering Heights‹ kennen alle Figuren ihren Platz; außerhalb der Hierarchie der Erzähler stehen einige fast völlig zum Schweigen verurteilte Figuren ohne Innenperspektive und mit oft defizitärer Sprache. Hinsichtlich der Gender-Organisation des Romans mag es von Interesse sein, dass Brontës Text einige sprachlich – und damit narrativ – völlig inkompetente Männer schildert, während die weiblichen Dienstboten durchaus eloquent erzählen – freilich unter der Oberaufsicht eines Mannes der privilegierten Schichten. Lockwood fungiert als selbstberufener Repräsentant der Ratio, der wiederholt die intellektuellen, menschlichen – und auch narrativen – Qualitäten anderer Figuren beurteilt.[17])

In ›Migration‹ gibt kein Äquivalent zu Lockwood: die privilegierte narrative Kontrollposition, die pseudo-objektive Außenposition, aus der mit quasi ethnologischer Akribie die ‚exotischen' Einheimischen geschildert werden, entfällt. Condé rückt die historisch und sozial marginalen Figuren ins Zentrum der Erzählung; ihr Text ist in einer Serie von *récits* einzelner Figuren angelegt – ohne diegetischen Super-Erzähler, der sie kontrolliert und ihre narrativen Leistungen kommentiert. Die meisten *récits* erfolgen aus in irgendeiner Hinsicht marginalen Perspektiven: als Ich-Erzähler treten meist sozial untergeordnete Figuren auf. Figuren in privilegierter gesellschaftlicher Position verfügen über keine oder zumindest keine starke Innenperspektive – bzw. gewinnen diese erst, wenn sie selbst (wieder) marginal geworden sind. Aus der Innenperspektive Cathys wird erst nach ihrem Tod erzählt; Irmine de Linsseuil erwirbt sich das ‚Recht' auf ihre eigene Perspektive erst mit ihrem sozialen Abstieg. Die theoretischen und auch politischen Implikationen dieser radikalen sozialen Re-Organisation der Narration sind nicht zu übersehen: narrative Sensibilität und Kompetenz sind hier bei den symbolisch Dominierten angesiedelt. Immer wieder treten sogenannte einfache Leute als Träger der Erkenntnis auf; immer wieder finden sich Analphabeten, die eigene und fremde Geschichten wesentlich besser *lesen* können als die Repräsentanten privilegierter Schichten, denen gerade ihre kultivierte Lesefähigkeit und ihre Bildung bei der adäquaten *Lektüre* ihrer selbst und anderer im Wege stehen. Doch Condé vermeidet auch die Gefahr der einseitigen Valorisierung des ‚einfachen' Lebens: auch die Bildung eröffnet Zugänge zum Selbst, die ansonsten verschlossen bleiben – gerade über die Schrift und das Schreiben:

---

[17]) Man vergleiche seinen Kommentar nach dem erstem Besuch bei Heathcliff (WH 23) und später, nach der Geisterszene, als der Gastgeber seine eben noch gelobte Vernunft durch äußerst irrationales Verhalten Lügen gestraft hat (WH 39).

[...] elle s'asseyait dans un coin et elle écrivait sur un carnet à couverture fleurie aux pages quadrillées comme un cahier d'écolier. Comme j'aurais aimé écrire, moi aussi! Il me semble que si je savais écrire et lire ma vie serait différente. [...] Par-dessus son épaule, je regardais avec admiration les lettres qu'elle dessinait et elle m'expliquait:
– Si je n'avais pas cela, mon journal, je crois que je serais déjà morte. C'est là-dedans que je mets tout, tout, tout.
Je faisais la grimace et je la moquais:
– Tout? je me demande bien ce que vous pouvez trouver à écrire. Il n'arrive pas tellement de choses, par ici.
Elle murmurait:
– Je veux dire, tout ce qui se passe en moi.
Cela me faisait réfléchir. Qu'est-ce qui se passe en moi? Je ne sais pas. C'est comme si je portais une forêt dont je n'ai jamais fait le tour. (MC 316f.)

Manche *récits* sind an andere Figuren des Textes – tot oder lebendig, abwesend oder gegenwärtig – adressiert. Der innere Monolog der toten Cathy richtet sich an Razyé (MC 95ff.); auch der (noch) lebendige Justin spricht in seinem *récit* zu Razyé (MC 51ff.) – Razyé besetzt gleichsam eine magnetische Position im Text, die die Erzählungen der Anderen magisch anzieht. Andere *récits* sind an die imaginären Leser des Gesamttextes gerichtet – vgl. etwa den *récit* der Lucinda Lucius (MC 73ff.) und seine Fortsetzung (MC 85ff.): für diese Geschichte gibt es auf diegetischer Ebene buchstäblich kein Publikum. Die Dynamik des *récit de* ist immer schon eine doppelte, die betreffende Figur *erzählt* und *wird erzählt*. Insofern stellt ›Migration‹ auch eine Reflexion über die Fatalität der Erzählung dar: erst als ihrerseits erzähltes Objekt werden die Erzählenden zum paradoxen Subjekt ihrer Erzählung; die *eigene* Erzählung ist immer schon Teil eines auferlegten narrativen Programms, das einem Individuum nicht erlaubt, sich anders als immer schon vorgezeichneten Spuren nach zu entfalten. Gerade durch den vermeintlichen Ausbruch aus ihrer Geschichte – in all ihrer Ambivalenz als Zuflucht und Gefängnis – erfüllen die Figuren ihr Programm, folgen sie der fatalen narrativen Spur; wie Cathy II, die ihre soziale Position aufgibt, ihre Familie verlässt, um ein neues Leben zu beginnen – und damit erst recht in die Falle ihres Fatums bzw. ihrer Erzählung geht. Die Gesetze dieses sozialen und narrativen Determinismus werden im Text selbst wiederholt thematisiert: die Figuren sind niemals selbstbestimmt, doch die immer schon vor-geschriebene Geschichte kann auch zum allzu bequemem Alibi werden („[...] aux nègres, aux nègres, surtout, qui se croient des victimes intouchables et qui n'arrêtent pas de ressasser le mal qu'on leur a fait." MC 276). Sich selbst und anderen zu erzählen, man sei lediglich das Opfer fremder Geschichten, wäre schon wieder eine neue – und nicht unbedingt wahre – Geschichte; insofern problematisiert ›Migration‹ auch die quasi institutionalisierte Opferrolle der symbolisch Dominierten und die entsprechenden auto-exkulpierenden Erzählungen:

Gengis haïssait son père. À cause de cela, il se querellait tout le temps avec Zoulou, qui prenait son parti et inventait toutes sortes de raisons et de circonstances pour atténuer sa culpabilité. C'était la désertion d'une femme, c'était la méchanceté du cœur des nègres, c'était le racisme des Blancs-pays. C'était ceci, c'était cela qui l'avait rendu Satan en personne. Gengis, quant à lui, n'éprouvait aucune de ces compassions. (MC 276)

Viele Figuren verfügen bei Condé über eine ausgeprägte narrative Sensibilität; sie erörtern das Recht aller Menschen, ihre eigenen Geschichten neu zu erfinden, sie kommentieren die Art und Weise, wie ihre Geschichten (nicht) erzählt werden sollten/könnten.[18]) Diese Reflexionen auf intradiegetischer Ebene korrespondieren mit der theoretischen Bewegung des Romans insgesamt. Etliche Figuren entwerfen ihre eigenen Mythen, wobei diese Mythen in ihrer psychologischen und sozialen Funktion oft luzide analysiert werden (MC 158). Sanjita, eine Dienstbotin indischer Herkunft, erzählt den Mythos ihrer Familie, in dem die Vergewaltigung eines jungen Mädchens zum quasi sakralen Akt, zur Heimsuchung durch einen „Heiligen" umgedeutet wird (MC 157ff.). Diese mythische Re-Interpretation der Familiengeschichte verschleiert nicht nur einen brutalen Akt der Vergewaltigung, sondern auch die völlige Hilflosigkeit der armen Familie gegenüber derartigen Übergriffen: der Mythos verleiht der Familie insofern zumindest nachträglich eine gewisse Würde und Autonomie, ja sogar eine flüchtige Illusion des Auserwähltseins (nicht jedes arme Mädchen hat die zweifelhafte Ehre, von einem „Heiligen" vergewaltigt zu werden). Es geht hier nicht zuletzt um die Verfügung über eine *eigene* Geschichte, die nicht nur von Hilflosigkeit und Erniedrigung erzählt – wobei freilich auch diese Valorisierung der väterlichen Geschichte als mythischer Text noch auf Kosten der als irrelevant verdrängten mütterlichen Geschichte stattfindet und die Verteilung symbolischer Macht zwischen den Geschlechtern dergestalt reproduziert. Das Recht auf den eigenen Text, auf den eigenen Mythos muss von jenen umso leidenschaftlicher verteidigt werden, die nicht über das kulturelle und soziale Privileg der Schrift und damit über die Möglichkeit der offiziellen Festschreibung ihres Textes verfügen – wie Sanjitas analphabetischer Vater (MC 165). Gelegentlich wird auch die afrikanische Herkunft regelrecht mythisiert[19]) – wobei diese illegitime Re-Interpretation der Geschichte, die den gesellschaftlichen Erzähl-Konventionen zuwiderläuft, entsprechende Sanktionen nach sich zieht:

> Astrélise est ma meilleure amie d'école. [...] Elle descend d'Africains. Elle se vante que l'ancêtre de la famille de sa maman était Nago et pouvait lire l'avenir dans les noix de palme. Elle se vante aussi que le grand-papa de son papa était un *nèg-mawon*, caché dans la montagne des Deux-Mamelles. Malgré tout son carnage, le général Richepance n'avait jamais pu l'attraper et, bien vivant, il était parti pour Haïti avec toute une bande sur un tronc d'arbre évidé. C'est bien la première fois que j'ai entendu une personne tirer du contentement d'une parenté pareille. [...] Évidemment, les gens à Papaye ne peuvent pas les sentir. Ils les appellent *nèg-Kongo* et jettent du goudron devant leurs portes (MC 175).

---

[18]) Dafür finden sich etliche Anknüpfungspunkte bei Brontë: sowohl Lockwood als auch Ellen Dean reflektieren wiederholt den Akt des Erzählens selbst, die Rahmenbedingungen und die Qualität der Erzählung („You've done just right to tell the story leisurely. That is the method I like; and you must finish it in the same style." WH 64).

[19]) In Condés erstem Roman, ›Hérémakhonon‹, begibt sich die Protagonistin karibischer Herkunft auf der Suche nach ihrer echten Identität nach Afrika; dort wird sie die Geliebte eines Politikers, der sie vor allem in seiner Eigenschaft als *nègre avec ancêtres* fasziniert. Über diesen Mann hofft sie selbst Teil der *großen afrikanischen Familie* zu werden. Im karibischen Kontext von ›Migration‹ gibt es nur wenige derartige „Neger mit Vorfahren", nur ausnahmsweise wird hier die afrikanische Vergangenheit valorisiert.

In einigen spezifischen Kontexten erscheint ‚Afrika' als Chiffre einer immer schon verlorenen und nie ganz verlorenen *(un)heimlichen Heimat*, als ambivalentes Objekt diverser Angst- und Wunsch-Phantasien der *Heimkehr* bzw. der *Heimsuchung*:

> Le cœur battant comme celui d'une esclave qui voit la côte de Guinée couchée sur l'horizon, elle imagina le moment de sa réunion avec sa maman. Elle ne ferait pas de reproches à celle qui ne s'était jamais souciée de son existence. Trop contente de la retrouver, elle se jetterait contre elle. Elle la serrerait dans ses bras. (MC 300f.)

Die für Condés Text charakteristische Ambivalenz zwischen Aneignung und Ironisierung postkolonialer Stereotypien ist auch hier zu beobachten: diese Passage spielt offensichtlich mit dem Motiv einer möglichen Rückkehr in eine Zeit, in einen Raum *vor* dem Sündenfall, vor dem Exil, vor der Sklaverei, vor der Kolonisation – der Rückkehr zu einem vermeintlichen Authentischen, das, jenseits der Geschichte ver/entortet, in seiner *Reinheit* erhalten geblieben wäre.[20])

2. 1. L'aïeule bambara oder (Post)koloniale Ambivalenzen

Es war von der De-Hierarchisierung der narrativen Struktur die Rede; Condé inszeniert ein zumindest oberflächlich gleichberechtigtes Nebeneinander von Erzählungen. Hier sprechen die einzelnen Figuren gleichsam ohne Zensur, was eine gewisse Ambivalenz erzeugt: sie artikulieren zum Teil nämlich politisch äußerst ‚inkorrekte' Ansichten, die im Text entsprechend seiner narrativen Organisation niemals kritisiert, geschweige denn korrigiert werden. Chauvinistische und rassistische Denkmuster werden wiederholt einfach abgebildet. Diese – gezielt irritierenden – Elemente bleiben im Text unkommentiert stehen; es bleibt den Lesenden überlassen, ob sie sie ‚naiv' oder ‚subversiv' lesen wollen / können. Einzelne Erzählungen – und zwar männlicher wie weiblicher Figuren – sind in ›Migration‹ überaus chauvinistisch geprägt. Vor allem in den *récits* männlicher Figuren häufen sich Metaphorisierungen von Landschaften, Städten, Naturphänomenen als *Frauen*, als *Frauenkörper* – die es zu unterwerfen, zu erobern gilt:

> La capitale était bien différente de La Pointe. Aussi différente d'elle qu'une nonchalante femme de planteur l'est d'une vaillante travailleuse de la canne. Elle était étalée au fond de sa baie, le dos au volcan, fixant la mer à travers les lames de ses persiennes comme une coquette qui s'abrite derrière son éventail. (MC 180)

Die Erde selbst wird metaphorisch zum weiblichen, zum mütterlichen Körper; um diesen Körper kreisen Phantasmen der umgekehrten Geburt, des Todes als lang ersehnter Rückkehr in den Mutterleib („Sortir de ce monde! Se glisser petit petit dans l'utérus de la terre!" MC 207). Wie die Erde wird auch das Meer als begehrter und schützender Frauen/Mutterkörper metaphorisiert, wobei die Attribute der

---

[20]) Vgl. dazu etwa Bill Ashcroft, Gareth Griffiths, Helen Tiffin, The Empire writes back, London und New York 2005, S. 40f.

‚Weiblichkeit' metonymisch auf alles ausstrahlen können, was mit diesem maritimen Körper in irgendeinem Zusammenhang steht („La mer, c'est ma maman, ma femme mariée, ma *fanm dèwò*, mon enfant, ma sœur! [...] le sable rit sous le soleil comme les dents d'une belle négresse. [...] Sous le poids, le filet se distendait comme le ventre d'une femme enceinte [...]"; MC 280f.). Aber auch weibliche Figuren vollziehen häufig eine fast perfekte Anpassung an diese hypertroph ‚männliche' Perspektive; sie sind verlässliche narrative Komplizinnen der Männer. Gerade bei nicht-weißen Frauen dient die bereitwillige Aneignung einer hyperchauvinistischen Perspektive der Abgrenzung von der okzidentalen Zivilisation, der Affirmation einer imaginären Gemeinschaft der *Unseren* (*„Nos hommes sont ainsi"*; MC 316). Schwarze und weiße Komplizinnen eines männlichen Chauvinismus mit vage anti-kolonialistischer Tendenz sprechen in entfremdeter, überaus verächtlicher Weise über andere Frauen (MC 107) und über ‚Weiblichkeit' an sich (MC 161f.). Frauen sind auch jederzeit bereit, ihre (Leidens)Geschichten zugunsten der männlichen Täter – ihrerseits freilich meist Opfer innerhalb größerer Kontexte – umzuschreiben, zu verfälschen (MC 331).

Überaus ‚politisch inkorrekt' ist auch das Motiv des *afrikanischen Blutes*. Wiederholt wird im Text, und zwar aus der Perspektive verschiedener Figuren, das – böse, dunkle, unheimliche – *afrikanische Blut* thematisiert, als biologische und als phantasmatische Größe. Dieses Blut zirkuliert verborgen in den Körpern der Figuren; seinem fatalen Einfluss können sie sich nicht entziehen, denn es ist „verräterisch" und ‚hartnäckig', wie es wörtlich im Text heißt (MC 199). Das *dunkle* afrikanische Erbe erscheint wiederholt auch in Form einer allegorischen Figur – der *Bambara-Ahnin*, die gleichfalls in den Tiefen des Subjekts versteckt weiterlebt, um plötzlich wieder unheimlich lebendig hervorzutreten (MC 200). Im Text taucht diese afrikanische Ahnin – bedrohliches Gespenst aus der Vergangenheit gerade für Mulatten, Fast-Schon-Weiße oder Fast-Noch-Weiße – immer wieder auf und hinterlässt noch im Verschwinden eine unheimliche Spur (MC 291). Die *Bambara-Ahnin* bleibt dabei eine äußerst ambivalente Figur: sie verkörpert die innere Fremde, den ‚bösen Geist', der die Lebenden heimsucht, ist aber zugleich selbst ein Opfer:

> Le domaine des Belles-Feuilles est la geôle de mon existence. C'est là que je suis née, qu'Estella, ma maman, est née avant moi, et Fanotte, la maman de sa maman, jusqu'à Fankora, mon aïeule bambara que des «chiens fous dans la brousse» avaient capturée en dehors des murs de Ségou alors qu'elle revenait de laver son linge blanc comme coton dans l'eau du Joliba. Son mariage avec un noble de la maison Diarra devait avoir lieu trois lunes plus tard. En guise de cérémonie, elle s'était retrouvée captive, un garrot de bois autour du cou, marchant à marche forcée jusqu'à la pointe du Cap-Vert. (MC 73)

Wie schon in ›Hérémakhonon‹ wird auch hier die Rolle afrikanischer Sklavenhändler thematisiert und implizit die Frage nach der historischen Schuld gestellt. Die Körper der Nachkommen erinnern sich auch an *diese* Geschichte, tragen sie mit all ihren Ambivalenzen als Programm in sich, das unvermutet wieder aktiviert werden kann („De quelle aïeule bambara s'était-elle souvenue?" MC 143). Von einzelnen Figuren wird in betont naiver Weise die Überlegenheit afrikanischer

Traditionen gegenüber der weißen Zivilisation reklamiert („Ils ne servent à rien, les médicaments des Blancs. Il faut la science et la force de nos dieux d'Afrique." MC 81); auch hier erfolgt keinerlei Distanzierung. Kurz: in Condés Roman werden immer wieder essentialistische, organizistische Welt-Ansichten artikuliert, die als solche weder kommentiert noch problematisiert werden – auch und gerade wenn sie die Dekonstruktion des naiven Exotismus auf der Ebene des Gesamt-Textes wieder in Frage stellen. Dieser überaus unbequeme Aspekt des Textes ist auf den zweiten Blick aber vielleicht eine seiner Stärken. Der Text verweigert sich – strategisch, die Unentscheidbarkeit selbst noch wäre Teil der Strategie – auch den Ansprüchen an ‚Widerstand' und ‚Subversion', die die ‚typische' postkoloniale Lektüre[21]) daran richtet.

Die allegorische Figur der *Bambara-Ahnin*, das Motivsystem der *Körper-Kryptogramme* in Condés Text ist jedenfalls mindestens doppelt lesbar: als plastische Wiedergabe eines zutiefst essentialistischen Verständnisses von ‚Rasse', ‚Identität' etc. – aber auch als Metaphorik einer Subjektivität, die mit sich selbst *nicht eins* ist.

3. De-Zentralisierungen: Subjektivitäten

Unter den narrativen ‚Explosionen', die Condés Text inszeniert, steht jene des traditionellen Konzepts von ‚Subjektivität' nicht an letzter Stelle; die radikale Politisierung und Historisierung des Sujets erfasst auch die Subjektivität der Figuren. In diesem Roman gibt es keine individuellen Geschichten mehr; kleine private Erzählungen sind immer schon in große politische und gesellschaftliche Narrative verflochten, werden von diesen vor- und umgeschrieben. Das ‚Private' und das ‚Politische' werden in ›Migration‹ konsequent ineinander verwoben, wobei Condés Figuren mit ihrer spezifischen narrativen Sensibilität sich dieser Verwobenheit auch bewusst sind (MC 110). Im Rahmen dieser konsequenten Kontextualisierung erscheinen bei Condé zahlreiche von Brontë übernommene und entfaltete Text-Elemente gleichsam überdeterminiert, mit unterschiedlichen privaten, politischen, gesellschaftlichen Bedeutungen aufgeladen: so wird etwa der Analphabetismus, der bei Brontë vor allem als Resultat privater Chicanen erscheint, bei Condé als sozial determiniertes Phänomen thematisiert. Ein anderes Beispiel: in Brontës Roman erklärt Catherine, Heathcliff nicht heiraten zu können, weil dies eine unerträgliche Degradierung bedeute; diese Degradierung bezieht sich bei Brontë auf die drohende Armut bzw. auf den niedrigen Sozialstatus (WH 80f.). Bei Condé nimmt diese Angst vor der gesellschaftlichen Degradierung zusätzliche ethnische bzw. ethno-

[21]) Eine gewisse Dosis von konventionalisierter ‚Subversion' gehört mittlerweile zum stereotypen Programm der neuen literarischen Exotik; die Rhetorik des postkolonialen Widerstands selbst wird zum kommerziellen Produkt, wie Huggan schreibt: „[...] in the overwhelmingly commercial context of late twentieth-century commodity culture, postcolonialism and its rhetoric of resistance have themselves become consumer products." (Graham Huggan, The Post-Colonial Exotic. Marketing the Margins, London und New York 2001, S. 6)

kulturelle Konnotationen an: hier steht die mögliche Verbindung mit Razyé nicht nur für sozialen und materiellen Abstieg, sondern auch für den Rückfall in bereits überwundene ‚barbarische' Lebensformen, in die „wilde" afrikanische Vergangenheit („Ce serait trop dégradant. Ce serait recommencer à vivre comme nos ancêtres, les sauvages d'Afrique!"[22]) MC 20). In diesem Text ist nichts nur privat, nichts nur politisch: das Politische reicht bis ins Intimste hinein. Doch nicht nur besagte Politisierung prägt das Bild des Subjekts in Condés Roman. Der Text stellt auch in anderer Hinsicht ein narratives Experiment dar: eine Neu-Verortung der Grenzen dessen, was noch/schon menschlich ist. Hier wird eine Serie von Transgressionen inszeniert: es gibt keine absolute Grenze mehr zwischen Menschen, Tieren und sogar Pflanzen. Menschen können zu *Tieren* werden – wie Razyé in seiner Verzweiflung; noch die Flucht ins Animalische wird freilich einer menschlichen Geschichte eingeschrieben, sie erscheint als zutiefst menschliche Reaktion auf unmenschliche Behandlung:

Quant à Razyé! [...] Il était devenu triste, grossier, un animal repoussant. [...] Le lendemain du départ de Cathy, Razyé disparut. [...] J'envisageais le pire, quand des gamins nous signalèrent une bête qui d'après eux se cachait dans une des grottes de la falaise. [...] J'ai deviné tout de suite quelle bête cela pouvait être. (MC 34ff.)

Es gilt aber auch keine absolute Grenze mehr zwischen Lebenden und Toten – diese Transgression spiegelt sich auch in der narrativen Struktur wider: ein Teil der Geschichte wird aus der Innenperspektive einer Toten (Cathy I) erzählt. Geister erscheinen als sehr konkrete Realität, mit der man sich arrangieren muss; die Figuren nehmen die Begegnung mit Toten und Untoten als einigermaßen ‚natürlich' hin. Mit einem Wort: es spukt in diesem Text; Condés Figuren sind von Geistern – ihrer Ahnen, ihrer Feinde, ihrer Geliebten – besessen, sie werden von Dämonen heimgesucht; mehr noch – sie sind vielleicht selbst ‚Dämonen'. Vor allem Razyé erscheint immer wieder als – durchaus im Freudschen Sinne – *unheimliche* Figur von zweifelhafter Lebendigkeit; er wird wiederholt als „Zombie" (MC 106), als „Dämon" (MC 115), als „Satan" (MC 134) beschrieben; noch unter den Geistern ist er aber ein Außenseiter – und insofern doppelt unheimlich:

Comme d'habitude, Razyé buvait seul. [...] En le voyant, on savait qu'on se trouvait devant une âme ne connaissant le repos ni de nuit ni de jour. Melchior ne pouvait s'empêcher de le comparer à un esprit des morts, un *egun*, mais un *egun* qu'un crime abominable empêchait de rejoindre les autres invisibles dans l'au-delà et qui errait sans répit au milieu des vivants. (MC 15)

Auch das Schicksal des *egun* wäre eine Variante der *errance*. Als „Geist" erscheint Razyé sogar Mitgliedern seiner eigenen Familie (MC 83): nicht nur das Dienstmädchen Hosannah (MC 262), sondern auch seine Ehefrau Irmine ist sich, nach Jahren des Zusammenlebens, nicht ganz sicher, ob es sich bei Razyé nicht vielleicht doch um einen „Dämon" handelt (MC 265f.). Allgemein hegen Condés Figuren immer wieder Zweifel bezüglich der Menschlichkeit der Anderen. Die Mittelwelt

[22]) Man beachte in dieser Passage auch die Selbstverständlichkeit der stereotypen Assoziation: Afrika = Wildnis = Barbarei.

des Menschlichen erscheint hier erweitert um diabolische und um himmlische, gleichermaßen unmenschliche Elemente – die beiden Männer, zwischen denen Cathy steht, markieren zwei Extrempunkte in diesem Spektrum des Nicht-Mehr- oder auch Mehr-Als-Menschlichen: Razyé, der „Satan en personne" (MC 64), und Aymeric, der „chérubin céleste" (MC 45), wobei die Dämonie des einen ebenso sehr für hyper-potente Maskulinität steht wie die Engelhaftigkeit des Anderen für zweifelhafte Männlichkeit und ‚effeminiertes' Wesen. Das Motiv der Entscheidung zwischen diesen beiden Männern wird auch ausdrücklich mit der unmöglichen Entscheidung zwischen einer *weißen* und einer *schwarzen* Identität assoziiert:

[...] est-ce qu'une personne comme moi peut se marier avec un Chérubin céleste? Tu me connais et tu sais que je ne suis pas un ange du bon Dieu. Au contraire. C'est comme s'il y avait en moi deux Cathy [...] Une Cathy qui débarque directement d'Afrique avec tous ses vices. Une autre Cathy qui est le portrait de son aïeule blanche, pure, pieuse, aimant l'ordre et la mesure. [...] Mais de la façon dont Razyé est à présent, je ne pourrai jamais me marier avec lui. Ce serait une dégradation! Ce serait comme s'il n'y avait plus qu'une seule Cathy, la bossale, la mécréante descendant tout droit de son négrier... Avec lui, je recommencerais à vivre comme si nous étions encore des sauvages d'Afrique. Tout pareil! (MC 47f.)

Die Assoziation des *Weißen* mit Reinheit, Frömmigkeit, Ordnung, Mäßigung und Vernunft, mit einem Wort: ‚Kultur', des *Schwarzen* dagegen mit Wildheit, Laster und ‚Barbarei' ist aus der Sicht der Figur selbstverständlich. Immer wieder reflektiert Condés Text diese problematische Selbstverständlichkeit der essentialisierenden Identifikation des *Weißen* mit ‚Kultur' und des *Schwarzen* mit ‚Barbarei', indem sie diesen fatalen Automatismus aus der Perspektive ihrer Figuren abbildet.

Wie die Figuren selbst werden auch ihre Orte, die von ihnen bewohnten Häuser von Geistern heimgesucht. Immer wieder schildert der Text derartige *Geisterhäuser*: L'Engoulvent selbst, aber auch Belles-Feuilles – wobei die Geister-Motivik hier zumindest ansatzweise politisiert wird: im Gutshaus spuken die Geister unglücklicher, unterdrückter Frauen, Herrinnen wie Sklavinnen. Als Cathy als Braut dieses Haus betritt, spürt sie sofort die Unheimlichkeit dieser mondänen und scheinbar sorglosen Welt:

Que Cathy était belle [...] Qu'elle était blême, aussi [...] elle valsait avec Aymeric sur un plancher que des générations d'esclaves, ses ancêtres, avaient poli et la musique pleurait à ses oreilles comme celle d'un requiem. Car le domaine des Belles-Feuilles était rempli de soupirs et de peines de femmes noires, mulâtresses, blanches, unies dans la même sujétion. [...] Et, discernant ces plaintes et ces soupirs sous les échos de la fête nuptiale, Cathy comprenait qu'elle prenait place de son plein gré dans une longue procession de victimes. (MC 56f.(

Metonymisch nimmt das alte Haus das Leid all dieser Opfer in sich auf und verwandelt sich dadurch; metaphorisch wird es selbst zu einer verzweifelten Frau, einer Witwe, einer Wahnsinnigen, deren Klagen nachts zu vernehmen sind (MC 65). Belles-Feuilles erscheint im Text als topographische Chiffre der vermeintlich stabilen Identität, die auf Verdrängung der ‚Dämonen' beruht: das Gutshaus, das bereits mehrmals von aufständischen Sklaven in Brand gesetzt wurde, wird jedes Mal wieder aufgebaut, und zwar sich selbst vermeintlich *gleich* („identique à elle-même"; MC 58). Das narrative Subjekt, nicht mehr, niemals *es selbst*, wird hier in seiner Fragmentation und multiplen Abhängigkeit gezeigt – aber auch in seiner paradoxen Freiheit. An einigen Schlüssel-Motiven sollen diese Reflexionen über den Status der Subjektivität in Condés Roman im Folgenden illustriert werden.

3. 1. Un individu sans nom oder Namen(losigkeiten)

Ebenso wie Brontës Roman mit seinen *schwärmenden* Namen („[...] the air swarmed with Catherines [...]"; WH 32) ist ›Migration‹ ein Text über Namen und Benennungen. Es ist der Name – oder seine Abwesenheit – der/die ‚Identität' verleiht oder verweigert. Immer wieder inszeniert dieser Text die narrative Fatalität der unmöglichen *ersten* Benennung: ihren Namen und den ihnen eingeschriebenen Geschichten können die Figuren Condés nicht entkommen. Die meisten Figuren dieses Textes sind obsessiv mit der Suche nach ihrem verlorenem ‚Ursprung' beschäftigt, *à la recherche du nom perdu*. Alle diese Namen *schwärmen* um das unheimliche Zentrum eines paradoxen Nicht-Namens, der nur Namenlosigkeit benennt: *Razyé*, Condés *Heathcliff*. Condé übernimmt das überaus komplexe Namens-System bei Brontë und fügt ihm noch weitere Nuancen hinzu. In den Namen ihrer Figuren (re)aktualisiert sie versteckte Bedeutungen, nimmt sie zusätzliche Verdichtungen vor. Fast unverändert bleibt nur der Name der beiden *Cathys*[23]). Alle anderen Namen werden übersetzt – und mehr als übersetzt. Aus *Heathcliff* wird *Razyé*: *Razyé* bewahrt, ja verstärkt die *vegetale* Konnotation des Namens – die Überschreitung der Grenzen des Menschlichen scheint hier schon im Namen angedeutet. Aus *Earnshaw* wird *Gagneur* – die Komponente ‚earn' wird lexikalisch aktualisiert; aus *Linton* wird *de Linsseuil* – dieser Name wird offensichtlich mit Bedeutungskomponenten angereichert, über die das originale *Linton* nicht verfügt: in *Linsseuil* klingen sowohl das *Leichentuch* (*linceul*) als auch die *Schwelle* (*seuil*) mit. Razyé, Aymeric de Linsseuils erbitterter Feind, macht aus dem Namen *Linsseuil* ein *Leichentuch* – was Aymeric zunächst nicht wahrhaben will („Je ne suis pas encore fini. Celui qui coupera mon linceul n'est pas encore sorti du ventre de sa maman." MC 142). *Linsseuil* ist ein Grenz-Name, ein Name, der Schwellen, Zwischenräume, Übergänge – und vor allem den Tod als die ultimative Grenzüberschreitung – evoziert. Der verwirrende Austausch von Vor- und Familiennamen, der bei Brontë zwischen den Generationen stattfindet, wird hier durch andere Manöver der narrativen Chaotisierung ersetzt: durch Multiplikation von Figuren mit gleichem Namen etwa oder durch Mehrfachbenennungen von Figuren. Die chaotischen Namen spiegeln die Verwirrung der Familienverhältnisse wider: das Motiv der unklaren und ungeklärten Vaterschaften zieht sich durch den ganzen Text. Für viele Figuren ist die Suche, die Sehnsucht nach den eigenen unbekannten Eltern eine re-

---

[23]) Bei Condé werden sowohl Mutter als auch Tochter ausschließlich mit der Kurzform ‚Cathy' bezeichnet, während bei Brontë die Benennung mit Voll- oder Kurzform in ihrer differenzierenden Funktion explizit thematisiert wird (WH 161).

gelrechte Obsession: sie imaginieren phantastische Stammbäume, sie erzählen sich Geschichten über ihren Ursprung, die bis zurück nach Afrika und Indien – beides vage Chiffren der ‚exotischen' Herkunft – reichen. Die eigenen *dunklen* Ursprünge werden mythisch überhöht, wenn auch halb spielerisch („Peut-être que vos ancêtres étaient des princes et des princesses? Qui sait ce qu'étaient nos parents avant d'être emmenés ici en esclavage?" (MC 36)[24])). Dieser mythologische Text fungiert für Condés ‚einfache' Leute, oft Nachkommen von Sklaven, als narrative Kontrastfolie zu den Erniedrigungen des Alltags; die phantastische Re-Interpretation der eigenen Ursprünge entwirft alternative Mythen für marginale Figuren, die in ihrer realen Umgebung keine Anknüpfungspunkte für irgendeine grandiose oder auch nur akzeptable Erzählung ihrer selbst und ihrer Geschichte finden.

Namen sind Magie, Namen sind Beschwörung; sie tragen familiäre und kulturelle Vergangenheiten in sich. Die Namensgebung markiert ein privilegiertes Terrain symbolischer Machtkämpfe – gekämpft wird um Namen, die einander überlagern, die einander verschlingen, die einander auslöschen.[25]) Mit dem Namen werden Identitäten, werden ganze Lebens-Geschichten angenommen – oder auch zurückgewiesen: Cathy II verweigert noch nachträglich den – fiktiven – Familiennamen ihres Mannes; dieser Akt der symbolischen Revolte kränkt letzteren zutiefst. Unübersehbar bleibt dabei freilich, dass die Frau in keinem Fall einen *eigenen* Namen hat, ihr Name vielmehr Objekt eines symbolischen Kampfes zwischen zwei Männern ist, von denen der eine, der Vater, noch post mortem einen späten Sieg davonträgt (MC 321). Die Namen der Kinder Razyés und Irmine de Linsseuils spiegeln den Kampf der Eltern um die symbolische Vorherrschaft wider: Irmine lässt ihren ersten Sohn, den Nachkommen und Erben zweier antagonistischer Geschichten, heimlich auf den Namen *Aymeric* taufen – den Namen ihres Bruders, des Erzfeindes ihres Mannes. Sie versteht diesen Namen als Talisman gegen das ‚böse' schwarze Blut des mittlerweile verhassten Vaters Razyé (MC 109). Razyé hasst die-

---

[24]) Auch für diese Passage findet sich ein konkreter Anknüpfungspunkt bei Brontë: dem kleinen Heathcliff, der sich gegenüber dem hellhäutigen, blonden und blauäugigen Edgar Linton benachteiligt fühlt, antwortet Ellen Dean, er sei vielleicht der Sohn des „Kaisers von China" und einer „indischen Königin", der von Piraten nach England entführt wurde („Who knows but your father was Emperor of China, and your mother an Indian queen, each of them able to buy up, with one week's income, Wuthering Heights and Thrushcross Grange together? And you were kidnapped by wicked sailors and brought to England." WH 61). Doch erst Condé bringt den konkreten historischen Kontext der Sklaverei explizit ins Spiel; allerdings ist schon in ›Wuthering Heights‹ der antikoloniale Subtext der Stelle von einiger politischer Brisanz, wie Meyer betont; für Meyer repräsentiert Heathcliff „the return of the colonial repressed" (Susan Meyer, Imperialism at Home: Race and Victorian Women's Fiction, Ithaca und New York 1996, S. 119).

[25]) Schon bei Brontë ist dieses Motiv der Eroberung und/oder Vernichtung der Anderen über den Namen vorgezeichnet: die Zwangs-Ehe Linton Heathcliff / Catherine Linton erscheint nicht nur materiell motiviert, sondern mindestens ebenso sehr symbolisch – dem Vater des Bräutigams gelingt es auf diesem Weg, endlich den eigenen ‚defizitären' Namen mit dem Namen der geliebten Frau zu einem ‚Catherine Heathcliff' zu verbinden – wenn auch lange nach deren Tod.

sen Sohn Aymeric ein Leben lang, auch wenn er später – Triumph des leiblichen Vaters, der sich schließlich auch symbolisch durchsetzt – allgemein nur mehr *Razyé II* genannt wird (MC 132). Später nimmt Aymeric II/Razyé II auf der Flucht vor seinem Vater einen neuen, selbst erfundenen Namen an, er nennt sich nun *Premier-né* (MC 234). Dieser imaginäre Name verdichtet gleich einen mehrfachen Protest: der Sohn, der sich selbst zum *Erstgeborenen* erklärt, weigert sich zum einen, immer nur die *zweite* Auflage eines Anderen zu sein; zum anderen realisiert er in diesem Namen auch sein Lieblings-Phantasma, der *eigentliche*, der *erste* Sohn zu sein: er ist zwar tatsächlich der erste Sohn seiner Eltern, wurde von diesem symbolisch privilegierten Platz jedoch durch seinen adoptierten Cousin Justin-Marie verdrängt.[26]) Mit dem Namen des nächsten Kindes revanchiert sich der Vater: der zweite Sohn heißt *Zoulou*. Dieser Name markiert eine denkbar extreme, geradezu hypertroph ‚afrikanische' Gegenposition zu *Aymeric*; dieser Sohn wird für die eigenen ‚barbarischen' Ursprünge reklamiert. Dabei bleibt auch dieser Name – zwischen naiver Übernahme einer Chiffre des ‚Exotischen' und deren subversiver Aneignung, ja Parodie – höchst ambivalent.[27]) Zoulou, von seinem Namen programmiert wie die anderen Figuren, ist auch derjenige, der immer wieder die traumatische Vergangenheit neu spielt und die Geschichte dabei nachträglich umkehrt („Parfois son «petit frère» préféré, Zoulou, venait le rejoindre et, dans la clameur: «Les Blancs débarquent, les Blancs débarquent», ils rejouaient les batailles d'antan. Ils étaient toujours vainqueurs et refaisaient l'histoire à rebours." MC 131f.). Auf Zoulou folgt *Gengis*: auch diese Namensgebung ist als symbolischer Racheakt des Vaters an den Weißen zu lesen, als Akt der Beschwörung einer aggressiv-triumphalen ‚exotischen' Identität, der sich gegen das weiße Europäertum und sein Selbstverständnis als Instanz der Kultur an sich richtet. Das nächste Kind, eine Tochter, erhält den gleichfalls symbolträchtigen Namen *Cassandre* (MC 132). Gengis hasst seinen Vater ebenso fanatisch wie Zoulou ihn verehrt – vor allem auf Grund dieses „absurden" Namens, den er als Fluch empfindet, dieses Namens, der ihn zum unfreiwilligen Akteur in einer fremden Geschichte macht:

Gengis haïssait son père. [...] À chaque minute de sa vie, l'absurdité de son prénom le tenait les yeux ouverts dans la colère. Il avait appris, grâce à un dictionnaire encyclopédique, que c'était celui d'un khan de la Mongolie, resté dans le souvenir populaire pour ses tueries et son caractère

---

[26]) Dieses Trauma des ‚echten' Sohnes, dem ein fremdes Kind vorgezogen wird, wird in ›Migration‹ wiederholt inszeniert, mit exakter Inversion der Positionen – Justin Gagneur wird von Razyé I ebenso verdrängt wie später Razyé II von Justins Sohn Justin-Marie (MC 306).

[27]) Ella Shohat weist darauf hin, dass im konservativen US-amerikanischen Sprachgebrauch gerade *Zulu* bevorzugt als Chiffre des afrikanischen ‚Barbaren' eingesetzt wird; sie zitiert Beispiele für die pejorative, ridiculisierende Verwendung des Wortes und äußert die Vermutung, die okzidentale Vorliebe für die ‚exotische' Kategorisierung *Zulu* könnte mit den komischen Resonanzen, die das Wort für ein „eurozentrisches Ohr" habe, zusammenhängen, oder auch damit, dass *Zulu* im Englischen unüberhörbar die Komponente ‚zoo' enthält und damit entsprechende Assoziationen des ‚schwarzen' Fremden mit der Sphäre des – im ‚*Zoo*lu' konkret und imaginär domestizierten – Animalischen evoziert. (Ella Shohat, Taboo Memories, Diasporic Voices, Durham und London 2006, S. 198f.)

redoutable. Il avait lu et relu le récit trop succinct des viols, assassinats, incendies, pillages que son homonyme avait commis. Insidieusement, il sentait ce monstrueux héritage que son père lui avait imposé à un moment où il était trop petit pour se défendre, se diluer, passer dans son sang et, à son tour, faire de lui un monstre. (MC 276)

Durch einen Namen kann ein fremdes Erbe angerufen, aufgerufen, heraufbeschworen werden. Namen sind Programme, denen fertige Geschichten eingeschrieben sind: diesen Geschichten kann sich die/der Namensträger/in nicht entziehen. Cathy II übernimmt mit ihrem Namen das ganze fatale Erbe der ersten Cathy, ihrer unbekannten Mutter („[...] elle la portait en elle, invisible et toute-puissante sous sa peau." MC 259). Schlimmer jedoch als auch noch der falscheste Name ist die Namenlosigkeit: ‚Namenloser' („individu sans nom"; MC 71) ist eine der stärksten Schmähungen, die dieser Text kennt. Die Namenlosigkeit Razyés erscheint als Skandal; rund um den fehlenden Namen wuchern wilde Phantasien:

Personne ne pouvait dire à quel moment Razyé était arrivé à La Havane ni l'endroit d'où il sortait. On ne lui connaissait que ce patronyme bizarre, comme si ses parents ne s'étaient pas occupés de lui donner un saint patron au jour de son baptême. À cause de cela, les imaginations étaient en fièvre. (MC 15)

Der ganze Text eines Lebens, eine kohärente Lebensgeschichte entfaltet sich aus einem ‚normalen', eindeutigen Namen. Sowohl Heathcliff als auch Razyé erscheinen als irritierende Fremdkörper im System der gesellschaftlich sanktionierten Benennung; beide tragen ursprünglich fremdbestimmte Namen, die sich später mit unheimlicher Autonomie füllen. Bei Brontë wird das Findelkind *Heathcliff* genannt, da dies der Name eines früheren verstorbenen Sohnes war (WH 46). Bei Condé hat der Name *Razyé* keinerlei familiäre Motivation mehr, er *verwurzelt* den Namensträger vielmehr außerhalb des Menschlichen. Sowohl *Heathcliff* als auch *Razyé*[28]) sind Namen mit ausgeprägt *vegetaler* Konnotation; diese Bedeutungskomponente wird bei Condé in mehrfacher Hinsicht aktualisiert. Verschiedene ErzählerInnen bedienen sich häufig einer prononciert vegetalen Metaphorik menschlicher Identität und familiärer Zugehörigkeit; diese Metaphorik findet sich wiederholt im Kontext der *fremden Vaterschaften* („Nos hommes sont ainsi. Ils sèment, ils sèment, mais ne s'occupent pas de la plante qui germe"; MC 316). Bei Brontë heißt Heathcliff noch „the poor, fatherless child" (WH 46); in Condés narrativem Universum ist diese Vaterlosigkeit weniger ungewöhnlich: hier sind multiple Beziehungen, unbekannte Väter, unsichere Vaterschaften beinahe der Normalfall. Condé schildert

---

[28]) „Razyé désigne un territoire en friche où poussent surtout des herbes; c'est une étendue non cultivée [...] Zèb razyé n'est pas une simple herbe sauvage, elle a presque toujours un pouvoir, elle est curative ou dangereuse, peut-être magique, jamais neutre [...] Enfin, razyé désigne aussi bien le territoire que le contenu de ce territoire et on dira indifféremment razyé ou zèb razyé." (Elisabeth Vilayleck, L'étude des noms de plantes en créole martiniquais comme champ d'interférences ethnolinguistiques, in: Espace Créole / Espaces Francophones Nr. 9 (April 1997), Revue du GEREC (Groupe d'Études et de Recherches en Espaces Créolophone et Francophone), *http://www.palli.ch/~kapeskreyol/ travaux/ espacecreole/plantes.htm*, 2. November 2006).

eine paradoxe patriarchale Welt, die Männern maximale sexuelle Freiheit und Unverantwortlichkeit einräumt – und damit ihre eigene Auflösung einleitet. Sowohl *Heathcliff* als auch *Razyé* dienen zugleich als Vor- und als Familienname – und stellen das Funktionieren patriarchalischer Familienstrukturen damit überhaupt in Frage. Das Versagen der narrativen Modelle ‚normaler' menschlicher Biographien am skandalösen Außenseiter Heathcliff/Razyé zeigt sich sowohl bei Brontë als auch bei Condé etwa in der Unmöglichkeit, eine passende Grabinschrift zu formulieren (WH 273, MC 263). Heathcliff wie Razyé sind vater- und mutterlose Figuren – die auch die Gender-Strukturen ihrer Umgebung desorganisieren. Für Razyé nimmt Cathy die symbolischen Positionen des Vaters, der Mutter, der Schwester und der Geliebten zugleich ein. Als sie ihn verlässt, trauert er um eine ganze – wieder oder auch immer schon – verlorene Familie, die sie für ihn verkörperte (MC 46). Ein enormes subversives Potential strahlt von *Razyé*, dieser namenlosen, unnennbaren Stelle im Text aus.

Immer wieder werden in Condés Text trotzige Akte der Selbst-Ernennung, der Selbst-Neu-Benennung geschildert. Viele Figuren verweigern ihre Namen, die ihnen fremd bleiben, die eine unpassende Geschichte enthalten oder ihrer unwürdig scheinen. So der Magier, der sich selbst den neuen Namen *Madhi* gibt und sich damit selbst zum „Auserwählten" erklärt (MC 214). So auch das Mädchen Étiennise, das seinen Namen nicht leiden kann und sich selbst *Satyavati* nennt, mit diesem Namen nicht zuletzt anknüpfend an die ‚mythische' indische Vergangenheit der Eltern (MC 169). Der neue Name, der Deck-Name enthüllt dabei verborgene Wahrheiten: wiederholt erscheint die Maskerade hier als – einzig möglicher – Weg zur ‚wahren' Identität; nur wenn sie eine fremde Rolle spielen, können Figuren sich der Illusion hingeben, irgendwo *dahinter* oder *darunter* könnte es etwas wie eine ‚echte' Geschichte geben.

3. 2. (An-)Alphabetismen oder Ambivalenzen der Schrift

Schon in ›Wuthering Heights‹ ist die Frage des An/Alphabetismus zentral. Dieses Motiv wird in Condés Text sehr ausführlich entfaltet, in all seinen Ambivalenzen:

> In Condé's Windward Heights literacy is used to thematize the "raced" history of language as a fixture of the Caribbean novel. [...] The novel plays literacy both ways, exposing it as an instrument of colonial paternalism and "enlightened" racial oppression, while recognizing it as the conduit to emancipation.[29])

Bei Condé werden sowohl die Gabe als auch die Verweigerung der Schrift in unterschiedlichen Kontexten ‚ausagiert' – und damit historisiert und politisiert. *Lesen* und *Schreiben* sind niemals unschuldig; wiederholt werden sie als privilegierter Zugang zum Selbst diskutiert – allerdings zu einem Selbst, das immer schon

---

[29]) Emily Apter, Condé's *Créolité* in Literary History, in: The Translation Zone. A New Comparative Literature, Princeton und Oxford 2006, S. 178–190, hier: S. 188f.

geschrieben ist von einem kulturellen und politischen Text, den die noch illiterate Person zu entziffern und zu reproduzieren lernt. Das narrative Subjekt Condés hat nur die Wahl, sich selbst *ungelesen* und *ungeschrieben* zu lassen – oder sich selbst nach den vorgeschriebenen Regeln des gesellschaftlichen Textes zu (de)chiffrieren und eventuell in der Einsicht in die eigene Determiniertheit durch diesen Text eine Art paradoxe Freiheit zu erlangen.

Bei Brontë erscheint das Geschenk oder auch die Verweigerung der Schrift, des Alphabets als des eigentlichen Schlüssels zum Selbst, zumindest vordergründig als privater Akt der Liebe oder des Hasses. Zwar wird auch hier schon sichtbar, wie sehr der Zugang zur Schrift eine Frage der symbolischen Verteilung von Macht ist; diese Macht wird jedoch in privaten Begriffen definiert.[30]) Die Verweigerung der Schrift erscheint auch bei Condé zunächst als reiner Egoismus, als „geiziges" Beharren auf dem eigenen kulturellen Privileg (MC 98). Aber auch der schon bei Brontë zugleich pädagogische und erotische Akt der Gabe der Schrift wird bei Condé problematisiert; dieser Akt der Liebe und der Großzügigkeit, bei Brontë noch eindeutig positiv stilisiert, wird hier äußerst ambivalent. Aymeric de Linsseuil ist eine Schlüsselfigur der Auseinandersetzung mit dem Paternalismus des aufgeklärten Kolonialisten, dessen antirassistisches Credo sich in seiner unfreiwilligen Komik selbst entlarvt (‚alle Menschen sind gleich, sogar die Schwarzen'); er lässt die Kinder seiner schwarzen Dienstboten in der eigens für sie erbauten Schule das mittlerweile geflügelte *Nos ancêtres les Gaulois* rezitieren (MC 59). Er führt die Hand seiner Frau, der Mulattin Cathy, beim Schreiben:[31])

> Lui, Aymeric, tenait ma main pour écrire. Il m'achetait des livres. Il corrigeait mes fautes et m'expliquait les tournures difficiles du français. Il me lisait des poèmes à la mesure de ma compréhension. […] Il m'apprenait le nom savant des fleurs, des plantes et des animaux. […] Il me parlait de Dieu à l'image duquel tous les hommes ont été créés, même les Noirs, précisait-il. (MC 98)

---

[30]) Bei Brontë wird zweimal einer Figur der Zugang zum Alphabet, damit zu Bildung überhaupt, verweigert: Das erste Mal von Hindley Earnshaw, der den Findling Heathcliff gezielt daran hindert, Bildung zu erwerben; das zweite Mal von Heathcliff selbst, der sich an Hindleys Sohn Hareton rächt und diesen in der Verachtung des „book-larning", des „damnable writing" (WH 189) aufzieht. Einmal wird das Alphabet aus Liebe geschenkt (Catherine II, die ihrem Cousin und zukünftigen Ehemann Hareton spät doch noch den Zugang zur Schrift und damit zu eigentlicher Menschlichkeit erschließt).

[31]) In dieser ‚männlichen' Geste, mit der Aymeric sich der Hand Cathys bemächtigt, sie unter seiner Kontrolle *schreiben* lässt, in diesem Akt maskierter symbolischer Gewalt verdichtet sich möglicherweise die physische – wenn auch vielleicht nur erträumte oder halluzinierte – Gewalt einer Szene aus ›Wuthering Heights‹, die in ›Migration‹ kein direktes Äquivalent hat – wobei allein dieses Verschwinden hellhörig machen sollte. So verschwindet in ›Migration‹ gemeinsam mit dem übergeordneten Erzähler Lockwood auch jene Szene, in der letzterer verzweifelt versucht, die Hand Catherine Earnshaws, die ihm als Geist erscheint – und zwar nachdem er ihre *Schrift*, ihre *marginalen* Texte am Rand eines offiziellen Erbauungsbuches gelesen hat –, abzuschütteln und diese Hand wild an der zerbrochenen Glasscheibe seines Fensters reibt (WH 36), bis das Blut des ‚Geistes' in Strömen fließt. Schon früher, noch zu Lebzeiten, ist es eine schwere Verletzung – diesmal am Bein –, die der jungen Catherine den Weg in das Haus der Lintons öffnet und in der momentanen physischen Behinderung die spätere symbolische Einschließung, ja Lähmung der jungen Frau vorwegnimmt (WH 54ff.).

Später langweilt Aymeric seinen Neffen durch Zwangs-Vorlesungen klassischer europäischer Literatur zu Tode – vorgelesen wird Flauberts ›Salammbô‹, ein Text, in dem extreme europäische Phantasmen des Anderen, des ‚Exotischen' artikulieren werden (MC 175). Auch dies ist eine skandalöse Erkenntnis, mit der der „gute Weiße" nicht umgehen kann: all sein europäisches Bildungsgut, all seine Kultur könnte den vermeintlichen Barbaren einfach zu *langweilig* sein – wobei diese Langeweile der kleinen ‚Wilden' wohl nicht zuletzt eine Defensiv-Reaktion gegenüber einer Kultur ist, in der es keinen Platz, keinen *Text* für sie gibt; die sie ausschließt, die sie nichts angeht (MC 168). Das Geschenk der Schrift – und damit der ‚Kultur' an sich – ist hier offenbar alles andere als frei von – möglicherweise unbewusstem – Egoismus und kulturpädagogischer Arroganz. Gerade auch in ihren erotischen Aspekten wird die Gabe der Schrift hier ambivalent. Aymeric, der sich Cathy nicht *aneignen*, sie nicht *besitzen* kann (MC 61), will sie im Text zu *sich selbst* bringen, das heißt, ihr ein *Selbst* verschaffen – das unter seiner Kontrolle, Anleitung und ‚väterlichen' Führung entsteht. Schon nach ihrem ersten Aufenthalt bei den Linsseuils kommt Cathy als selbst-entfremdete, bis zur Unkenntlichkeit veränderte Person wieder, der man ein neues, gesellschaftlich akzeptables Selbst gezimmert hat; die frühere Cathy, die zumindest nachträglich und im Vergleich zu ihrer neuen künstlichen Identität als durch und durch ‚authentische' Person erscheint, ist buchstäblich „morte et enterrée" (MC 42). Mit ihrem Eintritt in die privilegierte weiße Welt legt Cathy nicht nur ihre allgemein ‚wilden' Gewohnheiten ab, sondern fügt sich auch in die Schemata von kultivierter, zurückhaltender Weiblichkeit, die diese Welt vorschreibt. Cathy lernt schließlich ‚richtig' schreiben, aber sie schreibt nicht *selbst* – was hier zustande kommt, ist ein seltsam hybrider Text, der die Geschichte der Schreiberin weniger erzählt als zum Verschwinden bringt. Das Geschenk der Schrift wird demaskiert als Pygmalion-Phantasie des gebildeten weißen Mannes, der das begehrte weibliche Objekt auf symbolisches Terrain entführt: denn hier weiß er sich Meister und überlegen, während auf sexuellem Gebiet die ‚barbarische' Überlegenheit des schwarzen Konkurrenten Neid und Angst auslöst.[32]) ‚Gender-invertiert' wiederholt sich später die ambivalente Gabe der Schrift zwischen Cathy II und Razyé II. Nachdem sie ihre Familie verlassen hat, bringt Cathy als Lehrerin auf Marie-Galante kleinen Kindern das Lesen und das Schreiben bei; auch dieser vermeintlich harmlose, sogar wohltätige Akt wird problematisiert. Die Alphabetisierung der Kinder findet ‚natürlich' auf Französisch statt; im karibischen Kontext von ›Migration‹ bedeutet

[32]) Es handelt sich hier um ein klassisches Stereotyp; dem ‚exotischen' Anderen werden in den Hass- und Angstphantasien weißer, ‚zivilisierter' Männer *exzessive* sexuelle Kräfte unterstellt. Diese Obsession beherrscht die meisten weißen Männer dieses Textes; einige prahlen damit, ebenso potent zu sein wie die ‚Neger' – und wollen dabei dennoch das Privileg ihrer weißen Haut aufrechterhalten („Moi, comme tu me vois là, je n'ai de blanc que la couleur de ma peau. [...] quant à baiser, je baise comme un nègre [...] Ce n'était pas la première fois qu'Aymeric entendait ces vantardises dans la bouche des Blancs. C'était au contraire un sempiternel sujet de conversation." MC 182). Rassistische und misogyne Phantasien vermischen sich in dieser Obsession des ‚weißen Mannes' („Les femmes ne sont donc que cela? De la chair à plaisir? [...] S'il l'avait chevauchée aussi rudement que Razyé, il aurait gagné Cathy." MC 183).

die Entscheidung für das ‚richtige' Französisch – das „français de France" (MC 267), das „français-français" (MC 67, 87, 229) – zugleich eine Entscheidung gegen das Kreolische. Letzteres erscheint in bestimmten Kontexten zwar durchaus als sozialer Vorteil, da es Zugehörigkeit signalisiert: die Integration in die Gemeinschaft führt über das Kreolische, während ein allzu korrektes Französisch die Sprecherin isoliert, als Fremde, als Außenseiterin stigmatisiert. Die gebildete, eigentlich frankophone Cathy bemüht sich bei ihrer Ankunft auf der Insel, mit den Einheimischen in deren Sprache zu sprechen, obwohl sie im Kreolischen unsicher ist (MC 223). Später macht sich die Lehrerin allerdings bei den Eltern ihrer Schüler unbeliebt, weil sie letzteren verbietet, Kreolisch zu sprechen (MC 234f.). Das sprachliche Dilemma scheint unlösbar; der Zugang zur Kultur ist immer schon mit einem Akt symbolischer Gewalt gegen die Muttersprache gekoppelt.[33]) Als Razyé Cathy bittet, auch ihm Unterricht zu erteilen, ist die erotische Facette dieser Lektionen von Anfang an unübersehbar: die Eroberung des Alphabets wird zum bloßen Vorwand der Eroberung eines begehrten weiblichen Körpers. Der vermeintliche ‚Wilde' bedient sich subversiver Strategien, indem er die kulturpädagogischen Vorgaben der Weißen und/oder Gebildeten für seine eigenen Zwecke instrumentalisiert. Die *mission civilisatrice* der Vertreter der Kolonialmacht und die europäische Arroganz, mit der im sicheren Bewusstsein der eigenen Superiorität den ‚Barbaren' die Schrift und der *Text* der Kultur zum Geschenk gemacht werden, werden explizit thematisiert und ironisiert. Razyé erreicht sein Ziel, gerade indem er sein Interesse an der Schrift als Vorwand enthüllt, sich selbst ironisch als „Wilden" bezeichnet, der eifrig und dankbar das Geschenk der europäischen Zivilisation annimmt:

– C'est ça. Bouchez vos yeux et vos oreilles. Efforcez-vous de croire que tout va pour le mieux et que notre pays est un vrai petit paradis.
Elle regarda au loin, vers la mer étale qui, sous le ciel sans éclat, virait au gris, sombre, comme lui.
– Je ne dis pas cela. Je sais que nous connaissons des temps très difficiles. Tout le beau travail qu'avait fait M. Schoelcher n'a servi à rien. Les anciens esclaves ne respectent pas Dieu et ne veulent pas travailler ...
À ces mots, il se mit en colère et s'écria:
– Vous parlez comme les esclavagistes! Et puis cessez de nous rebattre les oreille [sic] avec M. Schoelcher, M. Schoelcher... On dirait que les esclaves n'ont rien fait pour gagner leur liberté.

---

[33]) Diese problematische Relation *zentraler* und *marginaler* Sprachen findet sich schon bei Brontë vorgezeichnet – wenn auch weitgehend unpolitisch: im englischen Original steht der Yorkshire-Dialekt als ‚defizitäres' und nur mündlich verwendetes Idiom der ‚Ungebildeten' gegen das literarische Englisch – alle kompetenten und *autorisierten* Erzähler bedienen sich einer ‚korrekten' Sprache, wenn auch nach Sozialstatus und Bildungsgrad differenziert. Der Dialekt ist als Medium der Erzählung ungeeignet; die dialektalen Versatzstücke im Text erscheinen eher als pittoresker sprachlicher Decor denn als vollwertige menschliche Rede (Heathcliffs „gibberish"; WH 45) wird von Vornherein nicht als *Sprache* wahrgenommen). ›Wuthering Heights‹ assoziiert konsequent Dialekt und allgemeine sprachliche Inkompetenz: die Figuren, die sich des Dialekts bedienen, sind sämtlich wenig eloquent, eben noch in der Lage, die elementarsten sprachlichen Anforderungen des Alltags zu bewältigen. Hier findet eine doppelte Naturalisierung statt: Dialekt bedeutet allgemein defizitäre Sprachkompetenz und vice versa.

Il y eut un silence, puis elle fit, sèchement:
– J'ai réfléchi: je ne pense pas que je pourrai vous apprendre quoi que ce soit. [...] Pourquoi est-ce que vous y tenez, à ce brevet?
Il s'arrêta, barrant l'entrée et masquant le reste de jour de sa carrure. Puis il fit, ironiquement:
– Mais pour faire plaisir à votre cher M. Schoelcher. « Instruisez-vous, sauvages africains, et faites honte à vos détracteurs. » Ce n'est pas ce qu'il a dit? (MC 231)

Der französische Text der Kultur soll nicht zuletzt einen anderen Text *überschreiben*, die Erinnerung an ‚Afrika', die afrikanische Geschichte löschen („Comme tous les serviteurs du domaine, j'ai appris à lire et à écrire, le maître ne cessant de répéter que seule l'instruction parviendrait à nous faire oublier l'Afrique et à nous mettre sur le chemin du progrès"; MC 82). Wie sehr die Schrift ein zwar magisches, nicht selten aber auch vergiftetes Geschenk ist, wird sowohl bei Brontë als auch bei Condé deutlich. Textgespinste und Gespenster werden eng assoziiert, zwischen beiden besteht eine ‚spektrale' Verbindung. Schon bei Brontë findet sich eine bemerkenswerte Szene der – unfreiwilligen – Geisterbeschwörung auf dem Weg über die Schrift: der Erzähler Lockwood, durch ein Unwetter gezwungen, im Haus Heathcliffs zu übernachten, liest in Catherine Earnshaws alten Büchern und Aufzeichnungen, entziffert die Schrift auf der Fensterbank seines Zimmers, wo sich ein und dieselbe Sequenz von Namen wiederholt. Als er schließlich einschläft, erscheint nach kurzer Zeit der Geist Catherines am Fenster, wobei in der Schwebe bleibt, ob es sich um einen Traum, eine Halluzination oder eine ‚reale' Geistererscheinung handelt (WH 32ff.). In dieser Szene aus ›Wuthering Heights‹ ist auch schon das narrative Modell des *Palimpsests* vorgezeichnet. Lockwood liest Catherines Tagebuch, die Schrift einer (Un)Toten; dieses Tagebuch ist allerdings kein autonomer Text, es ist vielmehr am Rand anderer Bücher geschrieben. *Schreiben* ist hier immer schon *Lesen*: auch diese Logik des immer schon *vorgeschriebenen* Texts wird bei Condé, die ihren eigenen Roman als *Lektüre* bezeichnet, entfaltet.

3. 3. L'humus tropical oder Vegetale Metaphern der Identität

In ›Migration‹ wird wiederholt mit dem Konzept menschlicher Subjektivität experimentiert: diese Subjektivität öffnet sich ins *Spektrale* ebenso wie ins *Politische*, aber auch ins *Animalische*. Daneben findet sich aber auch eine bemerkenswert dichte *vegetale* Metaphorik menschlicher (individueller ebenso wie familiärer und kultureller) Identität. Schon bei Brontë gibt es Ansätze zu einer organischen Identitäts- und Beziehungsmetaphorik[34]) (vgl. etwa WH 138, WH 164); bei Condé wird

---

34) Man vergleiche etwa jene Schlüssel-Szene, in der Catherine ihre paradoxe Wahrnehmung der ‚Identität' mit Heathcliff formuliert (WH 81). Mit *Heathcliff* verliert Brontës Catherine auch ihre *organische* Identität, sie ist, nachdem er sie ein zweites Mal verlassen hat, unfähig, sich selbst im Spiegel zu erkennen (WH 114). Nur *Heathcliff* könnte ihr fragmentiertes Selbst wieder zusammenfügen; metonymisch wird auch dem *Heidekraut*, das aus dem Namen *Heathcliff* wuchert, eine derartige Heilkraft zugeschrieben („I'm sure I should be myself were I once among the heather on those hills." WH 116).

dieses vegetale Motivsystem weiter entfaltet und differenziert – von wachsenden und von absterbenden Pflanzen, von multiplen Verwachsungen, Wucherungen, Ver- und Entwurzelungen, Aufpfropfungen ist hier die Rede („Il allait pouvoir greffer son propre rejeton maudit, pourri, à ce tronc respecté"; MC 248). Diese Metaphorik erfasst selbst den Bereich des Symbolischen („Le nom de Linsseuil serait sali. Sa marcotte prendrait la place de la plante originelle" ; MC 252). Brontës Familien funktionieren noch nach einem traditionellen Stammbaum-Modell, auch wenn dieses durch das Auftauchen Heathcliffs etwas in Unordnung gerät bzw. seine latenten Spannungen offenbart. Aus dieser hierarchischen familiären Struktur wird bei Condé ein System chaotischer Verwandtschaften und Fremdheiten – aus dem Stammbaum wird wild wucherndes Unterholz. Insofern ergibt sich eine signifikante Korrespondenz zwischen dieser *Rhizomatisierung*, dieser *vegetalen* Des-Organisation der Familie und des in dieser Familie ver/entwurzelten Individuums einerseits und der De-Hierarchisierung der narrativen Struktur andererseits. An einer Stelle wird die unübersichtliche Struktur karibischer Familien mit der tropischen Vegetation der Inseln verglichen:

> Mais si ses vingt années de Roseau lui avaient appris une chose, c'était que de l'humus tropical sortaient des sociétés aux racines et aux branches tellement entrelacées, torsadées, amarrées les unes aux autres qu'on pouvait très bien se surprendre à aimer d'amour et partager la couche d'un demi-frère ou d'un cousin germain inconnu. En outre, dans chacun des habitants des sangs semblables d'Africain, d'Européen et de Zindien s'étaient mélangés en proportions à peu près égales. Aussi, rien ne pouvait surprendre. (MC 303)

Diese Stelle ist bezeichnend hinsichtlich der Ambivalenz dieses Textes, der zwischen ‚naiver' organischer Metaphorik und ihrer Dekonstruktion in der Schwebe bleibt. Artikuliert wird diese *vegetale* Reflexion aus der Perspektive des „révérend Bishop", der hier die traditionelle koloniale Sichtweise repräsentiert; den Blick des Okzidentalen auf eine ‚exotische' Welt, die ihm nach anderen – perversen – (Nicht)Gesetzen zu funktionieren scheint als seine eigene, ohne dass er deshalb die Gültigkeit der eigenen Regeln in Frage stellen müsste. Doch die Metapher sprengt gleichsam die beschränkte Perspektive der Figur. Die Motivik der *vegetalen* Familie illustriert nicht zuletzt die Verwirrung des Eigenen und des Fremden, die diesen Text beherrscht: Menschen, Familien, Geschichten sind hier so stark ineinander *verwachsen*, dass Kategorien wie ‚eigen' und ‚fremd' schließlich jeden Sinn verlieren. Man kann sich niemals darauf verlassen, dass die Mitglieder der eigenen Familie tatsächlich mit einem selbst verwandt sind: die vermeintlich eigenen Kinder könnten immer schon die Kinder eines Fremden, eines Feindes sein – und sind es oft genug. Man kann aber auch nicht einfach davon ausgehen, dass Unbekannte, denen man zufällig begegnet, wirklich Fremde sind: es könnte sich um sehr nahe Verwandte handeln, die in diesem chaotischen Gewucher von Familien nur zufällig an ganz anderer Stelle an die Oberfläche *gewachsen* sind. Die Faszination durch das vermeintlich völlig Fremde könnte schon wieder inzestuös sein – so heiratet Cathy II unwissentlich ihren leiblichen Bruder; diese Ehe, ein körperliches und emotionales Martyrium für beide Partner, ist von Anfang an ein verwirrendes Wechselspiel von

Fremdheit und unheimlicher Nähe; die sexuelle Faszination wird von einem Gefühl des Verbotenen begleitet, vom vagen Eindruck, hier werde ein Sakrileg begangen, wogegen das ‚Blut' selbst sich wehrt (MC 297ff.). Immer wieder schildert Condé die fatale, sogar körperlich wahrzunehmende Entfremdung zwischen Figuren, die einander nahe und vertraut sein *sollten.* Auch diese idiosynkratische Fremdheit wird freilich in ihrer politischen, ethno-kulturellen Bedingtheit sichtbar; in der folgenden Passage etwa geht es nicht zuletzt um die Entfremdung zwischen einer *nicht-(ganz-)weißen* Mutter und ihren *weißen* Kindern, denen schon ihre Farbe eine völlig andere Geschichte vorschreibt, als es die ihrer Mutter war und gewesen sein wird:

> Cathy entra dans la chambre de ses garçons et respira dès le seuil cette odeur d'enfant bichonné, lotionné, parfumé, qui n'avait jamais été la sienne. [...] C'était sûrement à cause de ces différences que ses enfants lui étaient tellement étrangers. Quand la *mabo* les lui apportait, les cheveux lustrés à la brillantine, enveloppés de velours et de broderie anglaise, harnachés comme des chevaux de parade, elle osait à peine porter la main sur eux. La couleur de leur peau, le duvet blond sur leurs têtes et le bleu de leurs yeux la fascinaient. C'était elle, elle-même, qui avait fait ces baveurs aux joues de porcelaine? Effrayés par sa réserve, les enfants n'osaient venir vers elle. (MC 65f.)

Gegen diese unüberwindliche inner-familiäre Fremdheit steht die unerklärliche und gesellschaftlich skandalöse Nähe zwischen scheinbar Fremden: in diesem Kontext finden sich wiederholt sehr plastische Bilder des *Verwachsenseins*, der *organischen* Identität. Eine beträchtliche narrative Spannung ergibt sich aus dem Nebeneinander oberflächlich widersprüchlicher metaphorischer Konzepte von ‚Menschlichkeit' und ‚Identität'. Die erzählenden Figuren bedienen sich wiederholt – und sehr selbstverständlich – der eben analysierten *vegetalen* Identitäts- und Sozialmetaphorik; zugleich sind sie aber *entwurzelte* Wesen – frei flottierende und als solche monströse Pflanzen, die vergeblich sich zu *verwurzeln* versuchen: in all diesen vegetalen Metaphern artikuliert sich nicht nur die Einsicht in die unmöglichen *Verwachsungen* der eigenen und der fremden Geschichte(n), sondern auch die Sehnsucht nach einer *Verwurzelung*, die radikaler wäre als jedes Zuhausesein.

IV.
Migrationen ...

Wie bereits der Titel des Romans suggeriert, ist die wesentliche narrative Bewegung des Textes die *Migration.* Die *Wanderungen* der – wenn auch meist gegen ihren Willen – sämtlich sehr mobilen Figuren haben nur zum Schein ein Ziel; das Spiel von Aufbruch und Ankunft wird unaufhörlich re-inszeniert. Der Aufbruch scheitert an der paradoxen Fixierung des Einzelnen auf eine (un)heimliche Herkunft, die die Spuren ihrer noch nicht gelebten – und dabei immer schon gelebten – Geschichte vorzeichnet (vgl. den Titel „Arrive ce qui est déjà arrivé"). Ebenso fatal misslingt die Ankunft: nie wäre da ein Zuhause, eine Heimat, ein Ort, an dem man *ankommen* könnte. Die Figuren sehnen sich nach Verwurzelung, sie formulieren sich selbst und ihr Unglück in Kategorien der verlorenen, immer schon verlorenen Heimat, die allein ein gelingendes Leben begründen könnte. Sie bewegen sich freilich in einem gesellschaftlichen System, das die *errance* nicht begünstigt; sie schreiben mit an einem soziokulturellen Text, dem zufolge jeder Mensch *eine* Heimat haben muss. Da dieser konventionelle Text das eine, ‚richtige' Leben für jeden Menschen zu versprechen scheint, befinden sich alle diese Figuren permanent auf der Jagd nach diesem Phantom des richtigen Lebens, des richtigen Ortes, der richtigen Geschichte. Die Schwierigkeiten der Heimatlosen, sich in einer Welt adäquat zu artikulieren, die auf den Konventionen von ‚Ursprung', ‚Heimat' und ‚Identität' besteht, werden wiederholt im Text thematisiert:

Melchior fut tout étonné.
– Un voyage? Tu penses voyager?
– Oui! il est temps que je retourne chez moi.
Pour la première fois, Melchior se permit une question qui depuis longtemps tournait dans sa tête.
– Chez toi, c'est quel pays?
Razyé eut un de ses sourires sans soleil.
– Je dis « chez moi » pour parler comme tout le monde. Mais je n'ai pas de pays. (MC 16f.)

Dieser gesellschaftliche Text enthält ein in seiner verführerischen Einfachheit fatales Versprechen des – im Doppelsinn – richtigen Lebens. ‚Realität' wird jeweils in einer *anderen* Geschichte imaginiert; die meisten Figuren Condés leiden unter der obsessiven Vorstellung, das wirkliche Leben müsste stets anderswo sein.[35]) Figuren privilegierter Herkunft vermuten es nicht selten bei den ‚einfachen' Leuten (MC 316). Immer wieder wird der Wunsch nach einem neuen Leben artikuliert, das möglichst weit weg beginnen soll, der Wunsch sogar nach einem neuen Körper, der seinerseits eine neue Geschichte in sich trägt (MC 177). Wo der Versuch, zu Lebzeiten seinen richtigen Platz zu finden, scheitert, bleibt die Hoffnung auf ein ‚richtiges' Leben nach dem Tod (MC 86). ›Migration‹ ist ein Roman über Menschen, die sich nach *einer* Heimat, *einer* Identität, *einem* Vater, *einer* Sprache sehnen. Das fatale Scheitern all dieser Figuren und ihrer Geschichten hat viel mit ihrer Obsession des *Ankommens* zu tun; ihr ewiges Unterwegssein wird von den Figuren fast immer als Fluch empfunden, von dem sie sich befreien könnten, wenn sie nur endlich die richtige Erzählung ihrer selbst, den richtigen Ort gefunden hätten (MC 199). Auch die Flucht wird noch unternommen in der Hoffnung, bald irgendwo anders anzukommen, *zurückzukehren* – dorthin, wohin man *eigentlich* gehört hätte, da man aus einer immer schon unmöglichen Heimat flieht.

[35]) Man vergleiche etwa die ‚Realitätsdiskussion' zwischen dem jungen Mulatten Justin-Marie und dem indischen Mädchen Étiennise: „Ce n'est pas une vraie personne. Il n'est pas … il n'est pas réel. […] Qu'est-ce que tu appelles «une vraie personne»? Qu'est-ce que tu appelles «réel»? […] Est-ce cela, être réel? Est-ce qu'il voulait dire que les manières des Blancs empêchent d'être réel? Alors, je ne veux pas de la «réalité»." (MC 171ff.)

V.
Retour à … oder Die Unmögliche Rückkehr

Condés Roman inszeniert auf verschiedenen narrativen Ebenen eine ganze Serie von fatal scheiternden Versuchen der *Rückkehr*. Diese Rückkehr wird wiederholt in Kapitelüberschriften („Retour à …"), die in flagrantem Widerspruch zum Inhalt der betreffenden Abschnitte stehen, ironisch beschworen: in jedem *Retour*-Kapitel scheitert mindestens ein Rückkehrversuch – auf mehr oder minder katastrophale Weise („[…] ce retour prenait toute l'allure d'une catastrophe"; MC 333). Niemals hat es ein *pays natal* (vgl. „Retour au pays natal") gegeben. Der Text inszeniert sich dabei selbst als seine eigene unmögliche Rückkehr zum ‚Original' – seinem *pays natal*, das es gleichfalls nie *gegeben* hat. Die ewig misslingenden Versuche der Figuren, *nach Hause* zu kommen, im Herzen ihres eigenen Phantasmas anzukommen, spiegeln die Reflexionen der narrativen Instanz über Revision – eine *Rückkehr* eigener Art; über die Unmöglichkeit, (nicht) zum Originaltext zurückzukehren; über die Unmöglichkeit, diesen immer schon geschriebenen Text (nicht) in Frage zu stellen. Die Revision erscheint – bzw. wird lustvoll inszeniert – als das zugleich Notwendige und immer schon Unmögliche. Nach zahlreichen Wanderungen endet ›Migration‹ mit einem Kapitel namens „Retour à l'Engoulvent" – dieser Titel markiert den vorläufigen, schwebenden Endpunkt einer Sequenz von gescheiterten Versuchen der Rückkehr. Der Protagonist dieser letzten Rückkehr verfehlt auch diesmal sein unmögliches Zuhause; Condé lässt ihren Roman im *Dazwischen* enden, ohne eigentlichen Schluss, mit einer eigenartigen Suspension der Perspektive: niemand kehrt jemals irgendwohin (nicht) zurück.

VERZEICHNIS DER LITERATURWISSENSCHAFTLICHEN DISSERTATIONEN AN ÖSTERREICHISCHEN UNIVERSITÄTEN

Vorbemerkung der Redaktion

Die folgende Dokumentation basiert auf den in der Redaktion ›Sprachkunst‹, Österreichische Akademie der Wissenschaften, Kommission für Kulturwissenschaften und Theatergeschichte, Postgasse 7, 1010 Wien, eingelangten Anzeigen. Um auch weiter diese Dokumentation möglichst lückenlos durchführen zu können, sei hier die dringende Bitte an alle Referenten gerichtet zu veranlassen, dass jede literaturwissenschaftliche Dissertation kurz vor oder nach der Promotion des Doktoranden der ›Sprachkunst‹ bekannt gegeben werde. Die Promovierten ersuchen wir um eine Kurzfassung (bis zu fünfzehn Zeilen/ca. 150 Wörter).

1. Germanistik

ALKER Stefan: „... das Andere nicht zu kurz kommen lassen". Werk und Wirken von Gerhard Fritsch, Wien 2007.
260 Seiten.
Ref.: Wendelin Schmidt-Dengler, Roland Innerhofer.
Gerhard Fritsch (1924–1969) gilt als einer der widersprüchlichsten und zugleich repräsentativsten Schriftsteller der 1950er und 1960er Jahre in Österreich. An seinen großen Romanen Moos auf den Steinen und Fasching könne man leicht eine Literaturgeschichte der frühen Zweiten Republik schreiben, heißt es immer wieder, und seine Tätigkeiten als Zeitschriftenherausgeber, Bibliothekar, Lektor, Beiträger zu Feierstunden und zur zeitgenössischen Literatur erlauben tiefe Einblicke in den Literaturbetrieb dieser Jahre. Zugleich haben Fritschs Texte wie die weniger anderer Autoren ihr Provokationspotenzial bewahrt. Sie sind eine schonungslose Auseinandersetzung nicht nur mit den politischen und gesellschaftlichen Zuständen des Landes, sondern auch mit den Bedingungen und Möglichkeiten der Schriftstellerei und den Problemen der individuellen, nicht zuletzt sexuellen, Selbstverwirklichung, die auch die Person des Autors betrifft. Diese Arbeit unternimmt eine Relektüre von Werk, literarhistorischer Position und literaturbetrieblicher Rolle des Schriftstellers erstmals anhand von Material aus dem Nachlass von Gerhard Fritsch, den der Verfasser für die Wienbibliothek im Rathaus aufgearbeitet hat. Unbekannte Entwürfe, zahlreiche Stellungnahmen, die umfassende Korrespondenz und vor allem die Tagebücher des Autors erlauben so ein neues Bild der österreichischen Literatur und des behandelten Autors.

AMBRUS Orsolya: Der ungarische Horváth. Eine bibliographische, thematische und textgenetische Spurensuche, Wien 2007.
239 Seiten.

Ref.: Wendelin Schmidt-Dengler, Pál Deréky.
Diese Dissertation fasst die bisherigen Kenntnisse über die Beziehungen Ödön von Horváths zu Ungarn zusammen und bietet viele eigene Forschungsergebnisse. Es wird bewiesen, dass die Beziehung Horváths zu Ungarn viel intensiver und produktiver war, als bis jetzt vermutet wurde: Wichtig ist der Briefwechsel von Horváth mit ungarischen Partnern. Hier habe ich einen besonderen Fund placiert: einen Brief von Horváth, der auf ungarisch geschrieben wurde und aus dem Jahr 1938 stammt. Es geht darin um seine ungarische Staatsbürgerschaft, die er bis an sein Lebensende behielt. Eine Beschreibung der textgenetischen Analyse und der Quellenforschung in der Literatur leitet die Präsentation der Entstehungsgeschichte des ›Dósa‹-Dramenfragments und des Stückes ›Ein Dorf ohne Männer‹ ein. Die zwei oben genannten Werke Horváths fokussierend wird eine Arbeitsmethode und eine spezifische Quellenbenützung des Autors dargestellt. Das Buch von Sándor Márki (›Dózsa György és forradalma‹/›György Dózsa und seine Revolution‹) dient als Grundvorlage dieses anfänglichen Dramenversuches, es wird dabei der Text dominant und bewusst in den Horváth'schen Text verwandelt und großteils übernommen. Bei dem Stück ›Ein Dorf ohne Männer‹ ist der Roman vom Kálmán Mikszáth (›A Szelistyei Asszonyok‹/›Die Frauen von Szelistye‹) ebenso stark präsent und intertextuell an der Sinnbildung beteiligt, nimmt aber die Rolle eines Prätextes an. Das Ziel dieser Arbeit ist, die Texte und die Textstufen in ihrer Entstehung zu begreifen und die verschiedenen Stadien des Schreibens nebeneinander zu stellen.

Brandner-Kapfer Andrea: Johann Joseph Felix von Kurz: Das Komödienwerk (Historisch-Kritische Edition), Graz 2007.
XIII, 818 Seiten.
Ref.: Beatrix Müller-Kampel, Wernfried Hofmeister.
Die Historisch-Kritische Edition der Komödien des Johann Joseph Felix von Kurz (1717–1784) umfasst die Sammlung sämtlicher erhaltener Texte des berühmtesten österreichischen Theaterschriftstellers des 18. Jahrhunderts. Mit der von ihm geschaffenen Figur des Bernardon prägte er während der Regierungszeit Maria Theresias die großen Bühnen des süddeutschen Raumes und beeinflusste durch seine unkonventionelle Dramaturgie noch Ferdinand Raimund und Johann Nestroy. Die Maschinenkomödien Kurz' zeichnen sich durch offene, teilweise absurde Dramaturgie aus, das Spiel steht im Vordergrund; Tanz, Gesang, Akrobatik, Vielsprachigkeit und Verwandlungen beherrschen das Geschehen. In der von Kurz geschaffenen ‚Bernardoniade' ist die Handlung meist nicht zielgerichtet; Intermezzi unterbrechen das Spiel, das vielfach unerwartete Wendungen nimmt, Bernardon ist die vom Geschehen getriebene Hauptfigur, die sowohl Diener als auch Herr sein kann. Im Spätwerk Kurzens wird Bernardon zu einer gemäßigteren Figur: Johann Joseph Felix von Kurz bearbeitet italienische und französische Vorlagen und passt seine letzten Komödien dem regelmäßigen Schauspiel an.

Centoglu Isabel Z.: Die Gedichte Friederike Mayröckers von 1945 bis 1965 anhand von ›Tod durch Musen. Poetische Texte‹, Wien 2007.
160 Seiten.
Ref.: Wendelin Schmidt-Dengler, Richard Schrodt.
›Tod durch Musen. Poetische Texte‹ ist Friederike Mayröckers erster umfangreicher Gedichtband, der die Gedichte von 1945 bis 1965 sammelt und 1966 erschien. Ziel der vorliegenden Studie ist die literarische Entwicklung Mayröckers anhand dieser Gedichtsammlung aufzuzeigen. Der Band ist in drei Zeiträume eingeteilt. Der erste Zeitraum enthält die Gedichte aus den Jahren 1945 bis 1950, der zweite die aus den Jahren 1950 bis 1960, und der letzte die Gedichte aus den Jahren 1960 bis 1965. Der Hauptakzent des Bandes liegt im letzten Abschnitt, denn dort sind die meisten Gedichte gesammelt. Die spezifische Eigenart der

Mayröcker'schen Arbeitsweise in den einzelnen Zeiträumen wird anhand der Analyse der dazu gehörenden Gedichte erläutert. Dabei wird festgestellt, dass Mayröckers Schreibweise sich Mitte der 1950er Jahre mit der Auseinandersetzung des Surrealismus und des Dadaismus zu verändern beginnt. Der Einfluss des Dadaismus, Surrealismus und der Arbeitsweise der Wiener Gruppe führt zu den „langen Gedichten" im letzten Abschnitt der Sammlung. Die Gedichte aus dem ersten und zweiten Abschnitt wurden in verschiedenen Abständen von der Autorin mehrmals überarbeitet. Anhand der Fassungen aus dem Vorlass von Friederike Mayröcker in der Wienbibliothek werden die Arbeitsschritte einiger Gedichte bis zur letzten Fassung aufgezeigt. Außerdem wurde bei der Analyse dargestellt, dass Mayröcker ihre Arbeitsweise in ›Tod durch Musen. Poetische Texte‹ heute weiterentwickelt und weitergeführt hat.

Dolgan Christoph: „Poesie des Begehrens", Graz 2007.
340 Seiten.
Ref.: Ingrid Spörk, Gerhard Melzer.
Ziel der vorliegenden Arbeit ist die Erörterung der Körperdarstellungen in den Texten Leopold von Sacher-Masochs. Eingebettet im literatur- und ideengeschichtlichen Zeitkontext werden Topoi in der Beschreibung der männlichen und weiblichen Körper aufgezeigt und anhand unterschiedlicher theoretischer Ansätze interpretiert. Während der weibliche Körper primär als ein Körper der Darstellung aufscheint und sich als ein betrachteter definiert, erscheint der männliche Körper einerseits als betrachtender und andererseits als einer, der sich durch taktile Sensationen als ein Körper des Erlebens Gewissheit verschafft. In einem weiteren Kapitel wird die ‚masochistische' Inszenierung dieser beiden Formen der Körperlichkeit betrachtet, wobei diese als ein Übergangsritual mit unterschiedlichen möglichen Ausgängen aus der in der Übergangsphase eingesetzten Gegen-Ordnung gelesen wird. Ferner werden mit dem Tier-Werden und den Anklängen an den grotesken Körperkanon zwei somatische Alternativen untersucht, um im Anschluss daran einigen Facetten der Masoch'schen Komik und damit einem kaum beachteten Aspekt des von ihm geschaffenen Werks nachzugehen. Zuletzt wird der Masoch'sche Textkörper im Hinblick auf einige spezifische, darin entworfene Sprachräume hinterfragt.

Freinschlag Andreas: Theorie literarischer Provokation. Eine Grundlegung, Salzburg 2007.
239 Seiten.
Ref.: Karl Müller, Herwig Gottwald.
Literarische Provokation erscheint als eine spezifische Form des Handelns durch Sprache und als Spezialfall der Provokation. Dabei wird zwischen institutionalisierter Literatur und literarischen Sprechweisen unterschieden, von denen auch außerhalb der Institution Literatur Gebrauch gemacht wird. Im Rahmen des Kommunikationsmodells (Sender–Adressat–Referent) kann Provokation nur bedingt als Kommunikation gelten. Zentral sind weiter die Frage, inwiefern man in die Zukunft provozieren könne, und der Hinweis, dass für provokative Sprechakte Indirektheit charakteristisch ist. Es folgen grundsätzliche Überlegungen über den ästhetischen-literarischen Status (Kunst? Fiktion? Satire? Institutionalisierung?) Hinsichtlich der Komponente des Senders interessieren mich vor allem die Bedeutung sozialer Rollen und prägender Autorkonzepte, die Strategie der Selbstinszenierung und das Zusammenwirken mehrerer verschiedener Autoren. Den Hauptteil der Studie bilden Überlegungen zu Zielen von Provokationsversuchen: Jeder Provokationsversuch ist auf ein Bündel von Zielen ausgerichtet ist, von denen zumindest eines in der oppositionellen Teilreaktion des Adressaten besteht. Darüber hinaus ist zwischen Provokationsversuchen spielerischer, bitterernster und gemischter Art zu differenzieren. Eine besondere Form der Provokation ist jene, die den Adressaten zu einer entscheidenden Auseinandersetzung drängen möchte („Proklesis"). Eine

andere fordert den Leser heraus, gegen eigene intellektuelle Widerstände die Lektüre eines Textes fortzusetzen. Ferner wird die verbreitete Auffassung diskutiert, nur Neues und Unerwartetes könne provozieren, Bekanntes und Erwartetes hingegen nicht. Zum Abschluss rücken auch Dritte ins Blickfeld: Beobachter können auf das Verhalten von Provokateuren und Adressaten Einfluss nehmen. Im Fall von Agitationen sind Dritte das eigentliche Ziel, gegen das die Adressaten aufgebracht werden sollen.

Helberger Martina: Salon-Kultur im Spiegel der österreichischen Turgenev-Rezeption. Ivan Turgenev; Marie von Ebner-Eschenbach und Ferdinand von Saar, eine literarische Verflechtungsgeschichte zwischen Krimkrieg und Dreikaiserbündnis, Innsbruck 2007.
217 Seiten.
Ref.: Werner M. Bauer, Klaus Müller-Salget.
Im ersten Teil der Dissertation wird dargestellt, auf welche Weise die Turgenev-Rezeption von Russland in die Habsburger-Monarchie, in das unmittelbare Umfeld der österreichischen Autoren Marie von Ebner-Eschenbach und Ferdinand von Saar gelangt. Auf Grund der historischen und biographischen Voraussetzungen der Autoren sowie der verfügbaren Übersetzungen wird untersucht, unter welchen Bedingungen im Zeitalter der „Bauernbefreiung“ (1861) und des Liberalismus, zwischen Krimkrieg und „Dreikaiserbündnis“, die Rezeption eines Autors, der im Westen zuerst durch die Veröffentlichung der Skizzensammlung ›Aufzeichnungen eines Jägers‹ bekannt wird, Einzug in die österreichischen Salons nimmt. Am Beispiel der Turgenev-Rezeption in Werken Ebner-Eschenbachs und Saars wird veranschaulicht, wie sich die kulturpolitische Rolle des Mäzenatentums im Zeitalter des aufkommenden Liberalismus auf die schriftstellerische Produktion sowohl Turgenevs als auch Ebner-Eschenbachs und Saars auswirkt und welche „Transmetteure“ in diesem Zusammenhang eine Rolle spielen. Im zweiten Teil wird auf der Basis literaturtheoretischer Überlegungen zum „Segment“-Begriff, eine Methode zur Durchführung kulturgeschichtlicher Untersuchungen entwickelt. Demnach konstituieren sich Texte aus „Segmenten“, die sich im Rezeptionsprozess in verschiedener Hinsicht verändern und in der Rolle von Trägern kultureller Informationen auftreten. Dabei wird verdeutlicht, wie der kulturgeschichtliche Hintergrund von Turgenevs Herkunftswelt einerseits und der Berliner und Weimarer Goethe-Rezeption anderseits sowie die Verschmelzung des Goethe-Mythos mit „Segmenten“ aus Prätexten Turgenevs in den Erzählungen und Novellen Ebner-Eschenbachs und Saars ästhetisch umgesetzt werden.

Hoiss Barbara Maria: „Ich erfinde mir noch einmal die Welt“. Versuch über Moderne, Heimat und Sprache bei Franz Tumler, Innsbruck 2006.
560 Seiten.
Ref.: Johann Holzner, Sieglinde Klettenhammer.
Das Titelzitat ist Tumlers Text ›Bei den Tabakblättern‹ entnommen, in dem er sich mit poetologischen Fragestellungen auseinandersetzt. Ausgehend davon gliedert sich die Arbeit in zwei Teile. Der erste beschäftigt sich mit Tumlers Einordnung als Autor der Moderne und mit seiner Verarbeitung des Themas ‚Heimat‘ in seinen großen Prosatexten wie ›Das Tal von Lausa und Duron‹, ›Der Ausführende‹, ›Der Soldateneid‹, ›Der alte Herr Lorenz‹, ›Heimfahrt‹, ›Ein Schloß in Österreich‹, ›Der Schritt hinüber‹, ›Der Mantel‹, ›Nachprüfung eines Abschieds‹ und ›Aufschreibung aus Trient‹. Im 2. Teil geht es um Tumlers Ansichten zur Sprache, zum Erzählen und zur Literatur. Aufgezeigt werden diese an seinen kurzen Prosatexten, Rezensionen, Hörspielen, Briefen und bisher unveröffentlichten Materialien aus dem Nachlass. Der starke Bezug zu Adalbert Stifter kommt ebenso zur Sprache wie die Verbindung zum Nouveau Roman.

Malaj Edmond: Skanderbeg in der albanischen und deutschen Literatur seit dem 15. Jahrhundert, Graz 2007.
387 Seiten.
Ref.: Beatrix Müller-Kampel, Ingrid Spörk.
Gjergj Kastrioti, Skënderbeu (Georg Kastriota, Skanderbeg 1405–1568) ist der albanische Nationalheld. Er hat 25 Jahre lang gegen die osmanischen Besatzungsheere gekämpft. Über Skanderbeg wurden in vielen Sprachen und in verschiedenen Epochen viele historische und literarische Werke geschrieben. So wurden sein Leben und seine Taten auch zum Stoff der Literatur. In dieser Arbeit habe ich mich mit der Figur Skanderbegs in der albanischen und in der deutschen Literatur beschäftigt. Die Zielsetzung dieser Dissertation besteht in: der Darstellung der historischen Figur Skanderbegs; einer umfassenden Darstellung der literarischen und historischen Skanderbeg-Werke der albanischen Literatur-Historiographie; einer umfassenden Darstellung der literarischen und historischen Skanderbeg-Werke der deutschen Literatur und Historiographie; der Skizzierung der literarischen Epochen, in denen diese Werke geschrieben wurden, und der historischen Hintergründe, die zu ihrer Entstehung beigetragen haben. Fast für jeden Autor der hier verwendeten Werke werden kurze bio-bibliographische Daten angegeben. Für jedes Werk werden die Arten der Perspektivierung, in denen Skanderbeg sowohl von den Historikern als auch von den Dichtern dargestellt. Idealisierung seiner Figur: Skanderbeg als christlicher Held, als nationaler Held; Skanderberg als sentimentaler Mensch, als negativer Mensch. Abschließend wird eine möglichst vollständige Bibliographie jener Werke angegeben werden, die mir nicht zugänglich waren, oder überhaupt verschollen sind.

Müller Romy: Spunk! Feministische Sprechakteurinnen bei Christine Nöstlinger und Astrid Lindgren, Klagenfurt 2006.
221 Seiten.
Ref.: Arno Rußegger, Alois Brandstetter.
In einem ersten Teil werden sowohl persönliche biographische Aspekte der beiden Autorinnen als auch die Rolle feministischer Fragestellungen in der Rezeption beleuchtet. Darüber hinaus erfolgen literarische und motivische Betrachtungen der ausgewählten Primärliteratur. In einzelnen Themenkomplexen ist es Ziel der Arbeit, Gemeinsamkeiten und Besonderheiten der Texte der beiden Autorinnen herauszufiltern, um zu einer Spezifikation der Mädchenfiguren in ihren Romanen zu gelangen. Dabei spielen u. a. Aspekte wie Körperlichkeit, Religion, Heimatempfinden, Familienstrukturen, Pflicht- und Verantwortungsbewusstsein, Beziehungskonstellationen zu Mutter, Vater und FreundInnen, das eigene Erwachsenwerden sowie die Sprache eine wichtige Rolle. Diese Annäherung führt zur zentralen Frage nach einer ‚weiblichen' Sprache der Mädchenfiguren. Ausgehend von der feministischen Linguistik zielt die Arbeit darauf ab, die Sprache, das Sprechverhalten und Gesprächsmuster der weiblichen Figuren zu analysieren, mit besonderem Bezug auf die feministische Sprachwissenschaftlerin Senta Trömel-Plötz. Unter dem pädagogischen Aspekt von Kinder- und Jugendliteratur als nachhaltiger Quelle der Wertevermittlung wird untersucht, inwiefern es den beiden Autorinnen gelungen ist, die Sprache von Frauen der geforderten Veränderung zuzuführen bzw. Modelle vorzugeben, wie diese positive Wandlung vor sich gehen kann. Der letzte Teil der Dissertation widmet sich daher der Frage nach den Erkenntnissen für die feministische Linguistik. Pointiert ausgedrückt sucht die Dissertation schließlich zusammenzufassen, was Frauen in sprachlicher Hinsicht von Pippi & Co. lernen, abschauen und umsetzen können, um zu einer eigenen weiblichen Sprache zu gelangen, die den feministischen Forderungen einer machtvollen Ausdrucksweise entspricht, mit der frau sich Gehör verschaffen kann.

Nothegger-Troppmair Sonja: Die „neue Frau" der 20er Jahre am Beispiel von Vicki Baum. Literarische Fiktion oder konkreter Lebensentwurf? Innsbruck 2007.
247 Seiten.
Ref.: Johann Holzner, Sieglinde Klettenhammer.
In dieser Arbeit soll geklärt werden, ob die in der Sekundärliteratur gängige Zuordnung Vicki Baums zur Unterhaltungsliteratur gerechtfertigt ist. In einem ersten Schritt wird anhand einer Analyse ihrer Autobiographie ›Es war alles ganz anders‹, die im Vergleich mit den Erinnerungen Gabriele Tergits ›Etwas Seltenes überhaupt‹ gelesen wird, untersucht, inwieweit ihre eigene Biographie als Vorlage für ihre Romanfiguren dient. In einem zweiten Schritt wird versucht, aufgrund der Themenwahl die literarische Qualität von Vicki Baums Werken zu bestimmen. Als Grundlage dient die Auseinandersetzung um den §218, die in den 20er Jahren erbittert geführt wird. Im Vergleich ihrer stud. chem. Helene Willfüer mit den Arbeiten von Friedrich Wolf (›Cyankali §218‹), Irmgard Keun (›Gilgi – eine von uns‹) und Arnold Zweig (›Junge Frau von 1914‹) stellt sich heraus, dass die genannten literarischen Werke keine neuen Argumente in die Diskussion einbringen und stattdessen Abtreibung als Privatsache ansehen. Als „erstklassige Schriftstellerin zweiter Güte" bezeichnet sich Vicki Baum selbst – aus ästhetischer Sicht ist ihr zuzustimmen, aufgrund ihres Zugangs zu ihren vielfältigen Themen verdient sie genauere Beachtung.

Rieder Bernadette: Unter Beweis: Das Leben. Sechs Autobiographien deutschsprachiger SchriftstellerInnen aus Israel, Innsbruck 2006.
410 Seiten.
Ref.: Klaus Müller-Salget, Karl Müller.
‚Autobiographie' wird in dieser Dissertation als kommunikativer Akt der Selbstmitteilung aufgefasst, der den Autobiographen/die Autobiographin in ein bestimmtes Verhältnis zur Öffentlichkeit setzen soll. Mit der Darstellung des eigenen Lebens soll eine bestimmte Sicht vom Selbst bewiesen werden. In der Untersuchung wird angenommen, dass die Lebenserinnerung entlang einer Reihe konventionalisierter Fragestellungen (stoff- und genrebedingte Topoi) erfolgt. Die Autobiographien von Max Brod, Lola Landau, Max Zweig, Anna Maria Jokl, Alice Schwarz-Gardos und Willy Verkauf-Verlon werden daraufhin auf diese Topoi untersucht. Dem geht eine kritische Reflexion des Topos-Begriffs voraus. In der Verknüpfung mit einer Textgattung findet die Toposforschung schließlich eine auf ihre rhetorischen Wurzeln zurückgehende Anwendung. Die davon abgeleitete Analysemethode gewährleistet eine breite, nicht auf das „Auffällige" fokussierte Textanalyse, d. h. eine, die sich (vorerst) von den gewohnten Zugängen der Exilliteraturforschung und der Autobiographieforschung im Kontext von nationalsozialistischer Verfolgung und Vertreibung frei weiß. Dennoch wird die Arbeit mit einer Darstellung der historischen Bedingungen für deutschsprachige Einwanderer und deutschsprachige Literatur in Palästina/Israel und einem Überblick über die Forschung zur deutschsprachigen Literatur in Palästina/Israel auch im exilliterarischen Diskurs verortet. Am Ende der Untersuchung stehen Hypothesen über die Intentionen der AutobiographInnen. Es zeigt sich, dass die vermittelten Selbstbildnisse sehr voneinander unterschieden sind, obwohl die stoffgebenden Lebensverläufe sich an entscheidenden Punkten, wie dem Heimatverlust und dem Neuanfang in Palästina/Israel, kreuzen. So müssen auf der Basis der Textanalyse anhand der konventionalisierten Topoi der Textgattung ‚Autobiographie' die vertrauten Paradigmen des exilliterarischen Diskurses wie Überlebensschuld und Identitätsbruch mit je individuellen Kernthemen ergänzt werden.

Rieger Markus, Zum Symbolgehalt der Uniform in der österreichischen Literatur der Zwischenkriegszeit, Wien 2007.
321 Seiten.

Ref.: Wendelin Schmidt-Dengler, Herbert Hrachovec.
Die Dissertation untersucht auf der Basis eines semiotischen Konzepts die Verwendungsweisen des Zeichens „Uniform" in der österreichischen Literatur von 1918–1938. Die radikale Veränderung der politischen Verhältnisse im Jahr 1918 prägt diese Werke, das Zeichen „Uniform" erfährt hier seine produktivste Verarbeitung. Die Untersuchung dieser historischen Zäsur und der politisch-sozialen Verhältnisse der zwanziger Jahre im Uniformdiskurs ist die zentrale Aufgabenstellung der Arbeit. Im ersten Abschnitt wird eine Semiotik der Uniform entwickelt. Texte von Karl Kraus und Rudolf Jeremias Kreutz, die sich mit dem Ersten Weltkrieg beschäftigen, bilden die Basis des zweiten Kapitels. Die Uniform transportiert im Kontext dieser Werke vor allem eine kriegskritische bzw. pazifistische Sicht. Die Zeitschrift ›Die Muskete‹ erschien von 1905 bis 1941. Die Theoretische Einmarbeitung des New Historicism eröffnet das dritte, zentrale Kapitel. Texte Robert Hohlbaums und Karl Paumgarttens verarbeiten das Uniformmotiv, um das antisemitische, deutsch-nationale bzw. nationalsozialistische Gedankengut der Autoren vor dem Hintergrund der zwanziger Jahre zu transportieren. Es schließen sich ausführliche Analysen der frühen Romane Joseph Roths an, die um das Ablegen der Uniform nach dem Krieg und die Bedeutung dieses Verlusts für den Heimkehrer, den typischen Vertreter der ‚Lost Generation', kreisen. Exkurse stellen Verbindungen zu anderen Texten der zwanziger Jahre von Leo Perutz, Felix Dörmann und Robert Musil her. In Franz Werfels ›Mörder‹-Novelle bekommt das Zeichen „Uniform" vor allem eine tiefenpsychologische Dimension, während ›Barbara oder die Frömmigkeit‹ in seiner Funktion als Zeitdokument der Umsturzwochen des Herbsts 1918 gelesen wird. Kapitel vier untersucht dann die Beziehung von Uniformmotiv und habsburgischem Mythos. Die Autoren Joseph Roth, Alexander Lernet-Holenia und Rudolf von Eichthal bilden dabei eine Art Antiklimax in Hinblick auf die literarische Qualität der Verarbeitung des Uniformmotivs. Der ›Schlafwandler‹-Trilogie von Hermann Broch ist ein eigenes Kapitel gewidmet.

Schwagerle Elisabeth: Peter Handke et la France. Réception et traduction, Wien 2007.
630 Seiten.
Ref.: Wendelin Schmidt-Dengler, Birgitt Wagner, Jürgen Doll, Gerald Stieg.
In Frankreich zählt Peter Handke zu den bekanntesten deutschsprachigen Autoren. Sein Werk ist beinahe zur Gänze ins Französische übersetzt. Handke genießt in Frankreich auch ein großes Renommee als Filmemacher und Drehbuchautor einiger Filme von Wim Wenders. Diese große – übrigens auch stets umstrittene – Präsenz Handkes lässt sich nur durch mehrere Faktoren erklären. Ausgehend von Pierre Bourdieus Feldtheorie analysiert diese Disseration die französische Rezeption Handkes (Zeitraum 1967–2006). Mithilfe von Presse-, Radio- und Fernsehematerial werden die unterschiedlichen Positionen des Autors im französischen literarischen Feld im bestimmt. Die Arbeit analysiert einerseits den Einfluss Frankreichs und der französischen Literatur auf Peter Handke und sein Werk, andererseits die bedeutende Rolle, die Peter Handke als Kulturmediator gespielt hat: Er hat zahlreiche französische Autoren ins Deutsche übersetzt (Bove, Char, Ponge, Modiano, Duras, Goldschmidt, Bayen, Genet). Die Arbeit zeigt auch die Auswirkungen, die diese Übersetzungen auf das Werk Handkes hatten, sowie die poetischen Verflechtungen zwischen seinen eigenen Werken und den von ihm übersetzten Texten.

Sicks Kai Marcel: Stadionromanzen. Der Sportroman der Weimarer Republik, Wien 2006.
276 Seiten.
Ref.: Wynfrid Kriegleder, Erich Kleinschmidt.
In den zwanziger Jahren wird der Sport zu einem kulturellen Massenphänomen. Die Dichter und Philosophen, Soziologen und Anthropologen eröffnen eine essayistische Debatte, die

im Sport alles erkennen will. Ein erst in Ansätzen semantisiertes Kulturphänomen, steht der Sport jedweden Projektionen offen. Im Rahmen der Sporteuphorie entsteht aber auch ein neues, bislang wenig beachtetes literarisches Genre: der Sportroman. Unter Titeln wie ›Tim der Torwart‹, ›Um den großen Preis‹ oder ›Endspurt‹ werden die typischen, mit Sport verbundenen Themen und Motive bearbeitet. Allerdings kleiden die Romane nicht bloß herkömmliche Narrative „trivialer" Literatur in ein neues (modernes) Gewand; die Banalität der literarischen Sporterzählungen täuscht: Im Zeichen des Sports schaltet sich das Genre in kulturelle Problemstellungen der Zwischenkriegszeit ein. Dies stellt die vorliegende Dissertation dar: Sie untersucht die mannigfaltigen Beziehungen, die zwischen den Romanen und anderen Schreib- und Erzählweisen ihrer Epoche bestehen. Vier Text-Kontext-Interaktionen vollziehe ich nach: das Verhältnis der Sportromane zur psychologischen Literatur über den Willen, zur fiktionalen Literatur über die Neue Frau, zur Ratgeberliteratur der Lebensreformbewegung und zu literarischen und filmischen Repräsentationen faschistischer Idealkörper. Die These lautet, dass die Betrachtung dieser Interaktionen nicht nur ein neues Verständnis der Romane ermöglicht, sondern dass sie ebenso signifikante kulturelle Sinnzusammenhänge sichtbar macht sowie Relationen zwischen Textsorten und Diskursen. Text- und Kulturanalyse gehen eng miteinander einher; und dies entspricht nicht zuletzt den Forderungen einer kulturwissenschaftlich orientierten Literaturforschung, wie sie sich als zentrales Paradigma der Germanistik spätestens seit dem Jahr 2000 durchgesetzt hat.

Tokunaga Kyoko, Poetologie des Zufalls. Gestörter Körper, verrückter Ort und gestockte Zeit im Werk von Ingeborg Bachmann, Graz 2007.
261 Seiten.
Ref.: Kurt Bartsch, Gerhard Melzer.
In der vorliegenden Arbeit wird die thematische Verschränkung von „Körper", „Ort" und „Zeit" im Werk von Ingeborg Bachmann herausgearbeitet. Diese drei Komponenten werden als Medium betrachtet, in dem die äußere und innere Geschichte beschrieben und gespeichert werden. Wenn das Werk Bachmanns unter diesem Gesichtspunkt gelesen wird, zeigen sich die Motive des gestörten Körpers, des ver-rückten Orts und der gestockten Zeit. Diese Arbeit befasst sich mit der Suche nach dem Grund für die Störung der Wahrnehmungssinne, die räumliche Entstellung und die Suspension der Zeit, um ihre Literatur als „Poetologie des Zufalls" herauskristallisieren zu lassen. Bachmann bezeichnet das Konsequente, das Grundprinzip der aufklärerischen Vernunft, als „etwas Furchtbares". Indem das Prinzip des Zufalls in die Dimension der kalkulierbaren Kausalität der Ratio eingeführt wird, leistet ihre „Poetologie des Zufalls" mit ihrer unberechenbaren Zufälligkeit den Widerstand gegen die fortlaufende Entwicklungsgeschichte der aufklärerischen Vernunft, deren negativer Höhepunkt mit dem Rückfall in Barbarei im 20. Jahrhundert markiert worden ist. Ihre „Poetologie des Zufalls" rüttelt in der Form einer Flaschenpost an der Tradition der postalischen Institution der den Ursprung suchenden abendländischen Metaphysik und zeigt den klaffenden Abgrund der Geschichte nach der jüngsten Katastrophe. In dieser Hinsicht soll die Poetologie Bachmanns um den Aspekt des Zufalls bereichert und erneuert in der Poesie nach Auschwitz platziert werden.

2. Anglistik und Amerikanistik

Banauch Eugen: „Home" as thought between quotation marks. The fluid exile of Jewish Third Reich refugee writers in Canada 1940–2006, Wien 2007.
248 Seiten.
Ref.: Waldemar Zacharasiewicz, Wynfrid Kriegleder.

Die vorliegende Arbeit legt zum ersten Mal eine eingehende Untersuchung der Exilliteratur jüdischer Flüchtlinge aus dem Dritten Reich nach Kanada vor und schließt damit eine Lücke innerhalb des Feldes der Exilforschung. Die Anwendung und Kombination unterschiedlicher Methodologien weist darüber hinaus in neue Richtungen für mögliche weitere Forschungsarbeiten in diesem Bereich. Es wird die kulturelle und literarische Arbeit der jüdischen, österreichischen, deutschen, kanadischen Autoren Henry Kreisel, Eric Koch, Carl Weiselberger und Charles Wassermann untersucht, die als Internierte und so genannte ‚Enemy Aliens' im Jahr 1940 via Großbritannien nach Kanada gelangt und dort nach 1945 auch geblieben sind. Die Arbeit bezieht weiters auch andere SchriftstellerInnen und ehemalige Internierte in Kanada, wie Helene Askenasy, Marta Karlweis-Wassermann, Walter Jelen, Peter Heller, Anthony Fritsch, Hans Eichner, Ernest Borneman, Walter Igersheimer and Harry Seidler mit ein. Die Arbeit stellt das Konzept des ‚Fluiden Exils' vor. Dieser Begriff wird als inklusive Herangehensweise betrachtet, wobei diesem aber semantisch das Exil als Auslöser für den Beginn des Kulturkontakts in Kanada eingeschrieben ist. Das Konzept bietet die Möglichkeit, ausgesprochen divergente Konstruktionen transkultureller Identitäten zu integrieren, die unterschiedliche Entwürfe jüdischer, deutscher, österreichischer und kanadischer Welten in ihren Texten hybrid verhandeln und so zu kulturellen Kontaktzonen werden.

Bushgjokaj Arben: The Book and the Poet. Biblical Themes and Imagery in Emily Dickinson's Poetry, Graz 2007.
294 Seiten.
Ref.: Walter Hölbling, Roberta Maierhofer.
Ziel dieser Arbeit ist es, die zahlreichen biblischen Motive und Anspielungen in den Gedichten Dickinsons zu identifizieren und diese mit dem in der Bibel passenden Kontext zu verbinden. Zunächst erfolgt eine Analyse der Natursymbolik, die mit den biblischen Konzepten zusammenhängt, insofern die Naturanschauung als eine Quelle göttlicher Offenbarung erscheint. Andere Motive wie Tiere, Vögel, Pflanzen oder Blumen dienen nicht nur dazu, menschliche Stimmungen widerzuspiegeln, sondern auch die religiösen Beziehungen der Charaktere zu zeigen. Die Figur des Jesus Christus steht im Zentrum des dichterischen Charakterzeichnungen Dickinsons. Er ist das Leib gewordene Wort. Sein irdisches Leben, seine Mission und sein Opfer sind in vielen Gedichten Dickinsons durch Lehnwörter, Verschnitte oder Ausarbeitungen biblischer Strophen, Parabeln oder durch unmittelbare Verweise auf die Figur Christus codiert. Dabei werden die Evangelien für den Leser aktualisiert. Die anderen Teile fokussieren sich auf solche Themen, die mit der Person und Aufgabe Jesus Christus zu tun haben: Tod, Auferstehung, der Himmel und die Sakramente. Dickinson erkennt die Wichtigkeit der geistlichen Erfahrung und die Verbindung mit dem Göttlichen. Die Dimension der göttlichen Liebe wird in einem großen Teil der Gedichte gestaltet. Dickinson wuchs in einer äußerst religiösen Atmosphäre auf, die sie in ihrem eigenen Leben und in ihrer eigener Arbeit lebendig erhielt. Biblische Einflüsse haben die Anschauung Dickinsons über den Tod in beachtlichem Maße geformt. Der letzte Teil befasst sich mit der Transformation biblischer Charaktere in den Gedichten Dickinsons, um verschiedene Aspekte des Menschenlebens aus der Sicht der Dichterin darzustellen.

Chen Hong: Going Zhongyong-Confucianism and reader-response criticism as basic directions for English literature teaching/learning in China, Klagenfurt 2007.
240 Seiten.
Ref.: Werner Delanoy, Franz Kuna.
Das – vom Konfuzianismus abgeleitete – Prinzip des Zhongyong wird als Grundlage herangezogen, um die Praxis des Lehrens/Lernens der englischen Literatur in China anzuleiten, mit

besonderer Berücksichtigung einiger Probleme, die aus der Verletzung des Zhongyong-Prinzips resultieren. Zhongyong kommt ebenfalls als Maßstab zum Tragen, um die Leser-Theorien der westlichen Literaturwissenschaft zu bewerten. Fünf Modelle werden diskutiert, namentlich Rosenblatts transaktionale Theorie, Isers Theorie ästhetischer Wirkung, Bentons „sencondary world"-Theorie sowie Delanoys dialogische Theorie. Zhongyong Merkmale können in all diesen Modellen wiedergefunden werden. In der Folge werden Zhongyong und Leser-Theorien zusammengeführt, um Grundlagen für pädagogische Strategien zu gewinnen und um ein Zhongyong-Modell vorzuschlagen, das sowohl studenten- wie lehrerorientierte als auch prozess- und ergebnisorientierte Ansätze entwickelt.

Gehrke Ingrid: Der intellektuelle Polygamist: Carl Djerassis Grenzgänge in Autobiographie, Roman und Drama, Graz 2007.
270 Seiten.
Ref.: Walter Grünzweig, Arno Heller.
Der weltberühmte Chemiker Carl Djerassi – vor allem bekannt als „Vater der Pille" – beginnt mit knapp 65 Jahren eine zweite Karriere als Schriftsteller, in der er seit den späten 80er Jahren eine Sammlung von Kurzgeschichten, vier autobiographische Texte, fünf Romane *(science-in-fiction)* und sechs Theaterstücke *(science-in-theatre)* verfasst hat. Das zentrale Thema in allen Texten bildet die Darstellung der Naturwissenschaft als „Kultur" und die kritische Reflexion des Normensystems, an das sich Naturwissenschaftler zu halten haben, wenn sie innerhalb der *academic community* reüssieren wollen. Neben der Publikationspraxis, dem Streben nach Priorität und Anerkennung, stellt Djerassi kollegiale Formen der Zusammenarbeit ebenso in Frage wie den rein rationalen Anspruch von Naturwissenschaft, ausschließlich nach objektiven Kriterien vorzugehen. Wissenschaft wird als Machtspiel von egozentrischen Forschern portraitiert, das mehr durch persönliche Eitelkeiten als durch wissenschaftliche Neugier motiviert scheint. Neben der pädagogischen Intention verfolgt der Autor mit seinem Schreibprojekt auch persönliche Interessen: die Texte dokumentieren einen Reflexionsprozess über die eigene Entwicklung vom Wissenschaftler zum Schriftsteller. Durch die unterschiedlichen Zugänge in Autobiographie und Roman gelingt Djerassi die komplexe Identitätskonstruktion eines intellektuellen interkulturellen Polygamisten, der durch die positive Bewertung der Exilerfahrung auch seine verdrängten europäischen Wurzeln in sein Selbstbild erfolgreich integrieren kann. Die Dissertation stellt die erste Monographie zum literarischen Werk Carl Djerassis dar und versucht durch die Analyse der zentralen Texte einen Überblick über die thematische Vielfalt seines Schaffens zu geben.

Mihaly Petra: The transformation of English catholic fiction after the Second Vatican Council, Wien 2007.
VIII, 320 Seiten.
Ref.: Ewald Mengel, Rudolf Weiss.
Die Geschichte der englischen katholischen Literatur ist durch eine außergewöhnliche Blüte im 19. und vor allem in der ersten Hälfte des 20. Jahrhunderts gekennzeichnet. Englische katholische Autoren gewannen einen zuvor kaum vorstellbaren Einfluss. Vor allem aber waren viele dieser Schriftsteller – wie Graham Greene, Evelyn Waugh, G. K. Chesterton oder Muriel Spark – Konvertiten, deren Weltsicht die englische katholische Literatur für lange Zeit bestimmte. Tatsächlich hatten Konvertiten dem englischen Katholizismus bereits seit der „Oxford Movement" in der anglikanischen Kirche Mitte des 19. Jahrhunderts sein öffentliches „Gesicht" gegeben – vor allem durch die Konversion von John Henry Newman, der nicht nur im Bereich der Theologie großen Einfluss ausübte, sondern auch einer der ersten bedeutenden modernen katholischen Schriftsteller in England wurde. Die öffentliche

Akzeptanz katholischer Autoren ist besonders bemerkenswert angesichts der Tatsache, dass Katholiken seit der Englischen Reformation bis fast in die erste Hälfte des 19. Jahrhunderts hinein schwerer Verfolgung ausgesetzt waren. In den frühen 1960er Jahren änderte sich jedoch die katholische Literatur in England in vielerlei Hinsicht schlagartig. Anstelle der zuvor dominanten Konvertiten übernahm nun eine Reihe von katholisch aufgewachsenen Autoren wie David Lodge, John Braine oder später Piers Paul Read die Führungsrolle. Durch sie wurde das katholische „Ghetto" zum bestimmenden Thema. An die Stelle der „ewigen" kirchlichen Lehre traten nun der religiöse Zweifel und die Infragestellung der Glaubenssätze. All diese Entwicklungen lassen sich historisch mit Veränderungen in der katholischen Kirche in Verbindung bringen (Zweites Vatikanisches Konzil (1962–1965), aber auch mit weiter reichenden sozialen Entwicklungen in Großbritannien und der westlichen Welt in den 1960er Jahren.

Mlakar Heike Elisabeth: Merely being there is not enough: Women's Roles in Autobiographical Texts by Female Beat Writers, Graz 2007.
225 Seiten.
Ref.: Walter Hölbling, Hugo Keiper.
Trotz zahlreicher feministischer Errungenschaften hinsichtlich der Sichtbarmachung von Autorinnen im zeitgenössischen U.S. Literaturkanon sind Diane di Prima, Joyce Johnson, Hettie Jones oder Brenda Frazer noch immer Namen, die nur einem kleinen Zirkel interessierter Literaturkritiker bekannt sind. Bis in die Mitte der 1990er Jahre hat sich die Literaturwissenschaft kaum mit Werken von Schriftstellerinnen der *Beat Generation* beschäftigt, da deren schriftstellerisches Schaffen – im Gegensatz zu den männlichen Beats – stets im Hintergrund stand. Die vorliegende Dissertation analysiert vier autobiographische Werke von Frauen der *Beat Generation*, kategorisiert diese hinsichtlich verschiedener autobiographischer Unterkategorien und vergleicht die Texte mithilfe von Werkzeugen der feministischen Literaturwissenschaft. Bei den Texten handelt es sich um die Memoiren ›Memoirs of a Beatnik‹ (1969) von Diane di Prima, ›Minor Characters: A Young Woman's Coming of Age in the Beat Generation‹ (1983) von Joyce Johnson, ›How I Became Hettie Jones‹ (1990) von Hettie Jones und ›For Love of Ray‹ (1971) von Brenda Frazer. Die autobiographischen Texte der *female Beats* beschäftigen sich mit den Ereignissen der Zeit und stellen die Beziehungen zu Freunden, aber auch zu den männlichen Ikonen – Jack Kerouac, Allen Ginsberg, LeRoi Jones/Amiri Baraka und Ray Bremser – in den Vordergrund. Aus heutiger Sicht besonders bedeutsam ist die weiblichen Sichtweise der Autorinnen, die ein gänzlich differenziertes Bild über die männlich dominierte und sexistische *Beat Generation* liefert.

Sabadello Christine: The representation of Austria in contemporary American fiction, Wien 2007.
240 Seiten.
Ref.: Franz-Karl Wöhrer, Astrid Fellner.
Die imagologische Studie erforscht, wie Österreich und die Österreicher mit ihrer Kultur, Traditionen, Charakteren, Politik, Architektur, sozialen und kulturellen Eigenschaften in amerikanischer Literatur dargestellt werden. In erster Linie wurden repräsentative belletristische Werke ausgewählt, zusätzlich ein Reiseführer und ein Drehbuch. Ziel ist es, diese Images aufzulisten und sie auf ihre Authentizität hin zu überprüfen. Dabei werden die amerikanischen Stereotypen in Kontrast zu jenen Merkmalen gestellt, die von Österreichern (Erwin Ringel, Gerhard Roth, Hilde Spiel) diskutiert werden (Hetero-Images vs. Auto-Images). Ob in der amerikanischen Rezeption auch neue Österreich-Klischees vermittelt werden, die die

bestehenden positiv oder negativ variieren, wird ebenfalls erfragt. Besondere Aufmerksamkeit gilt sozialen und historischen Relationen: etwa der medizinische Versorgung in Wien (insbesondere um 1900), der Prostitution, der Kaffeehauskultur, der Wiener Architektur, mit Fokus auf Historismus und Jugendstil. Weiters werden die Authentizität von Aussagen der fiktiven Charaktere und Erzähler über die Österreicher und Österreich analysiert und die Verwendung der Erzähltechnik ausgewertet. Die Arbeit endet mit Beiträgen zweier Autoren der behandelten Werke, die sich zu ihren Beweggründen, Österreich als Schauplatz und fiktive österreichische Charaktere zu verwenden, geäußert haben. Eine Kurzfassung aller vierzehn analysierten Werke wird angeführt, um die Übersicht über die ausgewerteten Primärwerke und das Untersuchungsspektrum der Dissertation zu erleichtern.

3. Romanistik

Bandella Monica: „Tu al difficil sentier di gloria il varco / mi apristi, e tu la man tremante in pria / ferma rendesti ad incurvar grand'arco". Il carteggio tra Saverio Bettinelli e Teresa Bandettini Landucci (1793–1808), Salzburg 2006.
510 Seiten.
Ref.: Peter Kuon, Luisa Ricaldone.
Die Dissertation ist eine kritische Edition der Korrespondenz zwischen Teresa Bandettini Landucci und Saverio Bettinelli die aus 208, zwischen 1793 und 1808 verfassten Briefen besteht. Bettinelli (Mantua, 1718–1808), ein Jesuit und bedeutender Intellektueller im italienischen und europäischen Kulturbetrieb des ausgehenden 18. Jahrhunderts, war Autor verschiedener literaturkritischer und ästhetischer Essays, welche die Reflexion über das spannungsvolle Verhältnis zwischen Klassizismus und vorromantischen Tendenzen vorantrieb. Sein Werk ist wesentlicher Bezugspunkt für alle Forschungen zur italienischen Spätaufklärung. Weit weniger bekannt ist Teresa Bandettini Landucci (Lucca, 1763–1837), eine Stegreifdichterin, die später auch als Autorin reüssierte. Sie machte aus ihrer literarischen Tätigkeit einen Beruf und schlug sich um die Jahrhundertwende als *femme de lettres* in einem zwischen egalitären Denken und literarischer Misogynie, zwischen aufgeklärten Monarchisten, revolutionären Ideen und Bonapartismus tief gespaltenen Italien durch. Der Briefwechsel ist in erster Linie ein wertvolles Beispiel für eine im aufklärischen und vorromantischen Europa weit verbreitete kommunikative Praxis. Sie zeugt von der internen Dynamik eines engen Beziehungsnetzes, das im Literaturbetrieb des 18. Jahrhundert von der schriftlichen Korrespondenz als einer Art intellektueller Konversation lebt. Der häufige Registerwechsel und die rein literarische und selbstreferentielle Dimension des Briefwechsels erlauben es, ihn als eine Sonderform rhetorischer Übung und literarischen Ausdrucks zu bestimmen, die hybriden Gattungen, wie etwa der Autobiographie und dem Tagebuch, nahe steht.

Rodrigues-Moura Enrique: Relaciones literarias entre la Península Ibérica y Brasil: estudio y edición crítica de la obra poética de Manoel Botelho de Oliveira (1636–1711). [Literarische Beziehungen zwischen der Iberischen Halbinsel und Brasilien: Interpretation und kritische Edition des literarischen Werks von Manoel Botelho de Oliveira (1636–1711).] Madrid/Innsbruck 2006. [Im Rahmen des Doctor-Europeus-Programms der Complutense-Universität Madrid.]
3 Bde. 1477 S.
Ref.: Eugenia Popeanga (Madrid)/Vania Chaves (Lissabon); Christopher Laferl (Salzburg)/ Rita Marquilhas (Lissabon)

Mit dieser Dissertation wird eine kritische Edition sowie eine Interpretation des literarischen Werks des mehrsprachigen Autors Botelho de Oliveira vorgelegt: ›Hay amigo para amigo‹ (1663), ›Lira sacra‹ (1703), ›Música do Parnasso‹ (1705) und verstreute Gedichte. Die Arbeit leistet im Wesentlichen zu folgenden drei Forschungsbereichen einen Beitrag: 1) Verortung des Autors im literarischen Feld seiner Epoche; 2) kritische Edition seines mehrsprachigen literarischen Werks (Portugiesisch, Spanisch, Italienisch und Latein); 3) Erstellung seiner Biographie. Vertreten wird die These, dass der Ausgangspunkt der Interpretation von Botelho de Oliveiras Werk die Analyse seiner Poetik sein muss. Diese speist sich aus dem abendländischen literarischen Kanon des 17. Jahrhunderts und partizipiert somit an der Imitatiokonzeption, die sich an großen Modellautoren orientiert ohne diese mittels der Kategorie der Nationalliteratur zu erfassen. Diskutiert wird zum einen die vorliegende Forschungsliteratur und zum anderen wird aus „systemischer" Perspektive eine Verortung des Autors im kulturellen Feld seiner Zeit vorgenommen, das als äußerster Okzident der *translatio studii* verstanden wird. Überdies wird sein erster gedruckter Text, ›Hay amigo para amigo‹, der bis heute von der Kritik nicht zur Kenntnis genommen wurde, vorgestellt (Coimbra, 1663, anonym). In der kritischen Edition werden Probleme diskutiert, die sich bei der Herausgabe eines Werks ergeben, das von einem nicht-muttersprachlichen Autor in der Zeit vor den orthographischen Normierungstendenzen verfasst wurde. Dabei wird eine vorsichtige Modernisierung der Schreibung des Portugiesischen als Muttersprache des Autors und eine vorsichtige Bewahrung der Orthographie der Fremdsprachen vorgeschlagen.

4. Slawistik

Kelih Emmerich: Geschichte der Anwendung quantitativer Verfahren in der russischen Sprach- und Literaturwissenschaft, Graz 2007.
345 Seiten.
Ref.: Peter Grzybek, Wolfgang Eismann.
Die Dissertation setzt sich mit der Geschichte quantitativer Verfahren in der russischen Sprach- und Literaturwissenschaft auseinander. Zentrales Resultat der Arbeit ist, dass statistische Verfahren ein integraler Bestandteil russischer sprach- und literaturwissenschaftlicher Abhandlungen sind. Darüber hinaus zeigt sich, dass die bisherige Anwendung derartiger Verfahren sich auf fünf unterschiedliche „Forschungsprogramme" gliedern lässt: (1) Anfänge und so genannte Vorläufer (A. S. Budilovi, D. N. Dikaraev, N. G. Ernyševskij u. a.). (2) Statistische Arbeiten aus dem Bereich der Kazaner und Moskauer Schule. (3) Quantitative Versanalysen im Kontext des russischen Symbolismus (Andrej Belyj) und Russischen Formalismus (B. V. Tomaševskij, B. I. Jarcho). (4) Herausbildung der „Sprachstatistik", die in den 50er und 60er Jahren eine erste theoretische Begründung der Anwendung statistischer Verfahren in der Sprach- und Textanalyse liefert. (5) So genannte Quantitative Linguistik mit Fokus auf der Untersuchung des „Textes" und der Analyse von quantitativen Wechselbeziehungen und quantitativen Gesetzmäßigkeiten (Zipf'sche Gesetz, Menzerath'sche Gesetz).

Swierkosz-Iwanowska Halina, Cyprian Norwid. Zycie i tworczosc. Wybrane zagadnienia. (Cyprian Norwid. Life and work.), Wien 2006.
357 Seiten.
Ref.: Bonifatius Miazek, Alois Woldan.
Diese Arbeit befasst sich mit dem Leben und Werk des polnischen Dichters der Romantikzeit, Cyprian Norwid. In fünf Kapiteln stelle ich Norwid als Dichter, als Autor außergewöhnlicher

Prosa, aber auch als Maler, Graphiker und Kupferstecher dar. In Kapitel I erinnere ich an die Biographie von Norwid, seinem wichtigsten Werk, wird doch die Biographie als eine textschaffende Kategorie verstanden. In diesem Kapitel stelle ich kurz den „europäischen Norwid" und den aktuellen Norwid vor. Kapitel II ist „Norwid, dem Zauberkünstler" gewidmet. Gegenstand besonderen Interesses in diesem Kapitel sind die Selbstprotraits von Norwid, ihre Interpretation erweitert auf beachtliche Art und Weise das Verständnis von Norwid als Künstler und als Mensch. In Kapitel III versuche ich auf die Frage zu antworten, worauf die Ungewöhnlichkeit und die Originalität von Norwids Prosa beruht und nachzuweisen, dass Norwid es verdient, als einer der hervorragendsten polnischen Novellisten bezeichnet zu werden. Kapitel IV ist den Schwarzen und Weißen Blumen gewidmet, die als eine literarische Form der Daguerreotypie verstanden werden können. Sie sind eigentümliche Versuche, die Formen anstreben, die man mit heutigen Begriffen als „Tatsachenliteratur" und „Essay" bezeichnen kann. Das letzte Kapitel ist der Epistolographie Norwids gewidmet. Über 1000 Briefe des Dichters sind erhalten. Die Briefe Norwids haben einen enormen Erkenntnis- und Literaturwert, machte er doch aus der Epistolographie eine mit dem übrigen literarischen Schaffen gleichrangige Gattung. In meiner Arbeit möchte ich die Einheit der Kunst Norwids aufzeigen, die verloren geht, wenn man sich mit seinen literarischen Werken und seiner Kunst getrennt befasst.

Tutavac Vesela: Komparatistische Erforschung der humanistischen Prosa Spaniens und Dalmatiens des 16. Jahrhunderts, Wien 2007.
245 Seiten.
Ref.: Radoslav Katičić, Alfred Noe.
Die Epoche des Humanismus als Kulturphänomen in der europäischen Geistesgeschichte wird definiert durch die enge Verbundenheit ihrer prominentesten Persönlichkeiten mit der Tradition der Antike und durch ebenso stark ausgeprägtes Streben der Autoren, die Inspiration für ihr Schaffen und die Antworten auf die Fragen der Zeit, die sie bewegten, aus der Antike zu schöpfen. Dabei ist es wichtig hervorzuheben, dass die humanistischen Bestrebungen, im 14. Jahrhundert von Dante und Petrarca eingeleitet und bis in das 16. Jahrhunderts andauernd, als Humanismus im engeren Sinne betrachtet werden müssen. Denn die europäische Kulturgeschichte erlebte schon im 12. und im 13. Jahrhundert eine Blüte des mittelalterlichen Humanismus, wir erwähnen hier den kastilischen Hof Alfonso des Weisen in Spanien und die Schule von Toledo. Gleichfalls soll nicht vergessen werden, dass Humanismus zum Ende des 18. Jahrhunderts in Europa auch eine Rolle gespielt hat, jedoch was das Leben, die Kultur und die gesellschaftliche Entwicklung im Allgemeinen betrifft, keine so Wichtige und Entscheidende wie im Vergleich zu jener in der Zeit der Renaissance. Unsere Arbeit setzt sich als Ziel, die Literaturkontakte zwischen zwei Literaturen in einem Zeitrahmen zu erforschen, welches das Ende des 15. Jahrhunderts und das 16. Jahrhundert einschließt und zwar in der Intertextualität der Prosawerke einiger prominenter humanistischer Autoren: Juan Luis Vives, Fernan Perez de Oliva, Alfonso de Valdés und Lorenzo Palmireno aus Spanien und Marko Maruli, Nikola Modruški, Juraj Šišgori und Vinko Pribojevi; aus Dalmatien.

5. Klassische Philologie

Glaser Gabriele: Cloelia, obses Porsennae. Geschichte ihrer Rezeption, Salzburg 2006.
II, 320 Seiten, 11 Abb.
Ref.: Gerhard Petersmann, Herbert Grassl.

Cloelia, die als römische Geisel dem Etruskerkönig Porsenna überstellt wurde und in spektakulärer Weise über den Tiber floh, steht als langlebiges Beispiel und ideale Verklärung römischer Heldenhaftigkeit im Zentrum der Untersuchung. Die Grauzone zwischen Historizität und Phantasie, das sich in einer Frau paradigmatisch manifestierende altrömische Heldenideal und die in der Protagonistin aufgezeigte hohe ethische Norm wahren Römertums begründen und fördern eine von der Antike über das Mittelalter und die Renaissance bis in die jüngste Zeit reichende Wirkungsgeschichte. Die Figur der Cloelia hat in der Geschichtsschreibung, im Epos, bei Rhetoren, Satirikern, Philosophen und in der Exemplumliteratur ihren festen Platz. Alle Belegstellen der lateinischen Literatur bis ins 6. Jh. sowie griechische Versionen dieses Zeitraumes als eigenständige Varianten der Erzählung werden analysiert. Die Auswahl der Autoren des Mittelalters und der Neuzeit erfolgt nach ihrer Bedeutung und Herkunft (Deutschland, Italien, Frankreich), auf zahlreiche Beispiele in Kunst und Musik wird exemplarisch verwiesen. Folgende Fragestellungen stehen bei der Betrachtung der Texte im Mittelpunkt: die Funktion der Cloelia im Kontext und innerhalb des Werkes, ihre Überlieferungstradition, ihre literarhistorische Einbettung, ihre sozio-kulturellen, politischen, philosophischen, religiösen Hintergründe sowie die biographische Bedingtheit des jeweiligen Autors. Die Untersuchung kommt zu dem Ergebnis, dass Cloelia eine *virgo vere Romana* verkörpert, in die zeitlose, allgemeingültige Normen und Werte zur moralisch-sittlichen Orientierung gelegt werden können und die ein Sinnbild für Patriotismus und Heldenmut, aber auch für die Emanzipation einer Frau darstellt. Ihre Aktualität hat sie bis heute bewahrt, wie Umsetzungen in modernen Medien zeigen.

Hahnl Petra: „Ego sum Natura“ (Alanus ab Insulis Pl. 6, 167) ; Naturvorstellungen der neuplatonisch-christlichen Literatur des 12. Jahrhunderts und deren antike Grundlagen, Wien 2007.
187 Seiten.
Ref.: Christine Ratkowitsch, Kurt Smolak.
In der Entstehung des Kosmos erscheint die Natur nicht nur als philosophisch-naturwissenschaftliche Größe, sondern auch als Personifikation und Allegorie. Bis jetzt fehlt eine für die Natura-Konzeption des Mittelalters wichtige sprachliche und inhaltliche Untersuchung von Platon, Cicero, Chalcidius, Lukrez und Ovid. Da sich aber Ansätze für die Gestalt der Natura in den antiken philosophischen (Platon, Cicero, Chalcidius, Lukrez), poetischen (Ovid, Statius, Claudian) und christlichen Werken (z. B. Laktanz, Ambrosius, Prudentius, Dracontius) finden, ist es Ziel dieser Arbeit zu zeigen, dass die neuplatonisch – christliche Dichtung des 12. Jahrhunderts antike heidnische und christliche Naturvorstellungen rezipiert und sich die Gestalt der Natura, wie sie am Ende bei Bernardus Silvestris und Alanus ab Insulis auftritt, nicht erst aus Claudians Natura, wie ein Großteil der Forschungsliteratur annimmt, sondern schon aus den Unterdemiurgen Platons, Ovids melior natura und der Venus des Lukrez entwickelt. Platon, der mit seiner im ›Timaios‹ geschilderten Kosmogonie die Antike nachhaltig beeinflusste und durch die Renaissance des Neuplatonismus im späten 11. und 12. Jahrhundert in Frankreich auch das Hochmittelalter prägte, hat durch die Aufteilung der Schöpfung auf einen Demiurgen und dessen Unterdemiurgen den Grundstein für die allegorische Gestalt der Göttin Natura gelegt hat. Die Einschränkung auf die oben genannten Autoren ergibt sich daraus, dass sie alle der platonische Delegationsgedanke verbindet, der für die so genannte Schule von Chartres von größter Bedeutung war. Der Schwerpunkt der Arbeit liegt auf der poetischen, mythologischen Darstellung der Natur und nicht im abstrakten Interesse an natürlichen Phänomenen. Die Unterdemiurgen in Platons ›Timaios‹ können nämlich, wie zu zeigen versucht wird, mit der Gestalt der Natura, die in den Werken eines Ovid, Claudian, Bernardus Silvestris und Alanus ab Insulis als Personifikation und Allegorie erscheint, parallelisiert werden, wie es die so genannte Schule von Chartres getan hat.

TREU Christine Elisabeth: Die Bildersprache des hebräischen Psalters und ihre Übertragung ins Griechische. Eine Untersuchung zum Septuaginta-Psalter, Wien 2007.
379 Seiten.
Ref.: Georg Danek, James Alfred Loader.
Die vorliegende Arbeit beschäftigt sich mit zwei großen thematischen Blöcken: Erstens der Bildersprache des Psalmenbuchs im Alten Testament als kulturspezifischen Phänomenen, zu betrachten. Den zweiten thematischen Block bildet die griechische Übersetzung des hebräischen Psalmentexts (Septuagintatext). Der Aufbau der Arbeit am Text gliedert sich in vier Schritte: 1. In Zuge des ersten Schritts werden im gesamten Text des Psalters alle Stellen als sprachliche Bilder markiert, an denen kein wörtliches, sondern ein gleichnishaftes, metaphorisches, allegorisches oder symbolisches Verständnis vorliegt. 2. Das auf diese Weise gesammelte Textmaterial wird im folgenden Schritt nach Sprechakten (Wer interagiert mit wem?) geordnet und nach Bildfeldern (anthropologische Grundsituationen) unterteilt. 3. Im Rahmen der Übersetzungsanalyse, die den Hauptteil der vorliegenden Arbeit darstellt, werden der hebräische Ausgangstext und die griechische Übersetzung einander gegenübergestellt. Im Fall einer sprachlich nicht erklärbaren Abweichung wird auf interpretative Weise versucht, eine Erklärung für die griechische Übersetzung zu finden. Beobachtungen zur Übersetzungstechnik, zum Gebrauch der Vokabel, zum Umgang mit theologischen Ideen sowie ein Blick auf die Lesart von Bildern im Alten Orient sind in diesem Zusammenhang von großer Bedeutung. 4. Im letzten Schritt werden die aus der Übersetzungsanalyse gewonnenen Ergebnisse ausgewertet und im Überblick zusammengefaßt. Die Funktionsweise der Bildersprache im Psalter wird als Ergebnis zum ersten thematischen Block dargestellt, die bei der Übersetzung ins Griechische vorgefundenen Phänomene werden als Ergebnis zum zweiten thematischen Block beschrieben und anhand von Beispielen belegt. Ergänzt wird die Darstellung durch eine Einschätzung des Einflusses griechischer Vorstellungen und sprachlicher Gegebenheiten. Sowohl der Gegenstand der vorliegenden Arbeit als auch die Methodik erfordern einen interdisziplinären Ansatz. Die Auseinandersetzung mit angrenzenden Wissenschaftsdisziplinen (Religionsgeschichte, Anthropologie, Sprach- und Literaturwissenschaft) ergänzen daher die Arbeitsweisen der Klassischen Philologie.

6. Vergleichende Literaturwissenschaft

AUFSCHNAITER Barbara; Bewegte Körper. Ausdrucksformen nonverbaler Kommunikation in der Erzählprosa von Fëdor M. Dostoevskij, Innsbruck 2007.
394 Seiten.
Ref.: Maria Deppermann.
Diese Dissertation untersucht nonverbale narrative Kommunikationsstrukturen in Fëdor M. Dostoevskijs Erzählwerk, von den ›Armen Leuten‹ bis zu den ›Brüdern Karamazov‹. Um die verschieden modalen Erscheinungsformen nonverbalen Verhaltens in Erzähltexten erfassen und darstellen zu können, wurde ein Kategorisierungskatalog benötigt, der sich unter Einbeziehung nonverbaler Kommunikationsforschung auf der Primärebene an dem literaturwissenschaftlich ausgerichteten Begriffsinstrumentarium und Beschreibungsmodell von Barbara Korte in ›Körpersprache in der Literatur‹ orientiert. Er umfasst körpersprachliche Modi wie Kinesik (Gesichtsausdruck, Blickverhalten, Körperhaltungen und -bewegungen, und automatische physiologische und physiochemische Reaktionen), Haptik (Berührungsverhalten), Proxemik (Raumverhalten) und Paralinguistik (Intonationsverhal-

ten). Das nonverbale Ausdrucksverhalten der Figuren gibt nicht nur Auskunft über mentale Befindlichkeiten, interpersonale Strukturen und Charaktereigenschaften, sondern lässt eine visuell-materielle Kommunikationsebene in Dostoevskijs Romanen entstehen, die derart kunstvoll mit der Figuren-Interaktion verflochten ist, dass sie bislang gleichsam ‚übersehen' wurde.

Brötz Dunja: Dostoevskijs ›Idiot‹ im Film. Ein intermedialer Vergleich des Romans mit Akira Kurosawas ›Hakuchi‹, Saša Gedeons ›Návrat idiota‹ und Wim Wenders ›The Million Dollar Hotel‹, Innsbruck 2007.
306 Seiten.
Ref.: Maria Deppermann, Klaus Zerinschek.
Im intermedialen Vergleich von Dostoevskijs Roman ›Der Idiot‹ (1868) mit drei Filmen aus drei unterschiedlichen, kulturellen Kontexten und historischen Perioden – mit Akira Kurosawas ›Hakuchi‹ (1951), Saša Gedeons ›Návrat idiota‹ (1999) und Wim Wenders' ›The Million Dollar Hotel‹ (2000) – werden verschiedene Formen von Transformationsprozessen und transmedialen Analogien zwischen Literatur und Film untersucht. Während es sich bei den ersten beiden Filmen um Adaptationen des Dostoevskij-Romans, also eines gemeinsamen „Hypotexts" (Genette), handelt, greift Wenders' Film nicht direkt auf den Idioten zurück. Thematische und strukturelle Parallelen mit Dostoevskijs Werk legitimieren jedoch einen transmedialen Vergleich, was die in dieser Dissertation durchgeführte narratologische Untersuchung beweisen soll. – Als methodische Kriterien wurden dem intermedialen Vergleich die narrativen Ebenen von Roland Barthes zugrunde gelegt, die dieser 1966 in Anlehnung an Vladimir Propp, Algirdas J. Greimas und Tzvetan Todorov in seiner Studie ›Introduction à l'analyse structurale des récits‹ entwickelte. Als zweite Basis dienten die theoretischen Ansätze von René Girard zum „mimetisch-triangulären Begehren", von Michail Bachtin zur Funktion des „karnevalistischen Skandals" und von Horst-Jürgen Gerigk zur „Phänomenologie der Verkennung".

Humpel Bernhard: Das Werk Lajos Grendels (Ein ungarischer Schriftsteller in der Slowakei), Wien 2007.
300 Seiten.
Ref.: Pál Deréky, Mihály Pázajbély.
Die Arbeit stellt das literarische Werk des Autors und seine Rezeption vor, wobei sie ihn in die sich dadurch auftuenden Kontexte einzuordnen versucht: Ungarische Literatur der (Tschecho-)Slowakei, so genannte Prosawende (bzw. Postmoderne) innerhalb der ungarischen Literatur, Berührungspunkte zum tschecho-slowakischen Kulturkreis (slowakische und tschechische Literatur). Als Quellen werden sämtliche für mich verfügbare ungarischsprachige Schriften des Autors verwendet sowie die sich darauf beziehende Sekundärliteratur. Meine Arbeitsweise ist es, mich von sämtlichen (auch literaturwissenschaftlichen) ideologischen „–ismen" freihaltend, in gewisser Weise traditionell (oder sei es positivistisch) das vorhandene Material aufzuarbeiten. Das Ergebnis zeigt Grendels Schaffen als einen Entwicklungsprozess und bietet in gewisser Weise einen Ausgleich zwischen den oft einseitigen Sichtweisen (etwa postmodern versus traditionell) an, mit deren Kategorien gewisse Lager innerhalb der ungarischen Literaturkritik an das Werk dieses wichtigsten Autors der ungarischsprachigen Prosa in der heutigen Slowakei herangehen. Wurde Grendel nach seinem literarischen Durchbruch 1981 als Teil der ungarischen Prosawende vereinnahmt, so wurden seine späteren Werke (etwa ab 1989), die weniger vom Standpunkt der Autoreferentialität gelesen werden können, ihrer Form wegen als Abstieg eingestuft bzw. von Seiten der national-konservativen Seite als inhaltlich zu liberal abgeurteilt. Die theoretische

Auseinandersetzung mit Fragen der Literatur findet sich in den behandelten Schriften des Autors ebenso wie das Aufzeigen von deren Spuren in seinen literarischen Werken (neben ungarischen Einflüssen, unter denen besonders Krúdy, Mikszáth und Mészöly Miklós hervorzuheben wären, der so genannte Magische Realismus, tschechische Autoren) und seine Wirkungsgeschichte auf die ungarische Literatur der Slowakei und die jüngeren Generationen der slowakischen Prosaisten.

BERICHTE UND BESPRECHUNGEN

FLUCHTORT SCHANGHAI

Autobiographische Texte ehemaliger Schanghai-Exilanten

Ursula Bacon, Shanghai Diary. A Young Girl's Journey from Hitler's Hate to War-Torn China, Milwaukie (M Press) 2004, 267 S.

Horst Peter Eisfelder, Chinese Exile. My years in Shanghai and Nanking, o. O. (Ayotaynu Foundation) 2004, 257 S.

Berl Falbaum (Hrsg.), Shanghai remembered. Stories of Jews Who Escaped to Shanghai from Nazi Europe. Royal Oak, Mich. (Momentum Books) 2005, 229 S.

Vivian Jeanette Kaplan, Von Wien nach Shanghai. Die Flucht einer jüdischen Familie. Aus dem Englischen von Kurt Neff und Sibylle Hunzinger (= dtv premium), München (dtv) 2006, 299 S.

Sonja Mühlberger, Geboren in Shanghai als Kind von Emigranten. Leben und Überleben (1939–1947) im Ghetto von Hongkew (= Jüdische Miniaturen 58), Berlin (Hentrich & Hentrich) 2006, 62 S.

Lutz Witkowski, Fluchtweg Shanghai. Über China nach Israel und zurück nach Deutschland. Eine jüdische Biographie, Frankfurt/M. (Peter Lang) 2006, 124 S.

„Surviving the Holocaust, surviving as a refugee in Shanghai and surviving as a Jew can only be called miraculous" (Ingrid Gallin, in: Falbaum, S. 45). Seit Ende der 1990er-Jahre gibt es ein zunehmendes Interesse an einem immer noch Vielen wenig bekannten Kapitel der jüdischen Verfolgung. Schanghai als exotischer Exilort war bis dahin kaum am Rande wahrgenommen worden, obwohl die Stadt mit ca. 18.000 jüdischen Flüchtlingen ein bedeutender Exilort gewesen ist. Für einen Fluchtort kein Visum zu benötigen, wie dies in der internationalen Stadt der Fall war, machte Schanghai für manchen zum letzten Zufluchtsort. Gleichzeitig hätte sich Schanghai als trügerische Hoffnung erweisen können, denn die Stadt wurde durch die japanischen Alliierten der Hitlerdeutschen besetzt, die – wohl auch auf deutschen Druck – schließlich ein jüdisches Ghetto errichteten. Zwar ließen sich die japanischen Besatzer von ihren Verbündeten nicht zu Plänen einer ‚Endlösung' überreden, die es wohl gegeben hat, aber die Exilbedingungen im Ghetto nahmen zwischenzeitlich katastrophale Züge an. Schanghai gilt als Exil der ‚kleinen Leute' und trat vielleicht auch deswegen in den Schatten der Exilforschung, da sich die Exilgeschichte hier kaum an illustren Namen (und ästhetisch herausragenden Exilzeugnissen) festmachen ließ. Mit dem heutigen Direktor des Jüdischen Museums in Berlin, W. Michael Blumenthal, dem späteren DDR-Architekten Richard Paulick, dem Symbolschrifterfinder Charles Bliss, einer größeren Zahl von Musikern und Künstlern wäre freilich auch hier eine Liste bedeutender Exilanten aufzustellen.

Erst in den letzten Jahren hat eine eingehendere Beschäftigung mit dem Exilort Schanghai eingesetzt, verbunden mit einer intensiven Erinnerungsarbeit der Überlebendengruppen in aller Welt. Seit 1980 gibt es regelmäßige internationale Treffen der Überlebenden des ‚Hongkew Ghetto' und ihrer Nachfahren; Vereine, Internetportale, publizierte Erinnerungen halten neben international durchgeführten Gedenkausstellungen die Erinnerung an die Exilzeit wach. In diesen Kontext gehören auch die etwa zwei Dutzend bislang publizierten autobiographischen Texte ehemaliger Schanghai-Exilanten.[1])

Der vorliegende Literaturbericht widmet sich sechs Neuerscheinungen der Jahre 2004 bis 2006. Es handelt sich um eine heterogene Gruppe teils autobiographischer, teils fiktionaler Auseinandersetzungen mit dem Exilort Schanghai von Autoren, die nicht in die ersten Reihen illustrer Persönlichkeiten zu rechnen sind. Es ist nicht die Absicht, eine kritische Revue der einzelnen Werke vorzunehmen, wie sie etwa von einer Sammelrezension erwartet werden könnte. In einem kursorischen Überblick soll dieses Textkorpus als Ergänzung zu bestehenden Studien gesichtet werden.

Für eine Sichtung der Publikationen zum Schanghai-Exil empfiehlt es sich, zunächst nach Alter und Generation, Sprache und Stil, Publikationszeit und -anlass sowie nach dem Umfang der jeweiligen Erinnerungen zu fragen. Bei den jetzt publizierten Texten handelt es sich um Autoren, welche naturgemäß eher einer jüngeren Generation angehören, welche die Exilzeit als Kinder und Jugendliche erlebt haben. Horst Peter Eisfelder und Lutz Witkowski, beide 1925 in Berlin resp. Breslau geboren, sind als Teenager mit Eltern oder erwachsenen Verwandten nach Schanghai gekommen, Ursula Bacon (ebenfalls aus Breslau) war wenige Jahre jünger. In ihrem Bericht wird besonders auch die Perspektive des Kindes betont, das irritiert auf die Nöte und Hilflosigkeit der Eltern reagiert und deren Existenzkampf aus einem eigenen teils den Vater heroisierenden Blick beschreibt, und sie gibt anschaulich Einblick in die eigene Erfahrungswelt eines heranwachsenden Mädchens im Exil.

Berl Falbaum, der in seinem Sammelwerk ›Shanghai remembered‹ fünfundzwanzig Interviews mit Zeitzeugen protokolliert, wurde selbst 1938 vor der Vertreibung in Berlin geboren, und erlebte als kleines Kind – alt genug, um zu leiden, nicht alt genug, um das Erlebte zu verarbeiten –

[1]) Vgl. folgende jüngere Studien: Steve Hochstadt, Vertreibung aus Deutschland und Überleben in Shanghai. Jüdische NS-Vertriebene in China, in: IMIS-Beiträge 12 (1999), S. 51–68; – Gerhard Krebs, Die Juden und der Ferne Osten. Ein Literaturbericht, in: Nachrichten der Gesellschaft für Natur- und Völkerkunde Ostasiens 175/176 (2004), S. 229–270; – Sonka Stein, Erinnern und Vergessen. Quellen deutschsprachiger Flüchtlinge in Shanghai 1937–1947, in: Eingrenzen und Überschreiten. Verfahren der Moderneforschung, hrsg. von Martin Roussel, Antonia Wunderlich und Markus Wirtz, Würzburg 2005, S. 127–137; – Christian von Zimmermann, Virtuelle Gedächtnisorte. Erinnerung und Identität jüdischer Schanghai-Emigranten und ihrer Nachfahren (1937–2004), in: Sprachkunst 36 (2005), 1. Halbbd., S. 99–116; – Ders., Schanghai – Zuflucht, Ghetto, Passage: Identitätsbedürfnisse und Fremdheitserfahrungen in Exiltexten jüdischer Migranten, in: Exil 25 (2005), H. 1, S. 69–81. – Für den vorliegenden Bericht konnte Steve Hochstadts anthologische Auswertung von Interviewzeugnissen nicht mehr berücksichtigt werden, vgl. aber jetzt auch: Steve Hochstadt, Shanghai-Geschichten. Die jüdische Flucht nach China, Berlin (Hentrich & Hentrich) 2007.

die Nöte der Exilzeit, die er nur in einem knappen Vorwort seines Buches anspricht, vielleicht besonders bedrohlich:

> I remember being constantly hungry. I remember the poverty. I remember my fear while trying to fall asleep when rats took control of the house at night. I remember nightmares after I overheard adults talking about a friend of mine who was bitten by a rat that crawled into his pajamas.
>
> I remember walking to school past the bodies of people who died of starvation, disease or war-related injuries. These bodies included Chinese babies, wrapped in straw, abandoned by their parents because they could not support them.
>
> I remember beggars asking me for alms, me a child between 5 and 9 years old.
>
> I remember the heat, the disease, the tapeworms in my stool.
>
> I remember being beaten by Japanese soldiers when I collected caterpillars in a garden guarded by them.
>
> I remember cowering under blankets with fingers plunged into my ears to block out the Allied bombings. I was angry because my fingers did not provide a sound-proof device, as if blocking the noise would make me safe. (Falbaum, S. 3)

Zwei der Autorinnen wurden erst in Schanghai geboren: Sonja Mühlberger 1939 und Vivian Kaplan erst nach den Ghetto-Jahren 1946. Mit Vivian Kaplan hat nun eine Autorin das Schanghai-Exil beschrieben, die selbst keine Erinnerungen an die Exilzeit haben kann, aber dennoch durch die Erlebnisse der Eltern intensiv von der Exilzeit geprägt war. Diese intensive Auseinandersetzung mit den Erlebnissen der Eltern, insbesondere der Mutter, nahm die Autorin zum Anlass, ihr Buch über das Schanghai-Exil als eine fiktionale Autobiographie der eigenen Mutter zu verfassen.

Mit Ausnahme der knappen Kindheitserinnerungen von Sonja Mühlberger, die mit ihren Eltern aus Schanghai nach Ost-Berlin zurückkehrte, sind die Texte sämtlich zunächst in englischer Sprache verfasst worden. Die Autobiographie von Lutz Witkowski wurde für die Erstpublikation ins Deutsche übersetzt. Die Wahl der Sprache für die Publikation – wenn sie noch eine Wahl ist – steht dabei jeweils im engen Zusammenhang mit der grundsätzlichen Entscheidung für ein Lesepublikum. Lutz Witkowski, der sich jahrelang für den deutsch-israelischen Jugendaustausch eingesetzt hat und zeitweise in Israel, zeitweise in Deutschland lebte, adressiert nicht zuletzt ein deutschsprachiges Publikum, während die Erinnerungsschriften anderer sich an die Nachlebenden der Schanghai-Exilanten und der eigenen Familie in Weitermigrationsländern wenden: Australien (Eisfelder), Kanada (Kaplan) oder die Vereinigten Staaten (Bacon, Falbaum). Mit Ausnahme von Horst Eisfelder, der nach eigener Aussage bereits 1972 begann, seine Erinnerungen zu notieren und dessen Autobiographie auch bereits länger unter ehemaligen Exilanten bekannt war, sind die Texte überwiegend in den Jahren um 2000 verfasst worden. Dennoch sucht nur eine Autorin, Ursula Bacon, deutlich einen Gegenwartsblick auf die Ereignisse, die sie immer wieder dadurch plastischer und nachvollziehbarer zu gestalten sucht, als sie ihre eigenen Erfahrungen als Teenager im Exil mit dem Erfahrungshorizont von Teenagern in der Gegenwart in Bezug setzt. (Diese Tendenz dürfte mit ihrer Tätigkeit als Vortragsreisende an amerikanischen Schulen zusammenhängen, bei denen sie vor Schülern über ihre Erlebnisse spricht.)

Unmittelbare Erinnerungsanlässe werden in den Werken kaum explizit benannt. Die topische Wendung der Aufforderung anderer gefolgt zu sein, die eigene Geschichte festzuhalten findet sich mehrfach. In der Regel sind der Publikation andere Formen der Erinnerungsarbeit vorangegangen. Horst Eisfelder und Sonja Mühlberger haben sich intensiv mit ehemaligen Exilanten und Historikern über die Exilzeit verständigt und an Projekten zur Aufarbeitung der Exilzeit in unterschiedlichen Medien mitgewirkt. Ursula Bacon hat als Vortragsreisende ihre Erinnerungen öffentlich gemacht.

Ein wichtiges Motiv der eigenen Arbeit, welches auch für andere grundlegend gewesen sein dürfte, wird von Vivian Kaplan erwähnt: Die Erinnerung an die Exilzeit der eigenen Familie soll an die nächste und übernächste Generation im Weitermigrationsland weitergegeben werden.

Vivian Kaplan geht es dabei nicht nur um die Exilzeit, sondern explizit auch darum, die eigenen Wurzeln und die Wurzeln der Familie in Mitteleuropa präsent zu halten. Ihre eigenen kulturellen Wurzeln sieht die Autorin, die in Schanghai geboren wurde, in Wien. Dieses Bekenntnis gehört angesichts der geschilderten Erfahrungen der Eltern sicher zu den eindrücklichsten Aussagen des Textes, der mit der gewaltsamen Vertreibung aus Wien zunächst den Bruch mit Österreich beschreibt: „Wien ist nicht mehr unsere Heimat" (Kaplan, S. 92), aber auch in der Exilzeit die Versuche, eine eigene mitteleuropäische Identität nachzeichnet, in der asiatischen Metropole zu behaupten. Die kulturellen Wurzeln in Österreich, die Identität der eigenen Familie werden als Traditionshintergrund an die folgenden Generationen ebenso weitergegeben wie der brutale Einschnitt in diese Tradition und der Überlebenskampf im Exil. Von dieser Problematik zwischen Heimatkultur und historischem Bruch legt der Bericht von Lutz Witkowski ein eindrucksvolles Zeugnis ab, denn Witkowski berichtet auch von seinen Bemühungen um eine israelisch-deutsche Verständigung, von der Entscheidung später wieder in Deutschland zu leben – und irgendwann eine Grabstelle in Israel zu haben.

Einen anderen Hintergrund hat die Arbeit von Berl Falbaum. Die im Vorwort genannten eigenen schrecklichen Kindheitserlebnisse, das lebenslange Schweigen der Eltern über die Vertreibung aus Deutschland werden in der 2003 begonnen Reihe von Interviews mit Überlebenden auf einem Umweg eingeholt. Aus der Perspektive des Interviewers erkennt Falbaum sowohl die Problematik des Schweigens derer, die ihre Exilzeit nicht erinnern wollen und für Interviews nicht zur Verfügung standen, als auch die Heterogenität der Exilerfahrungen, die erst in der Reihe eine polyperspektivisches Licht auf die Exilzeit werfen.

Die hier vorzustellenden Berichte vollziehen wie die bereits vorliegenden Darstellungen sämtlich die Chronologie der Stationen einer im Grundmuster sich stets wiederholenden Exilgeschichte von den bitteren Erlebnissen einer zumeist gewaltsamen, brutalen Vertreibung aus Heimat und Familientraditionen über die glückliche – nicht selten mit den Schuldgefühlen der Überlebenden verbundenen – Flucht in den letzten offenen Zufluchtshafen Schanghai. Insbesondere die relativ früh nach Schanghai gekommenen – wie die Familie Eisfelder – erleben zunächst eine gelingende Ankunft, teils sogar persönliche Erfolge bei der Bewältigung der schwierigen Exilsituation. Viele aber kommen nahezu mittellos und mit wenigen Besitzstücken in der fremden asiatischen Metropole an, die nicht auf sie gewartet hat. Dennoch erscheint im Rückblick die erste Exilzeit nicht selten als eine zwar entbehrungsreiche aber bei allen Schwierigkeiten gemeisterte, bewältigte Zeit. Hoffnungen auf den bescheidenen Aufbau einer – freilich immer als vorübergehend gelebten – Existenz in Schanghai, zerschlugen sich 1943 mit der Errichtung eines Ghettos im Stadtteil Hongkew, in welchem unter primitiven Lebensbedingungen die Exilanten unter japanischer Ghettoaufsicht leben mussten. Das Leben im Ghetto, die Ghettoaufsicht, die amerikanische Bombardierung Schanghais, die Opfer auch unter den Exilanten forderte, die Atombomben auf Hiroshima und Nagasaki, die Befreiung durch amerikanische Truppen und das Leben nach der Auflösung des Ghettos in Schanghai werden in allen Texten beschrieben. Gleichwohl bestehen erhebliche individuelle Unterschiede zwischen den Berichten. Die Lebensschicksale differieren ebenso wie die Bewertung der Ereignisse. Die gedruckten Erinnerungen protokollieren nicht zuletzt die „Ereignisse in Shanghai" in „individuellen Geschichten über wahrgenommene Chancen und erlittene Verluste"; sie berichten von den je individuellen Bedingungen des Überlebens, von den je individuellen Erlebnissen des Scheiterns.[2])

---

[2]) In dieser Tendenz sind sie den mündlichen Erzählungen in Überlebendeninterviews vergleichbar: Vgl. Wiebke Lohfeld, Aberkennung als Kategorie sozio-historischer Forschung. (Über)Lebensstrategien von jüdischen Emigranten in Shanghai. Eine qualitative Biografiestudie, in: BIOS 17 (2004), S. 280–284, hier: S. 281.

In einer groben Typologie könnten drei Berichtstypen in dieser Hinsicht unterschieden werden: Ein erster Berichtstyp reflektiert in einer weitgehend anspruchslosen oder besser gesagt zeugnishaften Form vor allem das eigene Lebensschicksal. Hier werden vielfach auch Erinnerungen protokolliert, die rein privater Natur sind wie Erinnerungen an Lebenspartner, Familienmitglieder, Familienzusammenkünfte, auf die auch einmal im Rückgriff auf unausgesprochene Familienerinnerungen angespielt wird. Dies gilt etwa für die Berichte von Witkowski, Mühlberger und teils für den Bericht von Eisfelder. Die Autobiographie von Eisfelder wäre freilich schon eher einem zweiten Berichtstypus zuzuordnen, welcher die autobiographischen Erinnerungen mit generalisierenden Betrachtungen und teils zumindest auch mit den Ergebnissen der historischen Forschung verbindet. Die Erzählung der eigenen Erlebnisse wird begleitet von zusammenfassenden Beschreibungen der Exilsituation, der ökonomischen Verhältnisse in Schanghai etc., und vielfach wird die Intention erkennbar, repräsentativ für die Erfahrung auch anderer Exilanten zu berichten. Entsprechend werden häufig beschreibende und argumentierende Passagen in die Erzählung eingeflochten. Der dritte Typus der Schanghai-Werke findet sich in den Texten von Ursula Bacon und Vivian Kaplan und ist durch eine stärkere Orientierung an der erzählerischen Vermittlung der Exilsituation gekennzeichnet. Beide Autorinnen bedienen sich narrativer Techniken und fiktionalisierender Elemente, um die Exilzeit darzustellen. Besonders bei Ursula Bacon wird erkennbar, dass sie sich an amerikanische Leser der Gegenwart wendet, denen sie das – spannend erzählte – Leben einer Teenagerin im Exil lebendig vermittelt. Ursula Bacon verzichtet auf jede Vorausdeutung der Ereignisse; sie entwickelt diese aus der Handlung und den Gesprächen der Figuren. Sie arbeitet kalkuliert mit Überraschungsmomenten, Spannungsbögen und setzt auch traumatische Erfahrungen wie die Tötung eines japanischen Soldaten aus Notwehr in einer Vergewaltigungssituation erzählerisch effektvoll ein. Sicher werden dabei im Vergleich zu den zeugnishaften Texten die Grenzen des Authentischen, Glaubhaften mitunter erreicht, aber die gezielte Leserorientierung dürfte wohl gerade gegenüber den jugendlichen Lesern, die Ursula Bacon gewiss auch im Blick hat, geeignet sein, die gewünschte Vermittlungsleistung tatsächlich auch zu erbringen. Dass Bacon dabei einen amerikanischen Wertungshorizont für die Ereignisse (etwa Pearl Harbour, Aufnahmebeschränkungen für jüdische Flüchtlinge etc.) übernimmt,[3]) mag im Vergleich zu anderen Texten irritieren, dient aber gewiss der Vermittlungsintention. Weniger abenteuerlich als das Buch von Ursula Bacon, aber ebenfalls an einer lebendigen Aufbereitung interessiert, zeigt sich Vivian Kaplans fiktionale Autobiographie ihrer Mutter. Kaplan selbst bezeichnet den Text, in welchem sie Familienerinnerungen ebenso wie Erinnerungen anderer Exilanten zu einer eindrücklichen Erzählung verwebt, als ‚kreatives Sachbuch' (KAPLAN, S. 9). Als Gattungsbezeichnung ist dies gewiss irreführend, aber der Ausdruck bezeichnet doch genau die Rhetorik der Darstellung: Es geht um eine verständliche, populäre Vermittlung der Exilzeit, ohne dass hier die Auseinandersetzung mit der historischen Forschung gesucht wird.

Insgesamt sind zwei Tendenzen der jüngeren Berichte auffällig. Zum einen wird sehr viel offener über Exilerfahrungen gesprochen, die lange – aus verständlicher Rücksicht gegenüber

---

[3]) Während Ursula Bacon die restriktive Aufnahmepolitik der Vereinigten Staaten gegenüber jüdischen Exilanten rechtfertigt, führt der frühere Shanghai-Exilant, spätere Finanzminister der Vereinigten Staaten und heutige Direktor des Jüdischen Museums in Berlin, W. Michael Blumenthal, aus: „Let us be clear. The United States was relatively more liberal than other countries. For that we must be grateful, and also for the change of policy during the immediate postwar years. Yet, one final devastating statistic remains: The permissible total number of immigrants under the law for the years 1933–41 would have been 226'630. Actual admittance was 113'260, or 113'370 less. The half kept out just happens to approximate the number of our people who never had a chance to leave, and were murdered." W. MICHAEL BLUMENTHAL, The Shanghai Experience and History, in: FALBAUM, Shanghai remembered, S. 13–19, hier: S. 15.

Betroffenen – eher Randthemen gewesen sind. So wird jetzt aus unterschiedlicher Perspektive (und ohne moralische Vorbehalte) das Problem der Prostitution unter den Exilantinnen offen angesprochen (Kaplan, Bacon). Zum anderen zeigt sich ein eingehenderes Interesse für die Fremdheit und Exotik des Exilortes, die gerade von jüngeren Exilanten durchaus auch als spannend empfunden worden ist. Eisfelder betont die aufregende Atmosphäre des Exilortes, in welchem trotz eingeschränkter Bewegungsmöglichkeiten für den Heranwachsenden vielerlei spannende Erlebnisse zu machen waren: „I say this deliberately because so many of our fellow migrants shut themselves off from the fascinating world around them“ (Eisfelder, S. 68) Gerade für die damaligen Teenager, die noch nicht im gleichen Maß mit den Alltagssorgen des Exils befasst waren, wie ihre Eltern, mag tatsächlich der Blick auf die fremde Umgebung faszinierend gewesen sein; zumindest aber im Rückblick erscheint der exotische Ort einer ungewöhnlich verlebten Jugend selbst auch interessant und berichtenswert. In allen hier angezeigten Berichten wird auch das chinesische Alltagsleben reflektiert. Und ausführlich werden etwa bei Lutz Witkowski und Ursula Bacon teils persönliche Kontakte zur chinesischen Bevölkerung Schanghais dargestellt.

Ein Bericht über die hier vorgestellten Texte kann kaum in ein qualitatives Urteil münden; jedes Erinnerungsbuch – sei es ästhetisch anspruchslos oder bewusst populär-vermittelnd eingerichtet – gibt eine subjektive durch unterschiedliche Koordinaten der Erinnerung geprägte Sicht auf ein historisches Schicksal wieder. Keiner dieser Berichte kann für sich genommen die Exilzeit repräsentieren. Jeder für sich aber ist als Zeugnis des Exils, als Zeugnis des Ghettos in Schanghai lesenswert – „in memory of those who perished“ (Bacon, Dedikation). Diese Texte erschließen als Zeugnisse individuell oder kollektiv erinnerten Lebens gemeinsam mit den Interviews aus der Sammlung von Falbaum eine andere Ebene der Geschichte:

> [...] first-person accounts add a significant element to understanding history. Academic studies fail to capture emotions. History books do not relate the full trauma of tragedies suffered in war.
> Consider the following: "The battle killed 10'000 people."
> Compare the impact of that statement to the one by a Shanghai refugee in this book who said that rather than be arrested by the Nazis, his father "... put a bullet through his brain."
> Or compare it to the observation of a refugee watching a Japanese commander slaughter 25 pregnant women when he did not receive the information he wanted from Jewish refugees. Or consider how one refugee describes witnessing a Japanese soldier killing a Chinese woman and her infant with his bayonet minutes after she gave birth on the sidewalk.
> Academic studies of these refugees fleeing their homeland are not the same as refugees telling their stories of how they uprooted their families to move to a strange and distant land. (Falbaum, S. 5f.)

Berl Falbaum führt in der unkommentierten Reihung von fünfundzwanzig individuellen Zeugnissen diesen anderen Blick auf eine erfahrene Geschichte eindrücklich vor Augen. Sämtlichen Büchern sind mehr als die historisch und literarisch interessierten Leser zu wünschen.

Christian von Zimmermann (Bern)

Tom Kindt und Hans-Harald Müller, The Implied Author. Concepts and Controversy (= Narratologia. Contributions to Narrative Theory/Beiträge zur Erzähltheorie; Band 9), Berlin (de Gruyter) 2006, 224 S.

Seit seiner Einführung als literaturwissenschaftliche Analysekategorie im Jahr 1961 ist der ‚implizite Autor' höchst umstritten. Dabei hat sich die Kategorie in der Erzähltheorie trotz aller Kritik als äußerst langlebig erwiesen, ja, sie kann mit Tom Kindt und Hans-Harald Müller gar als ‚eines der erfolgreichsten literaturwissenschaftlichen Konzepte des 20. Jahrhunderts' (2) angesehen werden, das auch heute noch ebenso viele Anhänger wie Kritiker hat.

Aber nicht nur der implizite Autor hat eine historische Dimension, dies gilt inzwischen auch für Kindts und Müllers Beschäftigung mit ihm. Die beiden haben sich in der Diskussion um den impliziten Autor schon längere Zeit vor der Publikation der nun in der Reihe Narratologia erschienenen Monographie ›The Implied Author‹ zu Wort gemeldet: 1999 erschien eine knappe Stellungnahme zum impliziten Autor in einem Sammelband zur ›Rückkehr des Autors‹, der die Ergebnisse einer zwei Jahre zuvor durchgeführten Tagung vorstellte.[1]) Dies ist deshalb erwähnenswert, weil sich die nun mindestens eine Dekade währende Auseinandersetzung mit dem Konzept, die auch ein mehrjähriges Projekt zum impliziten Autor im Kontext der Hamburger Forschergruppe Narratologie einschließt, dem vermutlich abschließenden Statement der beiden Germanisten zum Thema deutlich ablesen lässt. Zudem macht der Bezug zur ›Rückkehr des Autors‹ deutlich, dass die Frage nach dem impliziten Autor nicht einfach ein einzelnes umstrittenes literaturwissenschaftliches Konzept betrifft, sondern immer auch eine Frage nach dem Autor ist – und daher Teil einer Grundsatzdebatte der Literaturwissenschaft über die Bedeutung des Autors für die Textinterpretation.

Der Aufbau der mit 180 Textseiten recht kompakten Monographie von Kindt und Müller entspricht in groben Zügen dem ihres früheren Aufsatzes:[2]) Ausgangspunkt ist die Rekonstruktion der Einführung des Begriffs durch Wayne C. Booth in ›The Rhetoric of Fiction‹, in einem zweiten Schritt wird die Rezeption des Konzepts in der Literaturwissenschaft nachgezeichnet, bevor im letzten Teil ein eigener Verwendungsvorschlag unterbreitet wird. Verändert hat sich vom Aufsatz zur Monographie nicht nur die Ausführlichkeit der Darstellung, sondern auch der Tonfall (die Monographie verzichtet begrüßenswerterweise völlig auf polemische Einsprengsel) und vor allem die Verkehrssprache. Die Entscheidung, die Auseinandersetzung mit dem impliziten Autor ins Englische übersetzen zu lassen, ist sinnvoll, da eine notwendige Voraussetzung, wenn man dem eigenen Diskussionsbeitrag auch international Gehör verschaffen möchte, statt die international geführte Diskussion nur für den deutschen Sprachraum nachzuzeichnen.

Die Rekonstruktion der Genese des impliziten Autors erfolgt nicht nur mit Bezug auf Booths ›The Rhetoric of Fiction‹, sondern auch unter ausführlicher Berücksichtigung des intellektuellen Umfelds. Neben dem *New Criticism*, der bis in die 1970er-Jahre die amerikanische Literaturwissenschaft dominierte, wird von Kindt und Müller die Chicago School of Criticism als wichtigster Einflussfaktor beschrieben. Die *Chicago Critics* formierten sich in zeitlicher Parallelität aber zunehmender inhaltlicher Abgrenzung vom *New Criticism* in den 1930er-Jahren unter der Führung des Literaturwissenschaftlers Ronald S. Crane. Kennzeichnend für die *Chicago Critics*

---

1) Tom Kindt & Hans-Harald Müller, Der implizite Autor. Zur Explikation und Verwendung eines umstrittenen Begriffs, in: Rückkehr des Autors. Zur Erneuerung eines umstrittenen Begriffs, hrsg. von Fotis Jannidis, Gerhard Lauer, Matías Martínez und Simone Winko, Tübingen 1999, S. 273–287.

2) Umso umfangreicher fällt die 40-seitige Bibliographie aus, die sorgfältig zusammengestellt und zweifellos die bisher umfassendste zum Thema ist.

war eine metatheoretische Reflexion über die Rolle der Literaturkritik und eine Verteidigung eines literaturwissenschaftlichen Pluralismus. Im Rückgriff auf Aristoteles betrachteten sie Literatur zudem anders als die *New Critics* nicht als besondere Form der sprachlichen Rede, sondern als Objekte, deren jeweiliges Kompositionsprinzip und deren je spezifische Kommunikationsfunktion durch eine induktiv vorgehende Analyse zu bestimmen sei. Die Forderung nach einer Literaturanalyse, die den kommunikativen Zweck eines Kunstwerks rekonstruiert, stand in offensichtlichem Gegensatz zur programmatischen Forderung des *New Criticism*, Fragen der Intentionalität bei der Analyse von Literatur konsequent auszuklammern, und rief entsprechend scharfe Kritik hervor.

Booth nun stand in der Tradition *beider* literaturwissenschaftlicher Schulen, wie Kindt und Müller überzeugend nachweisen, und sein Konzept des impliziten Autors kann als Kompromiss zur Integration der widerstreitenden Ansätze betrachtet werden. Auf der einen Seite war Booth vom ‚intentionalen Fehlschluss', d. h. von dem vom *New Criticism* postulierten Verbot, den realen Autor in die Textinterpretation einzubeziehen, überzeugt, andererseits glaubte er, dass literarische Texte intentional strukturierte Welten darstellen, über die moralische Urteile gefällt werden können. Der implizite Autor wurde daher von Booth als Instanz definiert, die einerseits kategorisch vom Autor zu unterscheiden ist, diesen jedoch andererseits in seinem Text repräsentiert. Booths Konzeption bleibt dabei in vielen Punkten unklar, um nicht zu sagen widersprüchlich. Die Vagheit des Boothschen Konzepts mag aus theoretischer Warte als Nachteil erscheinen, ist aber zugleich das Geheimnis seines Erfolgs: „its popularity and widespread dissemination in the text-based disciplines are due above all to the very points of uncertainty that characterized Booth's definitions of it in *The Rhetoric of Fiction* and after" (61).

Die große Beliebtheit des impliziten Autors in der Literaturwissenschaft lässt sich nicht zuletzt auch daran ablesen, dass die systematische Rekonstruktion seiner Rezeption und die Darstellung der um ihn geführten literaturwissenschaftlichen Kontroverse etwa die Hälfte der Textseiten von ›The Implied Author‹ in Anspruch nimmt. Kindt und Müller entscheiden sich in ihrer Darstellung gegen eine chronologische ‚Nacherzählung' der einzelnen Diskussionsbeiträge. Stattdessen wählen sie ein zweischrittiges Vorgehen:

Im ersten Schritt erfolgt eine typologische Gruppierung repräsentativer Stellungnahmen zu Booths Konzept, die die historische Dimension trotz des dominant systematischen Interesses jedoch erfreulicherweise nie aus den Augen verliert. Da die Darstellung klar strukturiert ist und die Gründe für den jeweils gewählten Argumentationsgang ebenso wie die Kriterien der Differenzierung zwischen unterschiedlichen Rezeptionstypen hier (wie auch in der übrigen Argumentation) immer transparent gemacht werden, ist es trotz der recht minutiösen Unterscheidung von drei Hauptrezeptionstypen und zahlreichen Unter- sowie Unteruntertypen möglich, an jedem Punkt die Systematik des Ganzen im Blick zu behalten. Als Hauptdifferenzierungskriterien der Typologie dienen vor allem der Kontext der Rezeption (Interpretation vs. Deskription sowie als Unterkriterien Interpretationstheorie vs. Interpretationspraxis) und die Evaluation (Rechtfertigung vs. Kritik), weitere Untergruppen entstehen z. B. durch unterschiedlichen Ansätze oder Grade der Kritik.

Im zweiten Schritt stellen Kindt und Müller eine Übersicht über jene Konzepte bereit, die seit den 1970er-Jahren als Alternativen zum impliziten Autor eingeführt worden sind. Besondere Aufmerksamkeit erhalten dabei Umberto Ecos Modellautor, Wolf Schmids abstrakter Autor und Wolfgang Isers impliziter Leser. Ist die Berücksichtigung von Ecos und Schmids Entwürfen kaum verwunderlich, da sich beide nicht nur ausdrücklich auf Booths impliziten Autor beziehen, sondern diesem auch so ähnlich sind, dass sie – wie Kindt und Müller in Hinblick auf den Modellautor feststellen – uns letztlich mit dem „concept of the implied author under a different name" (128) konfrontieren, so verwundert die Gegenwart des impliziten Lesers in der Reihung zumindest auf den ersten Blick. Denn der implizite Leser scheint begrifflich das genaue Gegenteil des impliziten Autors zu sein. Aber trotz der begrifflichen Opposition der Konzepte können Kindt und Müller eine ganze Reihe von Gemeinsamkeiten hinsichtlich der Definition und der attestierten interpretatorischen Funktion herausstellen, die den impliziten Leser als „implied author reconceptualized from the perspective of reception theory" (136) und beide Instanzen als „competing rather than complemental concepts" (142) erkennbar werden lassen.

Anders als die Entwürfe von Eco, Schmid und Iser stellen die als Gruppe vorgestellten Konzepte von Kendall Walton (apparent artist), Gregory Curry (fictional author) und Alexander Nehamas (postulated author) „both in their presentation and in what they claim to achieve" (144) deutliche Abweichungen von Booths implizitem Autor dar: Sie stehen im Kontext einer allgemeinen Diskussion über Ästhetik und Literaturtheorie, sind klarer definiert und übernehmen nicht alle Facetten des Boothschen Konzepts, sondern wählen nur jene aus, die sie für hilfreich halten, um einzelne Aspekte der Bedeutung und Interpretation literarischer Texte zu beschreiben (vgl. ebenda).

Um im abschließenden und interessantesten Teil ihres Buches zu einer Explikation des Konzepts zu gelangen und einen eigenen Verwendungsvorschlag zu unterbreiten, orientieren sich Kindt und Müller nicht an den unterschiedenen Verwendungskontexten (also Deskription vs. Interpretation), sondern an den dominanten Modellierungstypen des impliziten Autors: Wie zuvor im Zuge der Rekonstruktion der Rezeptionsgeschichte dargelegt, wird der implizite Autor entweder als rezeptionspsychologische, pragmatische oder semantische Kategorie verstanden (was nicht heißt, dass zwangsläufig zwischen diesen Facetten differenziert wird). Nach Ansicht von Kindt und Müller ist eine Konzeptualisierung des impliziten Autors als Rezeptionsphänomen im Kontext eines theoretischen oder textorientierten literaturwissenschaftlichen Ansatzes nicht sinnvoll, denn „[o]nly in the context of empirical studies is it possible to test properly whether or not recipients create images of the writers of texts" (153). Da entsprechende empirische Studien noch ausstehen, entbehren die bisher rein intuitiv erfolgten Beschreibungen des impliziten Autors als Rezeptionsphänomen für Kindt und Müller jeder Basis.

Ebenfalls grundsätzliche Einwände erheben sie gegen ein pragmatisches Verständnis des impliziten Autors als Sendeinstanz im Modell narrativer Kommunikation, da diesem die Annahme einer kategorialen und funktionalen Ähnlichkeit zwischen dem impliziten Autor und den übrigen Sendeinstanzen des Modells – insbesondere dem fiktiven Erzähler und dem realen Autor – zugrunde liegt, während in der Tat „fundamental differences between the author and narrator on the one hand and the implied author on the other" (156) bestehen: Der Autor und der Erzähler werden als Verursacher oder Quellen von Äußerungen (des Textes bzw. der Erzählung) angesehen, während dies für den impliziten Autor nicht gilt: „Strictly speaking, we cannot say that the implied author brings forth anything. It should be seen not as the source of an utterance but as a placeholder for its meaning" (157).

Die semantische Konzeption des impliziten Autors schließlich betrachtet diesen als postuliertes Subjekt hinter dem Text, welchem Textaspekte zugesprochen werden. Der implizite Autor steht in diesem Fall für die Textbedeutung und ist das Ergebnis einer Interpretation des literarischen Texts. Damit kann der implizite Autor nicht mehr – wie es oft vorgeschlagen wurde – im Zusammenhang der Deskription verwendet werden, sondern fällt in den Bereich der Interpretation. Abhängig von der jeweiligen literaturtheoretischen Position kann der implizite Autor nun auf zwei Arten bestimmt werden: als Teil einer intentionalistischen oder als Teil einer nicht-intentionalistischen Interpretationstheorie.

Nicht-intentionalistische Interpretationsansätze lehnen es ab, danach zu fragen, was ein Autor bei dem Verfassen eines literarischen Texts beabsichtigte, und interessieren sich stattdessen dafür, was ein Text bedeutet. In der pragmatischen Variante nicht-intentionalistischer Deutung werden dem Text multiple Bedeutungen zugestanden (so lange sie in sich konsistent sind), in der konventionellen Variante wird davon ausgegangen, dass die Bedeutungsvielfalt eines Textes durch einen Bezug auf den historischen Kontext eingeschränkt wird, dennoch ist es aber nicht möglich, den Text auf eine einzige Bedeutung zu reduzieren. Da dies ein zentraler Aspekt der Kategorie des impliziten Autors ist, sehen Kindt und Müller nicht die Möglichkeit zu einer sinnvollen Integration der Boothschen Kategorie in nicht-intentionalistische Interpretationstheorien.

Bei den Vertretern intentionalistischer Interpretationstheorien unterscheiden Kindt und Müller echte Intentionalisten (‚actual intentionalists') von hypothetischen Intentionalisten (‚hypothetical intentionalists'). Beide Ausrichtungen des Intentionalismus sehen den Autor als zentralen Bezugspunkt jeder Textinterpretation. Aber während echte Intentionalisten literarische Texte als Äußerungen eines empirischen Autors betrachten, dessen Intention die Werkbedeutung bestimmt und daher zu rekonstruieren ist, sehen hypothetische Intentionalisten nicht die reale Autorintention als Interpretationsziel an, sondern die aus dem Text und dem einem informierten Leser zugänglichen Kontext rekonstruierbare hypothetische Autorintention, die durchaus von der realen Autorintention abweichen kann. Da sich der echte Intentionalismus ohne Scheu auf den realen Autor bezieht, bedarf er natürlich keines impliziten Autors. Der Theorierahmen des hypothetischen Intentionalismus hingegen beinhaltet viele Annahmen, die auch auf das Konzept des impliziten Autors zutreffen. Daher betrachten Kindt und Müller den hypothetischen Intentionalismus als „suitable frame of reference in which to explicate the implied author" (174) und schlagen folgende Definition des impliziten Autors vor: Der implizite Autor sei „an entity to which are attributed the results obtained when a text is interpreted according to the principles of hypothetical intentionalism" (175). Für alle Theoriekontexte außerhalb des hypothetischen Intentionalismus entlarven sie den Bezug auf einen impliziten Autor als unschlüssig. Um Verwechslungen ihres eigenen Vorschlags mit den bisher kursierenden Definitionen des impliziten Autors vorzubeugen, empfehlen sie eine Umbenennung in ‚hypothetischer Autor' oder ‚postulierter Autor'. Die Brisanz dieses Ergebnisses ergibt sich dadurch, dass die Kategorie des impliziten Autors gerade zur Vermeidung eines intentionalistischen Autorbezugs eingeführt wurde – und auch heute noch von den meisten ihrer Verfechter dezidiert anti-intentionalistisch verstanden wird. Im Kontext der sehr stringenten begriffsgeschichtlichen Analyse jedenfalls ist das Ergebnis nur folgerichtig. Da es zudem Ordnung in das bestehende Begriffschaos bringen könnte, wäre ihm eine allgemeine Akzeptanz sehr zu wünschen.

Bei allem Lob, die der Stringenz des Bandes zu zollen ist, fällt nur eine Sache wirklich negativ ins Auge: Das Inhaltsverzeichnis stimmt in immerhin vier Fällen nicht mit den Kapitelüberschriften im Text überein. Da dies sowohl Kapitelbezeichnungen als auch deren Nummerierung betrifft, ist es für Leserinnen und Leser, die sich während der Lektüre anhand eines kurzen Blicks auf das Inhaltsverzeichnis den jeweiligen Argumentationsstand veranschaulichen möchten, verwirrend. Abgesehen von diesem Detail kann man den Autoren jedoch große Sorgfalt und akribische Genauigkeit attestieren, die mit einer klaren Strukturierung der Argumentation sowie einer klaren Ausdrucksweise einhergehen, so dass der Nachvollziehbarkeit der Argumentation weiter nichts im Wege steht.

Kindt und Müller versehen, dies sei abschließend noch vermerkt, ihre eigentliche Argumentation in ›The Implied Author‹ mit einer programmatischen Rahmung, die deutlich über die Frage nach Booths Konzept hinausgeht und besonders in der Einleitung und den abschließenden Sätzen des Texts artikuliert wird. ›The Implied Author‹ versteht sich demnach nicht nur als konkrete begriffsgeschichtlich fundierte Explikation, sondern als Plädoyer für begriffsgeschichtliche Analysen im Allgemeinen: Gleich eingangs hoffen Kindt und Müller, „that the book will give a compelling demonstration of why the historical development of terms and concepts should be given proper attention in the historiography of scholarly activity" (3). Dass durch einen begriffsgeschichtlichen Ansatz nicht nur mehr oder weniger übersichtliche Zusammenstellungen von Verwendungsvarianten zu gewinnen sind, sondern im Idealfall auch begriffliche Klarheit erreicht werden kann, führt ›The Implied Author‹ in der Tat eindrucksvoll vor Augen. Ob die ebenfalls geäußerte Hoffnung der Autoren, die von ihnen erzeugte Klarheit könne die Debatte um den impliziten Autor beenden (vgl. 13, 63, 181), erfüllt wird, bleibt hingegen abzuwarten.

Sandra Heinen (Wuppertal)

Bilder. Ein (neues) Leitmedium?, hrsg. von Torsten Hoffmann und Gabriele Rippl, Göttingen (Wallstein) 2006, 232 S.

Sind Bilder ein Leitmedium? Und vielleicht sogar ein neues? Diesen Fragen stellen sich Torsten Hoffmann und Gabriele Rippl gemeinsam mit zehn weiteren BeiträgerInnen in dem von ihnen herausgegebenen Sammelband. Die Fragestellung des Titels ist Programm und so bieten die versammelten Aufsätze, die ihre Entstehung einer Ringvorlesung verdanken, eine Einführung in Geschichte, Funktionen und mediale Besonderheiten von Bildern. Seit der Ausrufung eines *iconic* bzw. *pictorial turn* durch Gottfried Boehm und W. J. T. Mitchell[1]) im Jahr 1994 ist das Interesse an Bildern sowie der Klärungsbedarf zu Erscheinungsformen des Visuellen stetig gestiegen. In Anlehnung an den von Richard Rorty geprägten Begriff des *linguistic turn*[2]) beschreibt der *pictorial turn*[3]) die steigende Zahl von Bildern und die Wende von vorherrschend textbasierter zu bildbasierter Information. Als Filme, Computersimulationen, sprachliche Beschreibung oder computertomographische Aufnahmen, als Werbematerial oder als Luftaufnahmen zur Kriegsführung finden Bilder Verbreitung in unterschiedlichsten Lebensbereichen. Dieser zunehmenden Verbreitung stehen jedoch, wie Hoffmann und Rippl in ihrer Einleitung betonen, immer noch ein geringes Wissen über die Wirkungsweisen von Bildern und eine oftmals geringe visuelle Lesekompetenz (*visual literacy*) gegenüber (7). Wie die oben genannten Beispiele zeigen, ziehen Bilder in Bereiche ein, die außerhalb des Tätigkeitsfelds der Kunstgeschichte als der klassischen Bilddisziplin liegen. Bilder stellen vielmehr ein gesamtkulturelles Phänomen dar und erfordern aus diesem Grund zu ihrer Untersuchung die Zusammenarbeit verschiedener Wissenschaften. Hoffmann und Rippl haben daher Vertreter mehrerer Disziplinen zusammengebracht, die dazu beitragen sollen zu klären, „welche Funktionen Bilder übernehmen, wie aussagekräftig sie sind und wie ihr Verhältnis zur Wirklichkeit sowie ihr Zusammenspiel mit anderen Medien zu verstehen sind" (8). Mit dem vorliegenden Band haben sich Hoffmann und Rippl zum Ziel gesetzt, „die neue Macht der Bilder vor dem Hintergrund der laufenden Debatten zum ‚visual turn' einzuschätzen" (8). Aus dem Titel des Bandes kann geschlossen werden, dass sie dabei eine doppelte Absicht verfolgen. Zum ersten ist zu klären, ob Bilder ein Leitmedium sind. Wenn dies der Fall ist, ergibt sich daraus zum zweiten die Frage, ob es sich dabei tatsächlich um ein neues

---

[1]) Gottfried Boehm, Die Wiederkehr der Bilder, in: Was ist ein Bild?, hrsg. von Gottfried Boehm, München 1994, S. 11–38, hier: S. 13; – W. J. T. Mitchell, Picture Theory, Chicago 1995 [1994], S. 11.

[2]) Richard Rorty (Hrsg.), The Linguistic Turn. Recent Essays in Philosophical Method, Chicago 1967.

[3]) Im Folgenden werde ich mich auf die Verwendung von Mitchells Begriff des *pictorial turn* beschränken. Zum Unterschied zwischen *iconic* und *pictorial turn* siehe Willibald Sauerländer, Iconic Turn? Eine Bitte um Ikonoklasmus, in: Iconic Turn: Die neue Macht der Bilder, hrsg. von Christa Maar und Hubert Burda, Köln 2004, S. 407–426, bes. S. 407–411.

Phänomen handelt. Damit weckt der Sammelband auch die Hoffnung auf eine kritische Hinterfragung des *pictorial turn,* der die verstärkte Verbreitung von Bildern als ein Symptom des 20. und beginnenden 21. Jahrhunderts einordnet (7).[4])

Die inhaltlichen Schwerpunkte der Beiträge liegen auf der Geschichte des Bildes, seinem Verhältnis zur Sprache als seinem Konkurrenzmedium sowie seinen Funktionen und den Ursachen seiner Wirkungskraft. Gegliedert wurde der Band jedoch nach anderen Kriterien. Die erste der drei Sektionen ist theoretischen Grundlagen gewidmet und liefert neben zwei Beiträgen zur Geschichte des Bildes zwei Artikel zum Verhältnis zwischen Sprache und Bild sowie einen zum Entwicklungsstand einer Bildwissenschaft. Die zweite Sektion, die die Entstehung technischer Bilder näher beleuchtet, wird von zwei Beiträgen zur Entwicklung von Fotografie und Film bestritten. Diese Stelle wäre auch ideal für einen Beitrag zu digitalen Bildern und deren Auswirkungen auf die visuelle Kultur gewesen, den man im ganzen Band vermisst, nachdem in der Einleitung speziell auf die Digitalisierung als eine neue Herausforderung an die Bildforschung hingewiesen wurde (7). Abgeschlossen wird der Band von vier Fallstudien, von denen je zwei historischen Bildphänomenen (Bildfunktionen im pharaonischen Ägypten, Emblematik in der Frühen Neuzeit) und rezenten Beispielen (Gewaltdarstellung und Alteritätskonstruktionen in Bildern) gewidmet sind.

Der Titel des Bandes hebt vor allem die Ablösung der Sprache als etabliertes Leitmedium durch das Bild und damit das Konkurrenzverhältnis der beiden Medien hervor. Diesem Problem ist eine Vielzahl der versammelten Artikel gewidmet, die unterschiedlichste Positionen dazu beziehen und daher eine spannende, weil kontroverse Auseinandersetzung bieten. In der Auswahl der vorgestellten Artikel möchte ich mich daher auf diesen Themenschwerpunkt konzentrieren.

Zuerst hervorgehoben sei Christiane Kruses Beitrag ›Vom Ursprung der Bilder aus der Furcht vor Tod und Vergessen‹ (15–42), da er eine sehr schlüssige Erklärung für die Entstehung von Bildern in der westlichen Kultur vorschlägt. Kruse argumentiert, dass Bilder als Speichermedium geschaffen wurden, um abwesende oder verstorbene Personen zu ersetzen und an sie zu erinnern. Durch ihre zentrale Rolle für die westliche Erinnerungskultur stellen Bilder gleichzeitig einen sensiblen Punkt dar:

> Es sind die Bilder in den Medien, die uns fest im Griff haben, denen wir kaum entkommen können und die sich, wie die Bilder von 9/11, tief in unser Gedächtnis einbrennen. Bilder sind zu wirksamen Instrumenten des Terrors geworden, denn unsere Feinde haben gelernt, wie sie unsere Bildmaschinerie für ihren Terror gegen uns wenden können, um Macht über uns zu gewinnen und uns unsere Freiheit zu nehmen. (15)

Die Polemik dieses Abschnitts diskreditiert Kruses ansonsten sehr überzeugende Argumentation, verdeutlicht aber gleichzeitig, wie bedrohlich Bilder eingeschätzt werden und wie aufgeladen die Debatte um sie sein kann.

Ikonoklastische Tendenzen treten besonders zutage, wenn es darum geht, das Verhältnis vom Bild zur Sprache auszuloten, da dieses häufig, wie auch im Titel von Hoffmanns und Rippls Band, als ein Verdrängungswettkampf verstanden wird. Genau dies wird auch in Carsten-Peter Warnckes ›Das missachtete Medium‹ (43–64) deutlich. Er attestiert darin der westlichen Kultur eine bilderfeindliche Haltung. Diese verfolgt er bis ins Mittelalter zurück und zeichnet nach, wie sich Perioden der Ikonophilie mit ikonoklastischen Phasen abwechselten. Als Triebkraft identifiziert er dabei das Verhältnis von Bild und Sprache. Warncke führt aus, dass Bilder in der Frühen

---

[4]) Vgl. dazu auch Mitchell, Picture Theory (zit. Anm. 1), S. 11f., 16; – Horst Bredekamp, Drehmomente – Merkmale und Ansprüche des Iconic Turn, in: Iconic Turn. Die neue Macht der Bilder, hrsg. von Christa Maar und Hubert Burda, Köln 2004, S. 15–26, hier: S. 15f; – Nicholas Mirzoeff, An Introduction to Visual Culture, London 1999, S. 1–4.

Neuzeit große Beachtung genossen und dem Wort gleichgestellt waren (60).[5]) Seit der Aufklärung, insbesondere durch Lessings einflussreichen Aufsatz ›Laokoon‹ (1766), der auf die Bilderfeindlichkeit des Mittelalters zurückgriff, gelte das Bild jedoch als dem Wort unterlegen (51–58). Diese Haltung hätte sich bis in die Gegenwart erhalten und könne z. B. in Roland Barthes' ›La chambre claire: Note sur la photographie‹ wiedergefunden werden (43–51). Die Überzeugung von der medialen Unzulänglichkeit des Bildes sei vor allem darauf zurückzuführen, dass sie stets von KritikerInnen propagiert wurde, die selbst aus dem Wort verpflichteten Disziplinen stammten (50). Die Moderne sei demnach „auf einer intellektuellen Abwertung des Bildes" gegründet (62). Warncke erklärt damit schlüssig die von Hoffmann und Rippl einführend angesprochene aktuelle Ambivalenz gegenüber Bildern, die zwischen Faszination und Misstrauen schwankt (7) und die von Mitchell als eines der wesentlichen Kennzeichen des *pictorial turns* genannt wird.[6])

Seiner Argumentation ist jedoch entgegenzusetzen, dass sich Vertreter der textbasierten Disziplinen auch noch nach der bilderfreundlich gestimmten Frühen Neuzeit Bildern positiv zuwandten. Dies zeigt Gabriele Rippl u. a. in ihrem Artikel ›Intermediale Poetik: Ekphrasis und der ‚iconic turn' in der Literatur/-wissenschaft‹ (93–107), der zusammen mit dem Beitrag von Gilbert Heß als Gegendarstellung aus Sicht der Literaturwissenschaften verstanden werden kann. Wie Warncke betrachtet auch sie das Verhältnis zwischen Wort und Bild als ein Konkurrenzverhältnis, wenn sie aus der vermehrten Verbreitung von Bildern für diese einen „verschärften Machtanspruch" ableitet und dies als Herausforderung für die Literaturwissenschaft einordnet (93). In welchen Formen Bilder in literarischen Texten verwendet werden, zeigt sie im Folgenden in konziser und systematischer Form. Sie beginnt mit Wort-Bild-Kombinationen, in denen Worte und Bilder nebeneinander präsent sind, wie z. B. in Emblemen, Frontispizen oder in illustrierten Texten (94). Die zweite Kategorie bilden ikonische Anordnungen von Buchstaben zur Verstärkung der Bedeutung des Textes, was u. a. in Figurengedichten angewandt wird (94f.). Schließlich können Bilder durch Beschreibungen in Sprache überführt werden. Als Unterformen dieser Ausprägung stellt Rippl Ekphrasen und Pikturalismus vor (96–99). Ekphrasen seien in den letzten beiden Jahrzehnten „zu einem der wichtigsten Forschungsbereiche innerhalb der Literaturwissenschaft" geworden, da sie eine Form bieten, Repräsentationsprozesse zu thematisieren und eines der Hauptanliegen postmoderner literarischer Texte zu artikulieren (96). Das gesteigerte Interesse der Moderne und Postmoderne an Formen des Visuellen macht zudem den Pikturalismus zu einer beliebten Technik (99). Nach der Vorstellung möglicher Verwendungsformen von Bildern in literarischen Texten zeigt Rippl, wie das Verhältnis von Wort und Bild seit der Antike durch Philosophie, Kunstgeschichte und in den Literaturwissenschaften eingeschätzt wurde. Dabei wird deutlich, dass sich Tendenzen, die Sprache und Bild als sich gegenseitig ergänzend oder gleichwertig betrachteten (100), regelmäßig mit Strömungen abwechselten, die den Wettstreit der beiden Medien betonten und eines der beiden als das Unterlegene einordneten (100ff.). Die neuesten Forschungsbemühungen heben sich davon ab, indem sie nicht länger versuchen, eine Vorrangstellung für Sprache oder Bild zu sichern, sondern den Einfluss der materialen Eigenschaften des Mediums auf die Bedeutungsbildung untersuchen. Besonders für die Forschung zur Postmoderne hält Rippl einen intermedialen Ansatz für unverzichtbar:

> Gerade bei der Untersuchung intermedialer Bezugnahmen zwischen Wort/Text und Bild in literarischen, hochgradig selbstreflexiven Romanen, Erzählungen und Gedichten der (Post-)Moderne, die ihre eigene Medialität ständig mit Blick auf das Bild ausloten, wird man ohne eine Berücksichtigung dieser spezifischen medialen Grundlagen und Mediendifferenzen von Wort und Bild sicherlich nicht auskommen. (103)

---

[5]) Vgl. dazu ausführlicher Gilbert Hess' Beitrag ›Text und Bild in der Frühen Neuzeit: Die Emblematik‹ im selben Band.

[6]) Mitchell, Picture Theory (zit. Anm. 1), S. 12f.

Mit dieser Passage beantwortet Rippl auch die von ihr eingangs aufgeworfene Frage, wie verbale Texte mit der Herausforderung durch Bilder umgehen: Bilder sind zu einer Instanz für das Wort geworden, an der es sich in seiner kommunikativen Leistungsfähigkeit messen lassen muss. Wie Rippl anmerkt, können Bilder auch eine Bereicherung für literarische Texte sein. So begründet sie die Vorliebe zeitgenössischer Literatur für die Beschreibung von Gemälden durch die Statik, die Bilder herbeiführen. Diese würde „in Zeiten der massiv zunehmenden Beschleunigung und Dynamik ein anthropologisches Grundbedürfnis des Menschen nach Stillstand und Innehalten erfüll[en]“ (104). Rippl bejaht also die Frage nach der Stellung des Bildes als ein neues Leitmedium, betrachtet dies aber nicht als eine Absage an sprachliche Texte, sondern betont die neuen Möglichkeiten, die sich durch die Auseinandersetzung mit Bildern eröffnen.

Auch Gilbert Hess plädiert in seinem Beitrag ›Text und Bild in der Frühen Neuzeit: Die Emblematik‹ (170–192) für ein komplementäres Verhältnis von Bild und Wort. Er erläutert, dass das Emblem nur durch das Zusammenspiel von Wort und Bild in Motto, Pictura und Subscriptio seine Bedeutung erhält. Dabei liefert das Motto einen Sinnspruch, der durch die Pictura dargestellt und teilweise auch gedeutet werden kann. Beide stehen häufig in einem Spannungsverhältnis, das erst durch eine Auslegung in der Subscriptio aufgelöst wird (172). Diese lenkt den Leser in seiner Interpretation, ist jedoch nie vollständig und lässt so Raum für weitere Deutungen. Die Polyvalenz des Emblems begründet Heß aus dem Zusammenspiel von Wort und Bild. Die Bedeutung geht dabei über die Einzelbedeutungen des Textes und des Bildes hinaus, und Heß bezeichnet Embleme folglich als „synmediale, synthetisierende Kunst“ (186). Die Bedeutungsvielfalt der Embleme betrachtet er als Ursache ihrer Wirkungskraft und der großen Beliebtheit, die sie in der Frühen Neuzeit genossen und sie zu einem wichtigen Bestandteil der Alltagskultur machten (171). Heß weist die Debatte in der heutigen Forschung zur größeren Bedeutung von Bild- oder Textanteil im Emblem zurück und betont, dass das Emblem nur durch ein gleichberechtigtes, bimediales Zusammenspiel seine volle Wirkung entfalten kann: „Nicht ein Nebeneinander der beiden Künste bedingt die emblematische Formenvielfalt, sondern das Ineinanderwirken und deren gegenseitige Durchdringung“ (186). Heß’ Darstellung gibt eine informative Einführung in die Entstehungsgeschichte und Wirkungsweise der Embleme. Die umfangreiche Literaturliste spiegelt deutlich das andauernde Forschungsinteresse an diesem Thema wider und erleichtert die weitere Auseinandersetzung. Die Aussagen, die Heß über das Verhältnis von Wort und Bild trifft, sind jedoch allein auf der Untersuchung von Emblemen gegründet. Wie Heß selbst anmerkt, sind Embleme eine sehr spezielle Art der künstlerischen Darstellung. Daher lassen sich seine Aussagen nicht ohne weiteres auf andere Formen von Bimedialität wie z. B. Buchillustrationen oder Cartoons übertragen. Offen bleibt daher, welche Aufschlüsse die Emblematik über Phänomene des *pictorial turns* geben kann, die Heß einleitend verspricht (171). Embleme zeigen zweifellos, dass Bilder kein *neues* Leitmedium sind. Jedoch geben sie auf Grund ihrer Spezifik weder Aufschlüsse über die Wirkungsweisen von gegenwärtigen Wort-Bild-Kombinationen, noch erklären sie, warum Bilder gerade in unserer heutigen Kultur eine so zentrale Rolle spielen, dass sie als Leitmedium deklariert werden könnten.

Damit zeigt sich auch das Problem des *pictorial turns:* er hat sich zu einem effektiven Schlagwort entwickelt, das sehr unterschiedlich verwendet wird. Teilweise, wie in Hoffmanns und Rippls Einleitung, wird er als Bezeichnung für die Allgegenwart von Bildern benutzt und damit als kulturelles Phänomen verstanden. Ursprünglich beschrieb Mitchell aber damit die verstärkte wissenschaftliche Auseinandersetzung mit Bildern, verstand den *pictorial turn* also, in Analogie zum *linguistic turn*, als ein neues wissenschaftliches Paradigma. Wie Sprache stellte er Bilder als ein Analysemodell vor: „as a kind of model or figure for other things [...], and as an unsolved problem, perhaps even the object of its own ‘science.’“[7]) In diesem Sinn geht auch Klaus Sachs-

[7]) Vgl. Mitchell, Picture Theory (zit. Anm. 1), S. 13.

Hombach in ›Bildwissenschaft als interdisziplinäres Unternehmen‹ (65–78) den *pictorial turn* an. Er entwirft die Bildwissenschaft dort als ein theoretisches Arsenal, auf das alle anderen Disziplinen, die sich mit Bildphänomenen beschäftigen, zugreifen können. Die Bildwissenschaft würde somit zu einer Art Dienstleister für andere, weiterhin autonom bestehende Wissenschaften.

Dass die Entwicklung eines gemeinsamen theoretischen Rahmens, der die Forschungsbemühungen einzelner Disziplinen zusammenhält, dringend notwendig ist, zeigt ›Bilder – ein (neues) Leitmedium?‹, wenn man es als Gesamtwerk betrachtet. Aus der eingangs beschriebenen Interdisziplinarität, mit der das Thema angegangen wird, ergibt sich die große Herausforderung, die Aussagen der Einzelbeiträge zusammenzuführen, zu vergleichen und daraus neue Erkenntnisse abzuleiten. Dies ist den Herausgebern nicht wirklich zufriedenstellend gelungen. Querverweise zwischen Artikeln, die sich mit einem ähnlichen Thema beschäftigen oder zu ähnlichen Ergebnissen kommen, wären eine mögliche Lösung gewesen. Eine andere Möglichkeit hätte in der Erstellung eines Indexes bestanden, was zusätzlich das Auffinden von Informationen für die LeserIn erleichtert hätte. Wünschenswert wäre auch ein Fazit gewesen, das die Ergebnisse der einzelnen Beiträge zusammenfasst und daraus eine Antwort auf die Leitfrage des Bandes ableitet. Der Band deckt so aber exemplarisch ein generelles Desiderat der aktuellen Bildforschung auf: eine verbesserte Verbindung der verschiedenen Disziplinen. Diese könnte dazu beitragen, Bilder als Medium und kulturelles Phänomen umfassender zu verstehen. Dass Bilder ein spannendes Forschungsfeld sind, beweisen Torsten Hoffmann und Gabriele Rippl mit der Auswahl der Beiträge. Gerade die Betrachtung des Wort-Bild-Verhältnisses aus unterschiedlichen Perspektiven zeigt, wie angeregt die Auseinandersetzung auf diesem Gebiet sein kann. Außerdem machen die beiden Fallstudien zu aktuellen Verwendungsweisen von Bildern die politischen Implikationen deutlich, die die Bildforschung haben kann. Der Band regt auf diese Weise dazu an, das Thema weiterzuverfolgen und sich von den laufenden Debatten selbst ein Bild zu machen.

Elisabeth Siegel (Wien)

Krise und Kritik der Sprache. Literatur zwischen Spätmoderne und Postmoderne, hrsg. von Reinhard Kacianka und Peter V. Zima, Tübingen und Basel (Francke) 2004, 300 S.

Der vorliegende Sammelband widmet sich einem zentralen Phänomen der literarischen Moderne, das bis in die Postmoderne nachwirkt: der viel diskutierten Sprachkrise um 1900 mitsamt ihren Implikationen und, vor allem, ihren literarischen Folgen. Den diskursiven Rahmen des Bandes stellt dabei einer der beiden Herausgeber, Peter V. Zima zur Verfügung: Der Untertitel ›Literatur zwischen Spätmoderne und Postmoderne‹ rekurriert mit der Spätmoderne auf einen Begriff, den Zima in seinem Buch ›Moderne/Postmoderne‹ prägte. Zimas ‚Spätmoderne' – synonym auch ‚Modernismus' – entspricht dabei weitgehend dem, was andernorts meist ‚Moderne' genannt wird: die Phase einer kritischen Auseinandersetzung der Neuzeit (der ‚Moderne') mit sich selbst, also das „*Reflexivwerden der Moderne*" [1]). Anzusiedeln ist der Beginn dieser Phase nach Zima in der zweiten Hälfte des 19. Jahrhunderts: Nietzsche, Baudelaire und Dostojews-

---

[1]) Peter V. Zima: Moderne/Postmoderne. Gesellschaft, Philosophie, Literatur, 2., überarbeitete Aufl., Tübingen und Basel 2001, S. 28.

kij werden nicht nur in ›Moderne/Postmoderne‹,[2]) sondern auch im Vorwort von ›Krise und Kritik der Sprache‹ als diejenigen Denker angeführt, von denen „eine Selbstkritik des gesamten modernen Denkens [...] eingeleitet wird". (8) In dieser reflexiven Denkbewegung nimmt die Kritik am Erkenntnisinstrument und Aussagemedium Sprache einen zentralen Stellenwert ein. Diesem geht der vorliegende Band in sehr breiter Ausrichtung nach: Er entfaltet ein Kaleidoskop sprachreflexiver Bewegungen in (spät-)modernen, avantgardistischen und schließlich postmodernen Texten unterschiedlicher Nationalliteraturen (im Zentrum stehen die französische, russische, deutsche und angelsächsische Literatur) und bietet so letztlich das, was Monographien über „die Sprachkrise und Sprachkritik bei ..." immer fehlen muss: eine ebenso internationale wie komparatistische und insgesamt diachrone Gesamtperspektive auf das Phänomen. Diese Gesamtperspektive muss jedoch, so das Manko jedes thematisch ausgerichteten Sammelbandes, implizit bleiben und vom Leser aus der Summe der (meist synchron ausgerichteten) Einzelbeiträge erschlossen werden.

Der von Kacianka und Zima im Vorwort skizzierte theoretische Rahmen versucht zwar, dieses konzeptionelle Defizit jedes Sammelbandes zu kompensieren, dieses Unterfangen gelingt jedoch nur bedingt: Denn tatsächlich folgen nicht alle Beiträge der Nomenklatur Zimas; entgegen dem Titel bleibt der Begriff ‚Moderne', auch in den Varianten der Früh- und Hochmoderne – so bei Rainer Grübel – über den Band hinweg virulent (tatsächlich ist das, was Zima Spätmoderne nennt, bei Grübel die Frühmoderne, während die Hochmoderne dort die Avantgarde meint – eine verwirrende, gleichwohl bei Sammelbänden zur ‚Moderne' nur schwer zu vermeidende Begriffsdivergenz). Problematisch erscheint weiterhin, dass die Grenzen zwischen dem Vorwort und Zimas Einzelbeitrag ›Krise und Kritik der Sprache: Das Ende der Kunstutopie‹ durchlässig sind; im Vorwort werden in verkürzter Form ebenjene Thesen aufgestellt, die später Zima ausführlich entfaltet: Dass die literarische Sprachkritik der Spätmoderne, die im Kontext einer generellen Kritik des Modernismus an der Rationalität der aufklärerischen und bürgerlichen Moderne erfolgte, den Künstler zum Hüter einer reinen Sprache werden lasse und mithin eine spezifische Kunstutopie erzeuge, die dann in der Avantgarde zur gesellschaftlichen Utopie verallgemeinert, in der postmodernen Literatur jedoch wieder zurückgenommen werde. Dieser weit geschlagene Bogen ist in sich durchaus überzeugend – angemerkt werden muss jedoch auch, dass diese Perspektive (wie, was spätestens seit Nietzsche bekannt ist, jede) eine Verengung des Blickwinkels darstellt, die Einzelnes ausblendet: bei Zima und damit dem vorliegenden Sammelband im Ganzen den (französischen) Poststrukturalismus, der nicht umsonst seinen Ausgangspunkt beim großen Sprachkritiker Nietzsche nahm und nicht nur sekundär auf die Literatur einwirkte (man denke etwa an *das* Beispiel deutschsprachiger postmoderner und zugleich explizit sprachkritischer Literatur, Ransmayrs ›Die letzte Welt‹), sondern selbst wiederum, mindestens im Falle Roland Barthes', als sprachkritische und postmoderne *Literatur* zu denken ist.

Unter Auslassung also der poetologischen Folgen des Poststrukturalismus werden jedoch wichtige Stationen des sprachkritischen Weges durch das 20. Jahrhundert beschritten (und welche Positionen man vermisst, wird letztlich von den subjektiven Interessen des Einzelnen abhängen, so auch – dies sei natürlich zugegeben – im Falle der Rezensentin): Mallarmé, Chlebnikov, Hugo Ball, Don De Lillo oder Paul Auster sind nur einige Namen, die fallen und deren implizite oder explizite sprachkritische Stellungnahmen in Einzelbeiträgen analysiert werden.

Vor diesen Wegmarken (spät)moderner, avantgardistischer und postmoderner Sprachbehandlung widmet sich der erste Teil des Bandes zunächst „Sprachwissenschaftliche[n] und philosophische[n] Prolegomena: Linguistik, Ethik, Ästhetik". Zum Auftakt fokussiert Hans-Martin Gauger das Verhältnis von Sprachkritik und Sprachwissenschaft und stellt so theore-

---

[2]) Vgl. ebenda, S. 27f.

tisch-systematische Überlegungen zur Verfügung, die in Forderungen an Sprachkritiker ebenso wie an Sprachwissenschaftler zur Abgrenzung ihrer Gegenstandfelder einerseits, zum notwendigen Austausch andererseits münden. So relevant diese Auseinandersetzung mit linguistischer „Sprachkritik – heute" auch sein mag, im Gesamtkonzept des Bandes wirkt sie doch eher wie ein Fremdkörper, was nicht nur am mangelnden Bezug zum übergreifenden Thema der Literatur, sondern auch am überaus polemischen Gestus der Ausführungen liegt. Kann man am Ende die Forderung nach einer konstruktiven Sprachkritik stellen, die „frei von messianischen oder hohepriesterlichen oder auch schon ‚oberlehrerhaften' oder ‚professoralen' Zügen sein sollte" (41f.), wenn man sich schon in der zweiten Fußnote zusammenhangslos über den „Unfug" (21) ereifert, Übersetzungen mit der Bemerkung ‚aus dem Amerikanischen' zu versehen (und nicht etwa ‚aus dem Englischen')?

Dem Verhältnis von „Sprachreflexion und Ethik" in der Literatur der zweiten Hälfte des 20. Jahrhunderts geht sodann Monika Schmitz-Emans nach, womit die Thematik des Bandes um eine wesentliche historische Perspektive erweitert wird: Die politischen Katastrophen der ersten Jahrhunderthälfte ziehen eine vermehrte Aufmerksamkeit auf die pragmatische – und damit auch ethische – Dimension von Sprache nach sich, wie Schmitz-Emans paradigmatisch an den Frankfurter Poetik-Vorlesungen ebenso wie den Büchner-Preisreden nach 1950 zeigt. Der oben bereits angesprochene Beitrag von Zima rundet den ersten Teil des Buches ab. Tatsächlich betont das Nebeneinander dieser beiden letzten Beiträge das Nebeneinander verschiedener Strömungen von Sprachkritik in der Literatur, so dass die Diversität des Themas hier deutlich wird. Denn die von Schmitz-Emans konstatierte Bewegung einer Sprach- als Zeitkritik, die sich gegen allgemeine Tendenzen des (postmodernen) Orientierungsverlustes wendet und für einen genauen Sprachgebrauch plädiert, enthält ein durchaus konstruktives Element. Dieser Aspekt wird von Zima jedoch gerade negiert, wenn er der „postmodernen Eindimensionalität" (80f.) bescheinigt, sich mit dem Bruch zwischen Subjekt und Objekt, Bewusstsein und Sein abgefunden zu haben. Nun führt Schmitz-Emans am Ende ihres Beitrages gerade Italo Calvino und damit einen der maßgeblichen Autoren der literarischen Postmoderne als Vertreter einer sprachkritischen Haltung an, die sich für einen Beitrag der Sprache „zur handelnden Orientierung des Menschen in der Welt" (64) einsetzt. Natürlich lässt sich diese sprachkritische Haltung nicht als ‚Utopie' bezeichnen – doch ein ganz entscheidender Rest einer „Hoffnung auf eine Überwindung der bestehenden Verhältnisse", eine Hoffnung, die Zima in der postmodernen Literatur Jürgen Beckers oder Werner Schwab nicht mehr findet (82), ist in Calvinos Position durchaus noch enthalten. Auch und gerade die literarische ‚Postmoderne' lässt sich nicht vorschnell auf einen Nenner bringen – und die verschiedenen Perspektivierungen der einzelnen Beiträge eröffnen durchaus divergierende Zugänge auf das Phänomen moderner bis postmoderner Sprachkritik, das damit auch pluraler erscheint, als die im Vorwort vorgeschlagene Rahmung des Sammelbandes suggeriert.

Die zweite Abteilung des Bandes befasst sich mit dem Zeitraum „Zwischen Spätmoderne und Avantgarde". Der erste Beitrag von Christina Vogel über ›Die Krise des Verses: Paradigma der Sprach- und Gesellschaftskritik Mallarmés‹ entfaltet am Beispiel von ›Un Coup de Dés jamais n'abolira le Hasard‹ die sprachreflexive Verfahrensweise Mallarmés, der die Sprache als Ereignis inszeniert und damit ihre Erneuerung jenseits jedes Utilitarismus anstrebt – womit Mallarmé als utopisches Ziel letztlich auch eine Erneuerung der Gesellschaft intendiert. Dem Nachhall der Sprachkrise um 1900 in der historischen Avantgarde geht Walter Fähnders nach, wobei er den Konnex zwischen der Schöpfung einer neuen Sprache und einer „Neuschaffung der Welt" (122) deutlich herausarbeitet. Hubert F. van den Berg widmet sich Hugo Ball und zeigt dabei überzeugend auf, inwiefern die zwei ‚Perioden' in Balls Schaffen – die Phase des Dadaismus während des Ersten Weltkriegs und die Zeit nach seiner Rekatholisierung in den 1920er Jahren – durch eine wichtige Konstante verbunden bleiben: Balls fortwährende Suche nach einer Überwindung der Sprachkrise, die auch durch das ‚göttliche Wort' keineswegs gelöst wurde.

Rainer Grübel und Aage A. Hansen-Löve nehmen schließlich Russland in den Blick: Grübel macht die russische Moderne in ihren verschiedenen Varianten als Paradigma für das Thema ‚Sprachkrise in der Literatur der Moderne' ertragreich und zeigt am Beispiel Chlebnikovs und dessen ‚Sternensprache', wie die Sprache der Krise zu einer „Sprache der Schöpfung" und „der Freiheit" wird (169). Hansen-Löve nimmt dann eine komparatistische Perspektive ein, wenn er die Auseinandersetzung des russischen Suprematisten Malevič mit verschiedenen – auch literarischen – Kunstströmungen nachzeichnet und so dem Dialog der sprachkritischen Poetik der russischen Moderne mit der Malerei Raum gibt, wie ihn Malevič insbesondere mit Chlebnikov geführt hat.

Der Übergang von der Avantgarde zur Postmoderne wird von einem Beitrag geleistet, der die dritte Abteilung („Die Postmoderne zwischen Wörtern, Kulturen und Medien") eröffnet: Astrid Poier-Bernhard nimmt die oulipotische Poetik in den Blick, deren Abkehr von ästhetischen oder ideologischen Positionen sich auch als Reaktion auf das Scheitern der Avantgarde lesen lässt (vgl. 197f.). An den Beispielen Oskar Pastiors sowie Bernardo Schiavettas werden die Verfahrensweisen und die Zielrichtungen oulipotischer Texte aufgezeigt: Im Falle Pastiors steht die Utopie einer paradisischen, ursprünglichen Sprache am Horizont seiner Poetik, Schiavetta verfolgt die polyphone Utopie eines unbegrenzten kommunikativen Austauschs zwischen allen Sprachen. Die Sprachkritik in der englischen Lyrik des 20. Jahrhunderts steht im Zentrum des Beitrags von Eva Müller-Zettelmann, die für die britische Lyrik seit den 1950er Jahren eine Abkehr von der sprachkritischen, modernistischen Position Eliots, ja die Rückkehr zu einem ausgesprochen unproblematischen Verständnis von Sprache als Abbild der Realität konstatiert: Das ästhetische Erbe des *High Modernism* blieb hier folgenlos, Sprachkritik bildet, so Müller-Zettelmann, in der gegenwärtigen – auch ‚postmodernen' – englischen Lyrik eine „Leerstelle" (227). Den sprachkritischen und metasprachlich-reflexiven Impulsen zweier postmoderner Romane von Don De Lillo (›The Names‹) und Paul Auster (›City of Glass‹) geht Marion Gymnich nach – beide Autoren thematisieren die Suche nach sprachlicher Bedeutungsstiftung ebenso wie deren Scheitern.

Die Reihe der im Sammelband behandelten europäischen und US-amerikanischen Autoren, deren Namen fast schon selbst als Synonym für das Gegenstandsfeld ‚Sprachkritik' stehen können, ergänzt Ottmar Ette in seinem wichtigen Beitrag mit einer türkisch-deutschen und zwei südamerikanischen Autorinnen: Jenseits der ‚klassischen' Krise der Sprache als Krise an deren Ausdrucks- und Erkenntniswert stellt Ette damit die Parameter des weiblichen sowie des inter- oder transkulturellen Schreibens unter dem Stichwort der „Fremdheit im Eigenen" (251) in den Mittelpunkt. Ette arbeitet hier den Konflikt verschiedener (Mutter-)Sprachen (Emine Sevgi Özdamar), den Konflikt zwischen Mutter- und Vatersprache als Dispositive eines weiblichen und eines männlichen, ‚literarischen' Schreibens (Juana Borrero) sowie das interkulturell agierende Sprach-Spiel mit dem Eigenen und dem Fremden (Gabriela Mistral) heraus. Sprachkritik kann, dies zeigt Ette überzeugend, auch in Form einer normverletzenden „Sprachstörung" in literarischen Texten erfolgen, „die stets auch ein Sprachenstören als Störung einer herrschenden Sprache ist" (268). Aufgezeigt und reflektiert werden damit die Verknüpfungen zwischen Sprache und Nationalität, Sprache und Identität sowie Sprache und Gender.

Jürgen Link geht im vorletzten Beitrag im Grunde über den thematischen Rahmen des Sammelbandes hinaus, wenn er die von ihm vormals etablierte Diskurskategorie des Normalismus[3]) in die Diskussion um die literarische Moderne und Postmoderne einbringt. Dabei glaubt Link nicht, dass „die Berücksichtigung des Normalismus für die Erörterung der ‚Sprachkrise' im engeren Sinne [...] notwendig ist", hält sie aber „insbesondere für die von Peter Zima [in ›Moderne/

---

[3]) Vgl. Jürgen Link, Versuch über den Normalismus. Wie Normalität produziert wird, Opladen 1996.

Postmoderne‹, Anm. von D. L.] analysierte Transformation von einer ‚spätmodernen' Literatur der ‚Ambivalenz' zu einer ‚postmodernen' Literatur der ‚Indifferenz' für hoch einschlägig und weiterführend" (272). Tatsächlich kann Link plausibel nachweisen, inwiefern das Paradigma des ‚Normalen' mit seinen beiden Grenzen des (positiv) Außerordentlichen und des ‚Absturzes' in Kriminalität, Sucht, Neurose oder Psychose die Literatur schon der Moderne prägt und in der Postmoderne nachwirkt, wobei innerhalb des Normalismus eine Verschiebung, nämlich eine sukzessive Erweiterung dessen, was als ‚normal' gilt, zu beobachten ist: Die Literatur der Spätmoderne thematisiere die Grenzen der Normalität in durchaus ambivalenter Weise: als zugleich gesuchte und gefürchtete. Genau diese Thematisierung und Problematisierung der Grenze vom Normalen zum Anormalen entfalle aber in der von Link in den Blick genommenen postmodernen Literatur (Sibylle Berg, Michelle Houellebecq, Marlene Streeruwitz sowie Elfriede Jelinek), so dass hier Indifferenz zwischen Normalität und Anormalität zum Tragen komme. Mit diesem Befund stützt Link Zimas These der spätmodernen „Ambivalenz der Werte, Normen, Handlungen und Aussagen"[4]) und der postmodernen Indifferenz als prinzipielle Austauschbarkeit dieser Größen. Link verzichtet in diesem Kontext allerdings auf eine nähere Betrachtung der „rein sprach-, klassikzitat-, mythos- oder genrespielerischen Versionen der Postmoderne" und konzentriert sich auf „mehr oder weniger ‚realistische[]' Inszenierungen normalistischer Curricula" (284). An dem in sich überaus spannenden Beitrag Jürgen Links zeigt sich mit Blick auf den Sammelband zweierlei: Zum einen, noch einmal, ex negativo die Pluralität verschiedener postmoderner Literaturen; zum anderen die Rahmung des Bandes durch Zimas Thesen zur Spät- und Postmoderne, die durchaus auch außerhalb des Paradigmas der Sprachkritik verhandelbar sind. Links Beitrag hat damit – unter Beachtung des Haupttitels des Sammelbandes – einerseits seinen falschen, unter Beachtung des Untertitels „Literatur zwischen Spätmoderne und Postmoderne" aber andererseits auch seinen richtigen Ort.

Der letzte Beitrag vom Mitherausgeber Reinhard Kacianka schließlich umfasst ›Drei Versuche über Sprachkrise und Sprachkritik am Ende der Gutenberg-Galaxis‹ und greift damit die medientheoretischen und zugleich zivilisationskritischen Theoreme etwa Baudrillards, Norbert Bolz' oder Neil Postmans auf. Kacianka wertet die „fortschreitende Mediatisierung unserer Zivilisation" dabei als „Geschichte eines Sprachverlusts" (295) und gelangt zu einem Fazit, das sicherlich nicht unbeabsichtigt an Foucaults berühmten Schlusssatz aus ›Les mots et les choses‹ erinnert:

> In der Indifferenz, der Ungeschiedenheit der technischen Kommunikationsmittel versinkt ‚der Mensch' allmählich im Treibsand des Rauschens, in der Überfülle virtuell generierter Simulakra, im steten Fluß der Zeichen an der medialen Oberfläche. Selbst sein Verdacht gewährt ihm nur kulturindustriell konfektionierte Einblicke in den submedialen Raum des Realen. Der Mensch verliert sich als Subjekt, um im Projekt der Virtual Reality konfektionskonform wiederaufzuerstehen. Objektiviert. Aufgelöst in Bit und Byte. (295)

Die notgedrungen sehr kurze und vereinfachende Geschichte der Menschheit, die Kacianka hier auf wenigen Seiten umreißt, hat naturgemäß ihre Lücken – und ob der Pessimismus dieses Blicks gerechtfertigt ist, lässt sich bezweifeln. Die sehr punktuell verfahrende Argumentation Kaciankas zumindest erlaubt kein objektives Urteil über den in Frage stehenden Gegenstand. Trotz gelegentlicher Anklänge an die Themen ‚Sprache' und ‚Schrift' geht dieser Medienpessimismus damit auch über den engeren Gegenstandsbereich des Sammelbandes hinaus: Sprachkritik und Sprachreflexivität in Literatur stehen hier nicht mehr zur Debatte.

Wie fast jeder Sammelband, so enthält auch ›Krise und Kritik der Sprache. Literatur zwischen Spätmoderne und Postmoderne‹ Beiträge, die weniger gut zu dem vom Titel gesetzten Thema

---

[4]) Zima, Moderne/Postmoderne (zit. Anm. 1), S. 266.

passen als andere – eine einschlägige Kritik an Sammelbänden. Im Ganzen bietet dieser Band jedoch eine weite Perspektive auf das Phänomen der impliziten oder expliziten Sprachkritik in der Literatur von der (Spät-)Moderne bis zur Postmoderne sowie überragende Studien namhafter Beiträger zu den sprachreflexiven literarischen Verfahrensweisen einzelner Autoren, die gerade in der Zusammenstellung die Diversität des Themas entfalten. Für jeden, der sich mit diesem Thema auseinandersetzt, wird ein Blick in diesen Band unabdingbar sein.

Wilfried Barner, Alexander von Bormann, Manfred Durzak, Anne Hartmann, Manfred Karnick, Thomas Koebner, Lothar Köhn und Jürgen Schröder, Geschichte der deutschen Literatur von 1945 bis zur Gegenwart. 2., aktualisierte und erweitere Aufl., hrsg. von Wilfried Barner (= Geschichte der deutschen Literatur, begr. von Helmut De Boor und Richard Newald; Bd. 12), München (Beck) 2006, XXIX + 1295 S.

Literaturgeschichtsschreibung ist ein problematisches Unterfangen, stellt sie doch, welcher Ausrichtung sie immer folgen mag, Konstrukte her, jeweils eine narrative Ordnung, in die sie die Gegenstände ihrer Darstellung zwingt, wenn diese auch nicht selten quer zu jeder Ordnung liegen, jedenfalls nie in einer solchen aufgehen. Im Zeitalter des Dekonstruktivismus lassen denn – wie schon anlässlich der Besprechung der ersten Auflage des vorliegenden Werkes betont wurde[1]) – dezentrierte Sehweise und die Einsicht in die Unmöglichkeit oder auch die Verweigerung, Bedeutungen festzulegen, herkömmliche, perspektivisch ordnende, narrative Literarhistorie kaum aussichtsreich und sinnvoll erscheinen. Dass ein solches Unternehmen mit der von Wilfried Barner gemeinsam mit sechs Mitarbeitern und einer Mitarbeiterin bei Beck veröffentlichten ›Geschichte der deutschen Literatur von 1945 bis zur Gegenwart‹ allen Unkenrufen zum Trotz in Angriff genommen und Mitte der 1990er-Jahre zu einem guten Abschluss gebracht worden ist, hat verdientermaßen Respekt und ein vorwiegend positives Echo in der Kritik hervorgerufen, dass ein über tausend Seiten umfassendes Werk dann auch noch ein verlegerischer Erfolg wird und eine zweite, erweiterte Auflage erfährt, was – trotz des Gelingens aus fachlicher Sicht – durchaus nicht selbstverständlich ist, steigert die Hochachtung. Die Situation ist mittlerweile zudem nicht einfacher geworden. Der behandelte Zeitraum umfasst nun knapp sechzig Jahre, also nochmals fast eineinhalb Jahrzehnte mehr, die Literaturproduktion, seit den 1960er-Jahren ohnehin schon kaum überschaubar, ist noch unübersichtlicher geworden. Dass jüngste Literatur in Zusammenhänge zu stellen aufgrund geringer Distanz und des fehlenden Überblicks immer besonders problematisch ist, wird vor allem denjenigen deutlich bewusst, die es selbst versucht haben – so auch den Beiträgern des gegenständlichen Bandes. Schließlich wäre noch zu bedenken, dass sich die Situation an den Universitäten, an deren Lehrende und Studierende sich das Werk ja in erster Linie richtet, grundlegend verändert hat durch die Einführung der Baccalaureats-Studien und – Stichwort: Bologna – der Festlegung von Maximal-Lektürevorgaben, die von nichts

---

[1]) Vgl. dazu die Besprechung der 1. Aufl. durch den Verf. In: Sprachkunst 26 (1995), 2. Halbband, S. 377–380.

weniger als der Angst diktiert scheinen, Studierende der Literaturwissenschaft könnten zu viel lesen ... So gesehen darf die vorliegende Literaturgeschichte, die ja schon rein quantitativ das aktuell zumutbar Erscheinende übersteigt, auch als ein begrüßenswerter Akt des Widerstands gegen die Nivellierung der Ansprüche in der germanistischen Ausbildung gelten.[2])

Da der Text der ersten fünf Kapitel in der Neuauflage weitestgehend gleich geblieben ist, braucht, was über diese in der Besprechung der ersten Auflage gesagt wurde, hier nicht wiederholt zu werden. Nur so viel: Angeblich wurden monierte Fehler in der Neuauflage korrigiert. Die in der genannten Rezension bemängelten Ungenauigkeiten finden sich allerdings nach wie vor: die falsche zeitliche Einordnung der Atomkraftwerk-Volksabstimmung in Österreich in die achtziger Jahre, weil es so besser in den bundesdeutschen Kontext passt, die – literarhistorisch nicht ganz bedeutungslos – falsche Datierung von Peter Henischs ›Die kleine Figur meines Vaters‹ auf 1980 statt 1975, das Ignorieren des (im Übrigen immer noch, mittlerweile im 47. Jahrgang) Fortbestehens der wichtigsten österreichischen Literaturzeitschrift, der „manuskripte". Diese Ungenauigkeiten mögen zu tun haben mit einer gewissen Nonchalance gegenüber der österreichischen (und auch der Schweizer) Literatur, mit der vorrangigen Perspektive der gegenständlichen Literaturgeschichte, die die deutsche Literatur seit 1945 insbesondere unter dem Aspekt der Spannung zwischen BRD- und DDR-Literatur betrachtet. Gerald Stieg hat in seiner Besprechung der ersten Auflage nicht zu Unrecht die eingeschränkte Wahrnehmung des historischen Kontextes der österreichischen und der Schweizer Literatur, den „sanften Imperialismus der Unkenntnis der anderen" kritisiert: „Die Deutschen haben eine Geschichte und eine Literatur, die anderen *bloß* eine Literatur."[3]) Das gilt für die Kapitel 1 bis 5, da inhaltlich unverändert, nach wie vor, nicht aber in derselben Weise für das sechste, über die neunziger Jahre, was sich durchaus positiv in der genaueren Erfassung des gesellschaftlichen Kontexts und des literarischen Feldes in Österreich und in der Schweiz sowie in der teilweise grundlegend veränderten Wahrnehmung und Bewertung einzelner Autoren und Autorinnen aus den beiden Ländern (besonders auffällig bei Urs Widmer) niederschlägt.

Das Strickmuster der Literaturgeschichte, jedem Jahrzehnt ein Kapitel zu widmen, wurde beibehalten, so dass der „Epilog" der ersten Auflage, der einen kurzen Blick auf die Literatur der damals eben angebrochenen neunziger Jahre wagte, nun einem eigenen Kapitel über diese gewichen ist. Dass eine andere Periodisierung der Literatur seit 1945 durchaus denkbar wäre, versteht sich, dass andere Gliederungen auch wieder Hilfskonstrukte darstellten, ebenso. Für die Fortschreibung der vorliegenden Literaturgeschichte hat sich der pragmatische Ansatz der Einteilung nach Jahrzehnten als vorteilhaft erwiesen. Zudem: den Beiträgern, der Beiträgerin ist selbstverständlich bewusst, dass die Geschichte der Literatur keine scharfen Zäsuren kennt, dass es Kontinuitäten über Zeitgrenzen hinweg gibt, und zwar sowohl in personeller (man denke etwa an die noch lebenden Mitglieder der „Gruppe 47" oder die „alten Volksstückschreiber" – 1092) und thematischer Hinsicht (Bezug auf Holocaust) als auch in ästhetischen Verfahren (eben z. B. in der Volksstückdramaturgie).

---

[2]) Dass Quantität nicht Qualität bedeutet, versteht sich von selbst, dass Qualität auch bei geringer Quantität möglich ist, beweist auf dem Feld der Literaturgeschichtsschreibung eindrucksvoll Jürgen Egyptien, Einführung in die deutschsprachige Literatur seit 1945, Darmstadt 2006. Dieser Leitfaden von 160 Seiten macht keinerlei Zugeständnisse an das Niveau, schärft vielmehr das Problembewusstsein sowohl für das literaturgeschichtliche Tun (Periodisierungsfragen etc.) als auch für spezifische Probleme der Literatur seit 1945, regt zur Textlektüre und zum Weiterfragen an, tut mithin genau das, was Literaturgeschichte im Dienste ihres Gegenstands bestenfalls zu leisten vermag.

[3]) Gerald Stieg [Rez.], Sanfter Imperialismus, in: Profil (Wien) vom 3. Oktober 1994, S. 14f., hier: S. 15.

Zwei Änderungen gegenüber dem ursprünglichen Konzept sind zu vermerken. Die eine ist – dem Herausgeber durchaus bewusst – „gewiss kritisierbar“ (XXVIII): Mit der doch etwas merkwürdig anmutenden Begründung, dass der Verfasser der Abschnitte über das Hörspiel „nicht mehr zur Verfügung stand“, wurde auf die Darstellung der radiophonen literarischen Ereignisse in den neunziger Jahren komplett verzichtet (und selbstverständlich auch die seinerzeit monierte Beachtung des Hörspiels in der DDR nicht nachgeholt). Ersatz zu finden, hätte doch nicht allzu große Mühe machen sollen. So bleibt eine Lücke. Auch wenn das Hörspiel als literarische Gattung in den letzten drei Jahrzehnten aufgrund veränderter medialer Bedingungen an Bedeutung zweifellos verloren hat, wäre doch ein Blick auf die Weiterentwicklung dieses Genres dank der Verfügbarkeit neuer technischer Gestaltungsmittel, die auch ästhetische Folgen haben, sehr aufschlussreich. Während dieses Manko ärgerlich ist, macht die zweite Änderung durchaus Sinn: das Literaturverzeichnis wurde im Umfang von 65 in der ersten Auflage auf nunmehr 38 Seiten gekürzt, das ursprüngliche Verzeichnis und eine weitere Datenbank wurden ins Internet gestellt, mithin das Druckwerk entlastet und die Basis für permanente bibliographische Ergänzungen geschaffen.

Orientierungen zu bieten im Wirrwarr des „literarischen Lebens der neunziger Jahre“, ist nicht ganz einfach. Das hat natürlich zuallererst einmal zu tun mit der geschichtlichen Entwicklung nach dem Fall der Berliner Mauer. Längst gilt der Geschichtswissenschaft 1989 als „Zeitikone“[4]), als eine „kongeniale Markierung“ zu 1917. Mit diesen beiden Daten sei das 20. Jahrhundert zeitlich abgesteckt, 1989 „eine ganze Epoche jäh an ihr Ende gelangt“, ein „Weltbürgerkrieg“, „ein Kampf der Werte und Weltanschauungen, universell angelegt und global ausgreifend“, so dass „die Welt [...] politisch von einem geschichtsphilosophisch aufgeladenen Antagonismus der Werte durchwirkt“[5]) war. Dies klingt nach gewisser Überschaubarkeit, die mit dem Ende des Ost-West-Konflikts im Triumph des Kapitalismus und der Globalisierung verloren gegangen sei. Die nächste historische Markierung, ebenfalls schon zu einer Zeitikone geworden, ist mit dem 11. September 2001 gegeben. Zwischen den beiden Daten ist die Welt nicht von weniger Gewalt bestimmt gewesen und schon gar nicht übersichtlicher geworden. Das gilt durchaus auch für die Literatur und den Literaturbetrieb, speziell auch in Deutschland, wo es die Teilung zu überwinden galt, die im Osten vor allem, aber auch im Westen unterschiedlichste Reaktionen ausgelöst hat. Verunsicherung hervorgerufen haben nicht zuletzt prominente ehemalige DDR-Autorinnen und -Autoren wie Christa Wolf oder Sascha Anderson durch ihre Beziehungen zum Staatsicherheitsdienst und die Schwierigkeit, diese angemessen zu beurteilen. Man darf der vorliegenden Literaturgeschichte konzedieren, dass sie mit diesem Problemkreis sehr sensibel und ohne Überheblichkeit umgeht, genau informiert (etwa über die Schwierigkeiten der Zusammenführung der Akademien), sich kein endgültiges Urteil anmaßt und als Problem thematisiert, aber seriöserweise offen lässt, ob die Kapitel über die Literatur in der DDR zukünftig neu zu schreiben wären. Jedenfalls werden einfache Erklärungsangebote zurückgewiesen, wie die nicht selten angebotene, gleichwohl intellektuell problematische Parallelisierung der Situation nach 1989 mit der nach 1945. Und selbstverständlich verbot sich für die neunziger Jahre eine plane Fortschreibung der DDR-Kapitel. So wird denn die „DDR im Rückblick“ unter dem Aspekt des „Dilemma[s] der neuen Verhältnisse“ (1008) in Augenschein genommen und der „Lyrik ‚im Transit‘ aus der DDR“ (1065) eigene Beachtung geschenkt. Dass die DDR nicht aus den Köpfen verschwunden, vielmehr fast zwangsläufig und in unterschiedlichster Ausprägung (speziell in zahlreichen autobiographischen Projekten, aber auch in Werken mit „experimentellen“ Schreibweisen, wie denen Reinhard Jirgis, der alle Register moderner Erzählkunst zu ziehen versteht) nachwirkt, versteht sich.

---

4) Dan Diner, Das Jahrhundert verstehen. Eine universalhistorische Deutung, München 1999, S. 10.

5) Ebenda, S. 65.

Aufgrund sehr unterschiedlicher Voraussetzungen und in sehr unterschiedlicher Weise haben so genannte „rechte" Bewegungen (besonders in den so genannten „neuen Bundesländern" und in Österreich) oder als „rechtslastig" interpretierte Äußerungen von Autoren (speziell von Botho Strauß und Martin Walser) in den 1990er-Jahren für Aufregung gesorgt. Diese stehen in Beziehung zu der anhaltenden Diskussion über den Holocaust und über die Fragwürdigkeit kollektiver Schuldbekenntnisse. In Österreich, wo um 1990 keine Zäsur auszumachen ist, hat die Literatur das, was man in den sechziger Jahren „Alltagsfaschismus" genannt hat, und den latenten Antisemitismus nicht erst seit den Diskussionen um die Präsidentschaft von Kurt Waldheim und den Wahlerfolgen von Jörg Haider thematisiert – man denke an Ingeborg Bachmann, Thomas Bernhard u.a. –, aber die Auseinandersetzungen sind intensiver, lauter und heftiger (Peter Turrini: „Mörderrepublik") geworden. In der Schweiz hat das Ableben von Max Frisch (1991) und Friedrich Dürrenmatt (1990) sehr wohl eine neue Phase markiert, allerdings haben die beiden bereits sehr früh eine Diskussion über die Verstrickung ihres Landes in nationalsozialistische Machenschaften (jüdische Vermögen) angestoßen, die erst jetzt intensiv geführt wurde.

Die Überschriften der Unterkapitel lassen schon erkennen, dass die Strukturierung der Erzählprosa der neunziger Jahre am schwersten fällt. Ob es denn einen „gesamtdeutschen Roman" gebe (964ff.), diese Frage erscheint nach Lektüre des sehr aufschlussreichen Abschnitts so überflüssig wie die nach dem „Wenderoman", weil eine von außen an die Literatur herangetragene, weshalb jene Werke offensichtlich misslungen sind, die sich diesem Projekt und den hochgeschraubten Erwartungen verschrieben haben, wie Günter Grass mit dem Roman ›Ein weites Feld‹ (1995)[6]) oder – von den jüngeren Autoren – Michael Kumpfmüller mit seinem Roman ›Hampels Fluchten‹ (2000). Nicht viel überzeugender sind die Titel weiterer Abschnitte: „Schreiben an der Peripherie" (973) – wo wäre das Zentrum der Literatur im deutschen Sprachraum? –, „Gibt es noch experimentelles Schreiben" (987) – wäre eine Frage der Definition –, „Einzelgänger kommen aus der Deckung" (990) – bei Helmut Krausser ließen sich durchaus auch Zuordnungen treffen, sowohl in seinem Streben nach Polymorphie als auch mit dem Bezug zu Mythen –, schließlich: Der Titel „Der andere deutsche Roman" (997) bleibt gar zu wenig aussagekräftig, meint er doch deutschsprachige Texte von Zuwanderern aus verschiedenen Ethnien.

Die Unsicherheit in der Kapitelbenennung ist verzeihbar angesichts der Stärke der Ausführungen über die Erzählprosa der neunziger Jahre, die darin liegt, dass der Argumentation und den Wertungen des Verfassers, Manfred Durzak, recht genaue Analysen der jeweiligen Texte vorausgehen. Nach der Lektüre der Ausführungen über Christian Kracht und Benjamin von Stuckrad-Barre wird kaum mehr Zweifel an der neuen Leichtigkeit eines Teils jener Literatur aufkommen, die sich mit dem vermeintlich zugkräftigen Etikett „Popliteratur" schmückt. Selbst wenn man Durzaks Überzeugungen nicht teilt – etwa seine Urteile über Judith Hermanns Werke, die für ihn neben Urs Widmer und Dieter Wellershoff einen der „Drei Höhepunkte des Erzählens" (967) im gegenständlichen Jahrzehnt darstellt, oder über die ästhetische Antiquiertheit W. G. Sebalds (vgl. 978) –, versteht er es aufgrund der genannten analytischen Vorausleistung meist mit wenigen Sätzen seine Einstellungen zumindest plausibel zu machen.

Es liegt in der Natur der Sache, dass Literaturgeschichte aus Darstellungsgründen ausblendet, die Kritik hinwiederum auf Fehlendes verweist. Während das Weiterschreiben der Grass und Walser (durchaus berechtigte) Beachtung findet oder – es wurde schon angedeutet – Urs Widmer mit seiner Erzählprosa seit dem phantasievollen ›Blauen Siphon‹ (1992) und im Besonderen seit

---

[6]) Keineswegs entschuldigt wäre mit dem Hinweis auf das Nicht-geglückt-Sein des Romans von Grass allerdings die Entgleisung des ›Spiegel‹-Titelblatts vom 21. August 1995, das Marcel Reich-Ranicki beim Zerreißen des Buchs zeigt. Ein Verriss des misslungenen Erzählkonstrukts und der nicht bewältigten Materialmasse erscheint durchaus angebracht, eine Büchervernichtung rechtfertigt das nicht.

seinem die Schweizer „Realgeschichte“ (970) schonungslos beleuchtenden Roman ›Der Geliebte der Mutter‹ (2000) nunmehr Gerechtigkeit widerfährt (ohne dass allerdings seine früheren Texte eine Neubewertung erfahren würden), scheint es, als hätten etwa ein Christoph Ransmayr oder ein Walter Kempowski in den Neunzigern zu schreiben aufgehört oder eine Elfriede Jelinek nur mehr Dramen beziehungsweise Stückvorlagen für das Theater verfasst.

Gute Zeiten für Lyrik brachten, so Alexander von Bormann, die 1990er-Jahre, insbesondere auch für junge Talente, denen der Literaturbetrieb mit Stipendien, Preisen, guten Publikationsmöglichkeiten mehr Chancen geboten hat als je zuvor. Und sie wurden auch genützt, brachten eine große Vielfalt: das formal Virtuose Spiel mit der Postmoderne eines Dirk von Petersdorffs, „reichhaltige Erzählgedichte“ (1059) von Jan Koneffke, Neigung zum Erzählerischen auch bei Marcel Beyer (bei ihm durchaus auch verbunden mit der zum Experimentellen) oder Johannes Schenk. Nicht immer lässt sich die Argumentation von Bormann nachvollziehen: „ein neuer, ein ganz eigener Ton“ (1064), so behauptet er etwa, zeichne den Schweizer Raphael Urweider aus. Da hat er nicht Unrecht, aber wer die Lyrik Urweiders nicht kennt, bleibt mit der Frage nach dem Neuen und Eigenen alleingelassen. Gute Zeiten waren die Neunziger aber nicht nur für Debütanten, sondern auch für die Etablierten, denen nicht wenige Gesamtausgaben oder jedenfalls Auswahlbände gewidmet wurden. Da bietet sich die Gelegenheit zu neuen oder differenzierteren Bewertungen, wie sie Bormann beispielsweise im Fall von Walter Helmut Fritz vornimmt, dessen Gedichte der sechziger Jahre als Naturlyrik abzutun nicht mehr möglich ist, wird doch nun in der Gesamtschau deren Zeit- und Gesellschaftsbezug überdeutlich erkennbar. Die meisten Wertungen überzeugen, in einigen Fällen ist es schwierig dem Gegenstand gerecht zu werden: Friederike Mayröckers hochartifizielle, nicht selten schwer nachvollziehbare Lyrik ist in der gebotenen Kürze einfach nicht entsprechend zu würdigen, es muss gewissermaßen bei Andeutungen bleiben. Eine kritischere Haltung hätte man sich allerdings bei der Erwähnung der Edition von Ingeborg Bachmanns Nachlassgedichten erwartet, die ja grundsätzlich problematisiert wurde. Um ausgereifte ästhetische Gebilde handelt es sich dabei zweifellos nicht, ihre Veröffentlichung könnte nur durch ihre Stellung im Gesamtwerk der Autorin gerechtfertigt werden.

Treffend charakterisiert erscheint die Lyrik von Autorinnen und Autoren aus der ehemaligen DDR schon allein durch die Titel der Unterkapitel: „‚Spaltungsirr nach der Vereinigung‘“ (nach einem Titel von Elke Erb, 1065), „Heimsuchung der Vergangenheit“ (1067), „Einfach, doppelt und dreifach fremd“ (1072). Für die Lyrik in der ehemaligen BRD gilt: „kaum eine Wende“ (1025), für den Osten: „Mehr DDR war nie als nach ihrem Ende“ (1068), für beide jedoch: „Weniger Zukunft war nie“. Das scheint zu apodiktisch formuliert, wird doch unter dem Bert Papenfuß zitierenden Titel „land gewinnen“ (1076) etwa einer Elke Erb durchaus das Ringen um andere Wahrnehmungsmöglichkeiten oder auch einer Barbara Köhler Offenheit für das Neue attestiert, es trifft aber die Stimmung vor allem nach dem Abflauen der ersten Wendeeuphorie und der zunehmenden „Fremdheitserfahrung in und mit dem neuen Deutschland“ (1072) recht gut.

Am aufregendsten ist in den neunziger Jahren die ungeheuer lebhafte Theaterszene. Jürgen Schröder gelingt es trotz der Vielfältigkeit der Theaterproduktionen und dramatischen Ansätze den Überblick nicht zu verlieren und zugleich die angesprochene Lebendigkeit in seiner Darstellung zu vermitteln. Beispielhaft ließe sich das an den Ausführungen über Werner Schwab beobachten. Sowohl der Selbstinszenierung als „Projekt Schwab“ und deren Wirkung als auch dem im Grunde immer gleich bleibenden, dramatische Zuspitzung steigernden, dann in der Thematisierung des theatralischen Prozesses diese Steigerung zurücknehmenden Strickmuster seiner Stücke wird entsprechende Beachtung geschenkt, insbesondere aber auch seiner Sprache, dem „Schwabischen“. Diskutieren ließe sich, ob dieses „Schwabdeutsch“ (1098) nicht doch in der „Nachfolge“ des Horváthschen „Bildungsjargons“ gesehen werden kann, die Eigenart dieses Sprachgebrauchs, in dem „alles verdinglicht, verfremdet und objekthaft gemacht“ (1099)

erscheint, ist jedoch ebenso treffend erfasst wie das Umschlagen von Sprachakten in physische Gewaltakte. Diskutierenswert wäre auch die Frage, ob den Stücken Schwabs nicht doch „eine Botschaft abzugewinnen" (1100) ist, nämlich die, dass seine Gestalten Gefangene der Sprache sind und dass das mit ihrer „kleinbürgerliche[n] und bürgerliche[n] Welt und Gesellschaft" zu tun hat. In dieser Hinsicht erweist er sich – bei aller seiner Radikalität geschuldeten Differenz – nahe dem Volksstück.

Die Ereignisse auf dem Theater der Neunziger bewegen sich im Spannungsfeld zwischen dem so genannten „postdramatischen Theater", einem totalen Bruch mit der aristotelischen Tradition, für das Elfriede Jelinek konsequentest nur mehr in fortlaufendem Prosatext verfasste Stückvorlagen liefert, und einem „neuen Realismus". Dazwischen die „Alten" wie Botho Strauß (der auch im alten Fahrwasser bleibt) und der wandlungsfähige, theaterbesessene Tankred Dorst, die „alten Volksstückschreiber" (1092) Franz Xaver Kroetz, Klaus Pohl, Peter Turrini (der während der Intendanz Klaus Peymann – man könnte sagen: entgegen Volkstheatertradition – schon zu Lebzeiten im Burgtheater eine Heimstatt gefunden hat) und Felix Mitterer, die „zwei Shooting-Stars der neunziger Jahre" (1097), der genannte Werner Schwab und Marlene Streeruwitz, sowie zahlreiche Junge wie Oliver Bukowski, Daniell Call, Dea Loher, Marius von Mayenburg u. v. a. Und allgemein gilt, dass das Theater der neunziger Jahre sich mit Begeisterung der Performance, dem Tanz und den neuen Medien öffnet.

Eingangs wurde das (literarhistorische) Ordnung-Schaffen in Sachen Literatur grundsätzlich problematisiert. Dass es, speziell bei jüngster Literatur schwierig ist, Zusammenhänge herzustellen, kann sich aber als Vorteil herausstellen. Durchgehend erwecken die Kapitel über die Literatur der neunziger Jahre trotz ihrer Übersichtlichkeit den Eindruck, dass die hergestellte „Ordnung" keine endgültige ist. Diesbezügliche Festschreibungen werden vermieden, Offenheit ist spürbar dank der – für Literaturgeschichten – vergleichsweise einlässlichen Beachtung einzelner Textzeugnisse.

Kurt Bartsch (Graz)

ZWEITE HALBZEIT FÜR DIE ›TSCHECHISCHE BIBLIOTHEK‹

Hrsg. von Peter Demetz, Jiří Gruša, Peter Kosta, Eckhard Thiele und Hans Dieter Zimmermann, Stuttgart und München (Deutsche Verlags-Anstalt) 1999–2007, 33 Bände.

Das Editionsprojekt ›Tschechische Bibliothek‹ der Deutschen Verlagsanstalt wurde in ›Sprachkunst‹ (33. 2002, 2. Halbband) nach dem Erscheinen der ersten 16 Bände besprochen. Nachdem nun – fünf Jahre später – alle geplanten 33 Bände herausgekommen sind, ist es an der Zeit, die Informationen über dieses Projekt zu ergänzen, zu präzisieren und abzuschließen.

2003

- Bedřich Smetana, Antonín Dvořák, Leoš Janáček, Musikerbriefe, Auswahl Alena Wagnerová und Barbora Šrámková, Übersetzung Christa Rothmeier, Bedřich Eben, Silke Klein und Alexandra Baumrucker, 558 S.
- Jan Čep, Der Mensch auf der Landstraße. Erzählungen, Auswahl Urs Heftrich, Übersetzung Hanna und Peter Demetz und Bettina Kaibach, Nachwort Bettina Kaibach, 312 S.

- Bohumil Hrabal, Allzu laute Einsamkeit und andere Texte, Auswahl und Nachwort Eckhard Thiele, Übersetzung Peter Sacher, Kommentare Peter Demetz, Susanna Roth und Eckhard Thiele, 192 S.
- Eva Kantůrková, Freundinnen aus dem Haus der Traurigkeit. Roman, Übersetzung Silke Klein, Nachwort Aleš Haman, 422 S.

2004

- Johann Amos Comenius, Das Labyrinth der Welt und andere Meisterstücke, Auswahl, Übersetzung und Nachwort Klaus Schaller, 462 S.
- Peter Demetz (Hrsg.), Fin de siècle. Tschechische Novellen und Erzählungen, Übersetzung Kristina Kallert, Peter Demetz, Alexandra und Gerhard Baumrucker und René Wellek, Vorwort Peter Demetz, Nachwort Marek Nekula, 268 S.
- Adieu Musen. Anthologie des Poetismus, Auswahl und Kommentar Ludvík Kundera und Eduard Schreiber, mehrere Übersetzer, 316 S.
- Egon Hostovský, Siebenmal in der Hauptrolle. Roman, Übersetzung Markus Sedlaczek, Nachwort Jiří Holý, 321 S.

2005

- Frühling in Prag oder Wege des Kubismus, Auswahl und Kommentar Heinke Fabritius und Ludger Hagedorn, Übersetzung Kristina Kallert, Ludger Hagerdorn und andere, 384 S.
- Jakub Deml, Pilger des Tages und der Nacht. Prosa, Lyrik, Tagebuchtexte, Auswahl und Übersetzung Christa Rothmeier, Kommentar Christa Rothmeier und Vladimír Binar, 324 S.
- Richard Weiner, Kreuzungen des Lebens. Erzählungen, Essays, Feuilletons, Briefe, Auswahl und Kommentar Steffi Widera, Übersetzung Silke Klein, Franz Peter Künzel, Peter Sacher, Susanna Roth, Karl-Heinz Jähn, 302 S.
- Josef Škvorecký, Das Baßsaxophon. Jazz-Geschichten, Auswahl und Nachwort Jiří Holý, Übersetzung Andreas Tretner, Marcela Euler und Kristina Kallert, 366 S.

2006

- Božena Němcová, „Mich zwingt nichts als die Liebe". Briefe, Auswahl Eckhard Thiele, Übersetzung Kristina Kallert, Vorwort Hans Dieter Zimmermann, Nachwort Jaroslava Janáčková, biographischer Essay Václav Maidl, 424 S.
- Ludvík Kundera und Eduard Schreiber (Hrsgg.), Süß ist es zu leben. Tschechische Dichtung von den Anfängen bis 1920, Auswahl und Kommentar Ludvík Kundera und Eduard Schreiber, mehrere Übersetzer, 486 S.
- Ludvík Vaculík, Das Beil. Roman, Übersetzung Miroslav Swoboda und Erich Bertleff, Vorwort Peter Kurzeck, Nachwort Eckhard Thiele, 304 S.
- Urs Heftrich und Michael Špirit (Hrsgg.), Höhlen tief im Wörterbuch. Tschechische Lyrik der letzten Jahrzehnte, Auswahl und Kommentar Urs Heftrich und Michael Špirit, mehrere Übersetzer. Nachwort Urs Heftrich, 446 S.

2007

- Jan Neruda, Die Hunde von Konstantinopel. Reisebilder, Auswahl, Übersetzung und Nachwort Christa Rothmeier, 370 S.

Die Gesamtbilanz der ›Tschechischen Bibliothek‹ ist überaus positiv: Die Edition präsentiert in schön aufgemachten, sorgfältig ausgewählten und gut übersetzten Texten ein Panorama der gesamten tschechischen Literatur vom Mittelalter bis in die Gegenwart. Die Herausgeber dieser

Edition (Peter Demetz, Jiří Gruša, Peter Kosta, Eckhard Thiele, Hans Dieter Zimmermann) haben gute und gewissenhafte Arbeit geleistet. Besonders gilt dies für den ausübenden Redakteur, den Berliner Bohemisten und Übersetzer Eckhard Thiele, der jeden einzelnen Band – vor allem bezüglich der Übersetzung – sorgfältig korrigiert und zum Druck vorbereitet hat.

So hat die tschechische Literatur endlich eine repräsentative Edition im Ausland – und zwar auf Deutsch, also in einer Sprache, die für die tschechische Literatur traditionellerweise als Tor zu Europa und in die Welt gilt. Den deutschsprachigen Leserinnen und Lesern standen zwar auch bisher relativ viele Übersetzungen von tschechischen Büchern zur Verfügung, manchmal war aber die Auswahl eher beliebig oder die Übersetzung von zweifelhafter Qualität. Die ›Tschechische Bibliothek‹ stellt jetzt die Höhepunkte der tschechischen Literatur in angemessener Form vor, sowohl vom Standpunkt der historischen Entwicklung, als auch vom Standpunkt der Persönlichkeiten, literarischen Gattungen und Genres. Zum Beispiel waren viele der bedeutendsten tschechischen Autoren Lyriker, und gerade die Übertragung von Lyrik in eine andere Sprache ist bekanntlich sehr schwierig. Zudem findet die Lyrik niemals eine so breite Rezeption beim Publikum wie die Prosa und hier besonders der Roman. Die Betreiber der ›Tschechischen Bibliothek‹ konnten es sich deshalb nicht erlauben, den großen Persönlichkeiten der tschechischen Lyrik, wie es etwa Otokar Březina, Vítězslav Nezval oder Vladimír Holan sind, eigene Bände zu widmen. Dieses Manko beheben aber drei Bände mit Anthologien tschechischer Lyrik, nämlich ›Süß ist es zu leben‹ (vom 10. Jahrhundert bis zur Moderne, d. h. zum Beginn des 20. Jahrhunderts), ›Adieu Musen‹ (die historische Avantgarde der zwanziger und dreißiger Jahre des 20. Jahrhunderts) und ›Höhlen tief im Wörterbuch‹ (Lyrik der letzten Jahrzehnte). Die ersten zwei Bände stellte der Dichter und Übersetzer Ludvík Kundera, dessen Verdienste um die Vermittlung der tschechischen Lyrik in den deutschen Sprachraum nicht hoch genug geschätzt werden können, unter Mitarbeit von Eduard Schreiber zusammen. Die dritte Auswahl besorgte ebenfalls ein tschechisch-deutsches Paar, Michael Špirit und Urs Heftrich. Diese Art von Kooperation hat sich immer wieder als nützlich erwiesen, denn für die Präsentation von tschechischer Lyrik im deutschen Sprachraum bedarf es sowohl der Perspektive von tschechischen, als auch von ausländischen Bohemistinnen und Bohemisten. Alle genannten Bände sind mit detaillierten biographischen und bibliographischen Angaben, mit Erläuterungen und weiteren Materialien versehen. Ihr Gesamtumfang von an die 1.250 Seiten bildet einen einzigartigen und profunden Überblick über die tschechische Lyrik von ihren Anfängen bis in die Gegenwart. Eine weitere Anthologie steht mit dem Band ›Fin de siècle‹ zur Verfügung, die das Prosaschaffen der Epoche der Neuromantik und Dekadenz an der Wende vom 19. zum 20. Jahrhundert vorstellt; er wurde von Peter Demetz, dem Nestor der Germanobohemistik, zusammengestellt.

Ein zusätzliches charakteristisches Merkmal der ›Tschechischen Bibliothek‹ ist die Erweiterung des traditionellen Literaturbegriffs, einerseits um reflexive Genres – hierher gehört außer zwei bereits früher edierten Bänden, die dem philosophischen Denken und Karel Čapeks ›Gesprächen mit Masaryk‹ gewidmet sind, eine Reihe von Essays, Studien und Reflexionen im Band ›Frühling in Prag oder Wege des Kubismus‹ – andererseits um Briefe und Feuilletons. Božena Němcová, die große Schriftstellerin des 19. Jahrhunderts, sollte ursprünglich mit ihrer klassischen Prosa ›Die Großmutter‹ vorgestellt werden, stattdessen wurde aber letztlich eine Auswahl aus der Korrespondenz dieser Autorin herausgegeben. Gerade die Briefe von Božena Němcová, die – auch vom Gesichtspunkt der Gender Studies, die Němcová als Vorläuferin feministischer Bemühungen betrachten – gegenwärtig im Zentrum des Interesses tschechischer Forscherinnen und Forscher wie Leserinnen und Leser stehen, gehören zum heute aktuellsten Teil des Werks dieser Autorin. Ein anderer tschechischer Klassiker des 19. Jahrhunderts, Jan Neruda, dessen Erzählband ›Kleinseitner Geschichten‹ bereits mehrmals ins Deutsche übersetzt wurde, wird ebenfalls unkonventionell präsentiert, nämlich mit seinen Reisebildern und Reisefeuilletons. Sie zeigen ihn nicht nur als ersten Globetrotter unter den tschechischen Schriftstellern, sondern auch als schlagfertigen, bissigen und witzigen Journalisten in der Tradition von Heinrich Heine. Eine andere Erweiterung der üblichen Eingrenzung von Literatur stellt in der ›Tschechischen Bibliothek‹ der Band ›Musikerbriefe‹ dar, der berufliche und private Briefe der berühmten tschechischen Meister Bedřich Smetana, Antonín Dvořák und Leoš Janáček enthält. So entstehen drei persönliche Biographien von Musikern, die zugleich Einblicke in das tschechische Kulturleben der zweiten Hälfte des 19. und des 20. Jahrhunderts bieten.

Zum Unterschied von Ludvík Kundera fehlt im Programm der ›Tschechischen Bibliothek‹ sein berühmterer Cousin Milan Kundera, ursprünglich ein tschechischer Autor, der schon seit drei Jahrzehnten in Frankreich lebt und inzwischen gut zwanzig Jahre französisch schreibt. Er wollte in dieser Edition nicht vertreten sein, und die Herausgeber mussten diesen Wunsch respektieren. Es handelt sich zum Glück um die einzige auffällige Lücke in der modernen tschechischen Literatur. Die ›Tschechische Bibliothek‹ bringt Schriftsteller verschiedener bürgerlicher und ästhetischer Orientierung, von den Katholiken Jakub Deml und Jan Čep über die liberalen Demokraten Karel Čapek und Egon Hostovský, den hinreißenden „Bafler" Bohumil Hrabal bis zum Avantgardisten Vladislav Vančura und zum Kommunisten Ivan Olbracht. Von den lebenden Autoren sind Ludvík Vaculík mit dem Roman ›Das Beil‹, einem Gipfelwerk der tschechischen Literatur der sechziger Jahre, Josef Škvorecký mit einer Auswahl aus seinen Erzählungen zum Thema Jazz und Eva Kantůrková mit Prosatexten vertreten, die durch einen Aufenthalt der Autorin im Gefängnis inspiriert wurden, wo sie sich am Beginn der achtziger Jahre auf Grund ihrer unabhängigen literarischen Tätigkeit wegen „Untergrabung der Republik" befand. Der entscheidende Maßstab für die Aufnahme in die ›Tschechische Bibliothek‹ war immer die künstlerische Qualität. Daher sind auch Schriftsteller „am Rande". vertreten, die niemals zur Massenlektüre zählten, aber die Entwicklung der Sprache, des Stils und der literarischen Mittel vorantrieben – wie es zum Beispiel der Autor mit jüdischen Wurzeln Richard Weiner ist, dessen Motive an Franz Kafka erinnern, oder die beachtenswerte Autorin von experimenteller Prosa Milada Součková (in der Edition schon 1999 erschienen) oder ein weiterer Outsider der tschechischen Literatur, Josef Jedlička, der mit der posthum erschienen Familienchronik ›Blut ist kein Wasser‹ vorgestellt wird.

Wie jedes große Projekt beinhaltet auch die ›Tschechische Bibliothek‹ Bände, die mehr oder weniger gelungen sind. Die Edition bietet aber etliche exzellente Übersetzungen und außergewöhnliche Kommentare. Natürlich gibt es auch einige wenige Mängel oder Fehler – es wäre aber ganz und gar Unrecht, diese geringfügigen Unzulänglichkeiten zu betonen, denn als Gesamtwerk ist die Edition mit Verstand konzipiert und mit großem Geschick realisiert.

Jiří Holý (Prag)

GÜNTER EICHS ›INVENTUR‹ UND DIE POETIK DER STUNDE NULL

Von Rolf Selbmann (Bamberg)

Ein Mann listet auf, Inventur eben, was ihm in der Kriegsgefangenschaft oder als Kriegsheimkehrer geblieben ist. Günter Eichs Gedicht ist längst zum Inbegriff der Kahlschlagpoesie nach 1945 geworden:

INVENTUR

Dies ist meine Mütze,
dies ist mein Mantel,
hier mein Rasierzeug
im Beutel aus Leinen.

Konservenbüchse:
Mein Teller, mein Becher,
ich hab in das Weißblech
den Namen geritzt.

Geritzt hier mit diesem
kostbaren Nagel,
den vor begehrlichen
Augen ich berge.

Im Brotbeutel sind
ein Paar wollene Socken
und einiges, das ich
niemand verrate,

so dient es als Kissen
nachts meinem Kopf.
Die Pappe hier liegt
zwischen mir und der Erde.

Die Bleistiftmine
lieb ich am meisten:
Tags schreibt sie mir Verse,
die nachts ich erdacht.

Dies ist mein Notizbuch,
dies ist meine Zeltbahn,
dies ist mein Handtuch,
dies ist mein Zwirn.[1])

Nie zuvor wurde karger und zugleich einprägsamer der Zusammenbruch mit dem Neuanfang konfrontiert. Bis in die Schule hinein konnte der voraussetzungslose Neubeginn der Literatur behauptet werden, hier werde „das Lebensgefühl der Menschen am Ende des Zweiten Weltkriegs" nachvollziehbar gemacht; dadurch erfahre der Leser „etwas von der Literatur als Gedächtnis der Geschichte".[2]) Auch als poetologisches Gedicht gelesen – in der Forschung unbestritten – zieht ›Inventur‹ aber keine „Bilanz zu einem Stichtag, der sogenannten Stunde Null des Kriegsendes".[3])

---

[1]) Text nach: Axel Vieregg (Hrsg.), Günter Eich. Gesammelte Werke in vier Bänden. Revidierte Ausgabe, Frankfurt/M. 1991, Bd. 1, S. 35f.

[2]) So Klaus Gerth, *Inventur* – das „lyrische Paradepferd des ‚Kahlschlags'"?, in: Praxis Deutsch 131 (1995), S. 52.

[3]) So Gerhard Kaiser, Günter Eich: *Inventur.* Poetologie am Nullpunkt, in: Olaf Hildebrand (Hrsg.), Poetologische Lyrik von Klopstock bis Grünbein. Gedichte und Interpretationen (= UTB 2383), Köln, Weimar, Wien 2003, S. 269 und nochmals S. 284f.: „*Inventur* ist das einzige mir bekannte deutsche Gedicht, das einen Punkt Null markiert."

Schon der Titelbegriff, der aus dem kaufmännischen Recht stammt, bezeichnet eine Sichtung des (noch) Vorhandenen und keine Markierung einer Leerstelle. Wer will, kann im Titel eine sarkastische Anspielung auf die Inventio, eine zentrale Kategorie der klassischen Rhetorik, wiederfinden, die sich mit genau derjenigen Form des poetischen Erfindens beschäftigt, dem Eichs Gedicht durch seine Bestandsaufnahme widerspricht. Schon darin steckt gleichsam die Parodie auf den zu erwartenden dichterischen Schaffensprozess.

Günter Eichs ›Inventur‹ soll im Folgenden nicht nur als poetologisches Gedicht gelesen werden, sondern auch als Versuch einer Neubegründung der Lyrik nach 1945, ohne die Vergangenheit, auch die eigene, auszublenden oder zu leugnen.[4]) ›Inventur‹ scheint mit seiner ersten und letzten Strophe eine Art Rahmen zu bilden; durch das Benennen bloßer Gegenstände scheint die letzte Strophe die erste variierend zu wiederholen. Ein genauerer Blick zeigt indes, dass dieser erste Eindruck nicht ganz stimmt. Das strukturell scheinbar unveränderte Aufzählen von Gegenständen der letzten Strophe ist bereits das Ergebnis eines poetologischen Reflexionsprozesses. Schon die zweite Strophe beendet das bloße Benennen von Bedürftigkeitsgegenständen, bei denen es gleichgültig ist, ob sie auf Eichs Aufenthalt im amerikanischen Kriegsgefangenenlager hinweisen.[5]) Die hier genannte „Konservenbüchse" beschäftigt das lyrische Ich (und den Leser) über zwei Strophen hinweg. Nicht nur die Emphase, mit der die vielfältige Verwendbarkeit der Blechdose bezeichnet wird, muss Aufmerksamkeit erregen. Noch mehr fällt auf, dass nur hier das lyrische Ich an den Versanfang tritt und dass das Einritzen des Namens gleich zweimal unmittelbar nacheinander am Strophenübergang betont wird. Das Einritzen des eigenen Namens in eine Dose, dessen Material die Farbe des Schreibpapiers erinnert, ist natürlich als poetologisches Signal erkannt worden,[6]) in seiner Sprengkraft jedoch noch nicht hinreichend gewürdigt. Denn hier konstituiert sich ein lyrisches Ich nicht mehr in der Gegenübersetzung einer zu beobachtenden und zu interpretierenden Welt, wie dies z. B. Eichendorffs bekanntes Programmgedicht ›Wünschelrute‹ tut.[7]) Hier hat sich ein Ich in die Gegenstände eingeschrieben und zwar so, dass einerseits der Besitzanspruch angemeldet wird („Dies ist mein [...]"), andererseits dieses Ich nur mehr in diesen Gegenständen zu erkennen ist. Der doppelte Wortsinn des Bergens, der dem „kostbaren Nagel" als Schreibgerät für diesen Einschreibeprozess gilt, muss mitgelesen werden: sichern und verstecken. Zuletzt vollzieht sich der Einritzvorgang nicht zufällig an einer „Konservenbüchse", als bräuchte es den nochmaligen Hinweis, dass hier Vergangenheit immer mitgenommen und enthalten ist, freilich in entstellter Form. Denn diese „Konservenbüchse" konserviert nichts mehr, sie enthält in ihrer Umfunktionierung zum Geschirr die Erinnerung nur mehr als Hohlform; gleichwohl ist die Vergangenheit nicht ausgelöscht.

Die Mittelstrophen führen diesen poetologischen Reflexionsprozess weiter. Was man aus der Erfahrung von Lagerleben und Zusammenbruch alles über die Konnotationen von ‚Brot' im „Brotbeutel" sagen könnte,[8]) führt weniger weiter als die Wahrnehmung einer neuerlichen

---

[4]) Zu Eichs opportunistischem Verhalten im Dritten Reich vgl. Axel Vieregg, Der eigenen Fehlbarkeit begegnet. Günter Eichs Realitäten 1933–1945, Eggingen 1993; – Ders., Unsere Sünden sind Maulwürfe. Die Günter-Eich-Debatte, Atlanta 1996.

[5]) So Gerth, *Inventur* (zit. Anm. 2), S. 52, dazu auch Kaiser, Günther Eich (zit. Anm. 3), S. 272.

[6]) Vgl. unter mediengeschichtlicher Perspektive Harro Segeberg, Literatur im Medienzeitalter. Literatur, Technik und Medien seit 1914, Darmstadt 2003, S. 198.

[7]) „Schläft ein Lied in allen Dingen, | Die da träumen fort und fort, | Und die Welt hebt an zu singen, | Triffst du nur das Zauberwort." (Joseph von Eichendorff, Werke in 6 Bänden, hrsg. von Wolfgang Frühwald, Brigitte Schillbach und Hartwig Schultz, Bd. 1 (= Bibliothek deutscher Klassiker 21), Frankfurt/M. 1987, S. 328.

[8]) Vgl. Kaiser, Günther Eich (zit. Anm. 3), S. 274.

Umfunktionierung eines Gebrauchsgegenstands. Der „Brotbeutel", der statt Brot „wollene Socken" enthält und als Kopfkissen dient, steht nämlich an einer Kippstelle der Selbstvergewisserung des lyrischen Ich. Nur hier tauchen andere Menschen auf, freilich sofort als feindlich gekennzeichnet und negiert („niemand"). Zum anderen geraten hier die logischen Bezüge ins Wanken. Im Erstdruck hieß der Vers „so dient es als Kissen" noch: „so dient er als Kissen".[9]) Günter Eich hat offensichtlich die Eindeutigkeit, dass der Brotbeutel als Kopfkissen dient, durch ein vages „es" ersetzt. Dieses „es" bezieht sich grammatikalisch (und sachlich) nicht mehr auf den Brotbeutel, sondern auf „einiges", also jenen weiteren Inhalt des Brotbeutels, der verheimlicht wird. Was ist das, das im Brotbeutel als Kissen nachts unter dem Kopf des Dichtenden sein Unwesen treibt? Schließlich erfahren wir, dass der nun ausführlich dargestellte lyrische Produktionsprozess geradezu nahtlos an den herkömmlichen Schaffensprozess des inspirierten Dichters anzuknüpfen scheint. Getrennt von der Erde – das Hinweiswort „hier", das im Gedicht bisher dreimal eine emphatische Bezugnahme markiert hatte, verschwindet jetzt – werden in schlafloser Nacht Verse „erdacht", die am Tag schriftlich fixiert werden. Dieses schriftliche Festhalten nimmt aber nicht der Dichter selbst vor, sondern ein Schreibgerät, zu dem er eine fast erotische Beziehung entwickelt. Was der Dichter so liebt, ist kein männlicher Bleistift, sondern dessen (weiblicher) Kern. In dieser vorletzten Strophe ist der poetische Produktionsprozess in umgekehrter Reihenfolge dargestellt. Das Aufschreiben geht dem Erfinden voraus; das verselbständigte Schreibmedium schreibt dem Dichter die Verse zu, als handle es sich um einen (Liebes-)Brief. Ausgerechnet hier und nur hier, wo von Versen die Rede ist, geraten auch Eichs Verse in einen regelmäßigen Rhythmus.[10])

Die letzte Strophe, die mit ihrer anaphorischen Parallelstellung der Parataxen an die erste anzuknüpfen scheint, täuscht diese Ähnlichkeit nur vor. Denn diese vier Verse fixieren schon das Ergebnis des poetologischen Darstellungsprozesses. Im Unterschied zu den vier Versen der ersten Strophe, die wahllos Gegenstände der täglichen Benutzung auflisten, benennen diese letzten Verse Gegenstände allesamt ‚textilen' Charakters, ausgezeichnet nur durch die Hinweisgeste „dies" und die Eigentumsmarkierung. Diese neue Dichten kann sich auf das Nennen der reinen Gegenstände beschränken. Das lyrische Ich ist ihnen jetzt eingeschrieben. Die Gegenstände sind schäbige Gebrauchsgegenstände, aber doch auch wie die „Konservenbüchse" Erinnerung aufbewahrend. War die erste Strophe noch rein nennende Aufzählung und Sachinformation, gleichsam das Rohmaterial, so entsteht im poetologischen Reflexionsprozess der Einritzung ein sich selbst vergewisserndes Konzept. Dazu gehört das Verbergen des Schreibgeräts und das Verstecken des Ich in die Dinge, der verheimlichte Inhalt des Brotbeutels als Kopfkissen einer poetischen Nacht, in der Gedichte „erdacht" und tags darauf in einem automatisierten Aufschreibevorgang ohne Zutun des Dichters zu Papier gebracht werden. Am Ende dieses Vorgangs steht dann ein Text, der das Textile und damit sich selbst unterschwellig thematisiert und mit dem „Zwirn" auf den „Faden", die Kontinuität des Schreibvorgangs hinweist.[11]) Dieser Text ähnelt dem Nicht-Text der ersten Strophe in erstaunlicher Weise, unterscheidet sich aber auch von ihm. Durchgehalten ist jetzt der Zeigegestus; dafür wird die auf die Gegenwart hindeutende Lokaladverbiale „hier" ausgeschieden. So entsteht eine Art Anspruch der Zeitlosigkeit der Texte, die auf Relationen zwischen Dingen verzichten („Beutel aus Leinen"). Das Ich ist hingegen nicht wie in Gedichten

---

[9]) Vgl. dazu die Anmerkungen zur Edition von Axel Vieregg in: Eich, Werke (zit. Anm. 1), Bd. 1, S. 442.

[10]) Den Nachweis einer kunstvollen Struktur dieses scheinbar einfachen Gedichts führt Jürgen Zenke, Poetische Ordnung als Ordnung des Poeten. Günter Eichs *Inventur*, in: Walter Hinck (Hrsg.): Gedichte und Interpretationen 6 (= Universal-Bibliothek 7895), Stuttgart 1984, S. 72–82.

[11]) Vgl. dazu Günter Eichs Gedicht ›Der Bleistift‹, in: Werke (zit. Anm. 1), Bd. 1, S. 288.

einer späteren Moderne ausgelöscht,[12]) sondern in die Gegenstände eingeschrieben. Diese werden dadurch mit dem Ich markiert und erhalten dadurch eine neue Qualität außerhalb des bisherigen Gebrauchszusammenhangs.

Literaturgeschichtlich gesprochen kündet ›Inventur‹ vom Verlust und Wiedergewinn der Ich-Identität des Dichters durch sein Einschreiben in die Dinge. Die Gegenstände, die ursprünglich in der ersten Strophe zur Definition der Person gebraucht waren, sind jetzt die Produkte eines dichterischen Prozesses, durch den sie hindurchgegangen sind. ›Inventur‹ zeigt eigentlich, dass es die ominöse Stunde Null, wenigstens in der Literaturgeschichte, nicht gibt. Der Begriff formuliert eher einen Willensakt, der die Vergangenheit („Konservenbüchse") eben nicht verdrängt, sondern sie zum Ausgangspunkt einer neuen Selbstzuschreibung macht. Was sonst noch alles heimlich mitgeschleppt wird, dient beim nächtlichen Dichten als Grundlage. Das lyrische Ich verabschiedet sich also nicht von den tradierten Mustern, mit denen der dichterische Schaffensprozess beschrieben wird.

Wer an einer Erhellung durch Vergleich interessiert ist, sollte nicht auf das Gedicht ›Jean Baptiste Chardin‹ des tschechischen Dichters Richard Weiner aus dem Jahre 1916 zurückgreifen, das immer wieder herangezogen wird. Dabei spielt es keine Rolle, ob Eich das Gedicht gekannt hat oder nicht.[13]) Weiners Gedicht ist tatsächlich nichts anderes als eine aus dem Tschechischen übersetzte versifizierte Bildbeschreibung zur Charakterisierung des französischen Genremalers. Einen erhellenden Widerhall findet Eichs ›Inventur‹ hingegen in einem Gedicht des 1956 geborenen Lyrikers Kurt Drawert, das ausdrücklich Günter Eich gewidmet ist und das einem seiner Gedichtbände den Titel gegeben hat:

ZWEITE INVENTUR

Für Günter Eich

Ein Tisch.
Ein Stuhl.
Ein Karton für altes Papier, Abfälle,
    leere Zigarettenschachteln, Briefe,
    die keiner Antwort bedürfen.

3 Meter entfernt: Ein Schrank.
        Ein Tisch.
        Ein Stuhl
        Ein Karton
    für Notizen, Belege, Rechnungen.
        Das Bett.

2 Meter entfernt: Ein Tisch.
        Zwei Sessel.
        Eine Ablage
    für Manuskripte.

---

[12]) Vgl. das Kapitel „Selbstauslöschungen. Zur poetologischen Lyrik der Gegenwart" in meinem Buch: Dichterberuf. Zum Selbstverständnis des Schriftstellers von der Aufklärung bis zur Gegenwart. Darmstadt 1994, S. 219–228.

[13]) Kaiser, Günther Eich (zit. Anm. 3), S. 283.

Auf dem Fensterbrett stehen Bücher,
Bücher stehen auf der Erde,
auf den Tischen 1 und 2.
Unter den Tischen Körbe
mit schmutziger Wäsche.
Zwischen den Körben, im Koffer,
der auf dem Fußboden steht,
wo gebrauchte Fahrscheine liegen,
zerknüllte Seiten, begonnene und verlorene
Sätze, die Schreibmaschine.

Das ist mein Zimmer.

Allein ich weiß, wo etwas
zu finden ist.
Sobald ich mich bewege,
überzeugend zwischen den Dingen,
die ich kenne, bin ich überzeugt, mich zu bewegen.

Das ist mein Vorteil.

Mein Vorteil ist die Anwesenheit
von Gegenständen, die mir vertraut sind,
die mir vertraut sind wie die Erfahrung,
sie wieder verlieren zu können,

endgültiger.[14])

Auch Drawerts Gedicht ist ein poetologisches. Es faltet in der Anknüpfung an Eichs ›Inventur‹ dessen Fortschreibung aus, was nämlich geschehen kann, wenn die nach 1945 neu gewonnene und errungene Ich-Sicherheit, die in den „Gegenständen" steckt, in unserer Gegenwart verloren gehen könnte.

---

[14]) Kurt Drawert, Zweite Inventur. Gedichte (= Edition Neue Texte), Berlin und Weimar 1987, S. 69f.